高等院校软件工程专业规划教材

软件工程与计算（卷一）

软件开发的编程基础

骆斌　主编　　邵栋　任桐炜　编著

Software Engineering and Computing（Volume I）

Programming Fundamentals of Software Development

机械工业出版社
China Machine Press

图书在版编目（CIP）数据

软件工程与计算（卷一）：软件开发的编程基础 / 骆斌主编．—北京：机械工业出版社，2012.12
（高等院校软件工程专业规划教材）
ISBN 978-7-111-40697-6

Ⅰ．软… Ⅱ．①骆… ②邵… ③任… Ⅲ．①软件工程－高等学校－教材 ②软件开发－高等学校－教材
Ⅳ．TP311.5

中国版本图书馆 CIP 数据核字（2013）第 045060 号

本书是国家精品课程“软件工程与计算”系列课程的第一门课程配套教材；以一个典型的软件开发过程为线索讲授基本的软件工程方法和基于 Java 语言的中小规模软件开发，强调个体级软件开发能力；从培养学生软件工程理念出发，侧重于程序设计教学，培养读者在个人开发级别的小规模软件系统构建能力，让读者初步体验软件工程方法与技术在系统开发中的关键作用。

本书可作为高等院校软件工程、计算机及相关专业本科生学习软件工程入门课程的教材，也可作为从事软件开发和应用的有关人员的参考书。

机械工业出版社（北京市西城区百万庄大街 22 号　　邮政编码　100037）
责任编辑：李　荣
北京瑞德印刷有限公司印刷
2012 年 12 月第 1 版第 1 次印刷
185mm × 260mm・17.75 印张
标准书号：ISBN 978-7-111-40697-6
定　　价：39.00 元

凡购本书，如有缺页、倒页、脱页，由本社发行部调换
客服热线：（010）88378991　88361066　　　　投稿热线：（010）88379604
购书热线：（010）68326294　88379649　68995259　　读者信箱：hzjsj@hzbook.com

软件工程教材序

软件工程专业教育源于软件产业界的现实人才需求和计算学科教程 CC1991/2001/2005 的不断推动，CC1991 明确提出计算机科学学科教学计划已经不适应产业需求，应将其上升到计算学科教学计划予以考虑，CC2001 提出了计算机科学、计算机工程、软件工程、信息系统 4 个子学科，CC2005 增加了信息技术子学科，并发布了正式版的软件工程等子学科教学计划建议。我国的软件工程本科教育启动于 2002 年，与国际基本同步，目前该专业招生人数已经进入国内高校本科专业前十位，软件工程专业课程体系建设与教材建设是摆在中国软件工程教育工作者面前的一个重要任务。

国际软件工程学科教程 CC-SE2004 建议，软件工程专业教学计划的技术课程包括初级课程、中级课程、高级课程和领域相关课程。

- 初级课程。包括离散数学、数据结构与算法两门公共课程，另三门课程可以组织成计算机科学优先方案（程序设计基础、面向对象方法、软件工程导论）和软件工程优先方案（软件工程与计算概论 / 软件工程与计算Ⅱ / 软件工程与计算Ⅲ）。
- 中级课程。覆盖计算机硬件、操作系统、网络、数据库以及其他必备的计算机硬件与计算机系统基本知识，课程总数与计算机科学专业相比应大幅度缩减。
- 高级课程。六门课程，覆盖软件需求、体系结构、设计、构造、测试、质量、过程、管理和人机交互等。
- 领域相关课程。与具体应用领域相关的选修课程，所有学校应结合办学特色开设。

CC-SE2004 的实践难点在于：如何把计算机专业的一门软件工程课程按照教学目标有效拆分成初级课程和六门高级课程？如何裁剪与求精计算机硬件与系统课程？如何在专业教学初期引入软件工程观念，并将其在教学中与程序设计、软件职业、团队交流沟通相结合？

南京大学一直致力于基于 CC-SE2004 规范的软件工程教学实践与创新，在专业教学早期注重培养学生的软件工程观与计算机系统观，按照软件系统由小及大的线索从一年级开始组织软件工程类课程。具体做法是：在求精计算机硬件与系统课程的基础上，融合软件工程基础、程序设计、职业团队等知识实践的“软件工程与计算”系列课程，通过案例教授中小规模软件系统构建；围绕大中型软件系统构建知识分领域组织软件工程高级课程；围绕软件工程应用领域建设领域相关课程。南京大学的“软件工程与计算”、“计算系统基础”和“操作系统”是国家级精品课程，“软件需求工程”、“软件过程与管理”是教育部 -IBM 精品课程，软件工程专业工程化实践教学体系和人才培养体系分别获得第五届与第六届高等教育国家级教学成果奖。

此次集中出版的五本教材是软件工程专业课程建设工作的第二波，包括《软件工程与计算卷》的全部三分册（《软件开发的编程基础》、《软件开发的技术基础》、《团队与软件开发实践》）和《软件工程高级技术卷》的《人机交互——软件工程视角》与《软件过程与管理》。其中《软件工程与计算卷》围绕个人小规模软件系统、小组中小规模软件系统和模拟团队级中规模软件产品构建实践了 CC-SE2004 软件工程优先的基础课程方案；《人机交互——软件工程视角》是为数不多的“人机交互的软件工程方法”教材；《软件过程与管理》则结合了个人级、小组级、组织级的软件过程。这五本教材在教学内容组织上立意较新，在国际国内可供参考的同类教科书很少，代表了我们对软件工程专业新课程教学的理解与探索，因此难免存在瑕疵与谬误，欢迎各位读者批评指正。

本教材系列得到教育部“质量工程”之软件工程主干课程国家级教学团队、软件工程国家级特色专业、软件工程国家级人才培养模式创新实验区、教育部“十二五本科教学工程”之软件工程国家级专业综合教学改革试点、软件工程国家级工程实践教育基地、计算机科学与软件工程国家级实验教学示范中心，以及南京大学 985 项目和有关出版社的支持。在本教材系列的建设过程中，南京大学的张大良先生、陈道蓄先生、李宣东教授、赵志宏教授，以及国防科学技术大学、清华大学、中国科学院软件所、北京航空航天大学、浙江大学、上海交通大学、复旦大学的一些软件工程教育专家给出了大量宝贵意见。特此鸣谢！

南京大学软件学院
2012 年 10 月

《软件工程与计算》使用说明

如何在软件工程专业教育早期培养学生的工程观念，并为高阶课程提供合理的知识和技能基础是摆在软件工程教育者面前的一个重要问题。我们编写了《软件工程与计算》三卷本教材（《软件开发的编程基础》、《软件开发的技术基础》、《团队与软件开发实践》）作为软件工程本科专业入门课程教材，帮助学生学习以工程化方法构建中小规模软件系统的知识和技能，并为后继高阶课程的学习打下全面基础。

教学实施建议

在使用《软件工程与计算》三卷本作为教材时，应当注意本套教材并不是“程序设计基础”、“面向对象方法”、“软件工程导论”、“软件职业基础”和“团队交流动力学”等课程的简单对应。在教学方式上，“软件工程与计算”的教学应当围绕构建中小规模计算系统（软件）这一主线，体现程序设计、面向对象方法、软件工程技术、软件工程管理、软件职业基础、团队交流技术的教学融合。

- 在教学中结合软件系统构造，培养学生的软件工程观念与职业认知。
- 建立围绕计算系统示例逐次构建不同规模软件系统的教学主线，以软件产品构建示例组织教学活动，借助三个典型的软件开发过程模型（迭代式开发模型、瀑布模型、螺旋模型），从小规模系统向中规模系统构建实践逐步演进。同时应当围绕该教学主线，组织学生进行实践，在实践中学习知识并将知识运用融会贯通。
- 加强学生对软件工程制品和软件工程工具的全面认知，始终强调软件开发制品，而不是在分离课程中分别强调计算系统代码和软件工程文档。
- 强调学生的课后阅读，强化学生的自学能力。工程标准、语言规范、工具使用、文档格式等材料更多地应该通过课后阅读（而不是课堂讲解）传授给学生，学生通过系统地阅读这些材料并进一步在实践中加以运用，来提高自学能力。
- 在教学执行过程中还应该考虑对知识产权的尊重，这本身是软件职业基础的一部分。

前驱课程

在完整使用《软件工程与计算》（三卷）作为软件工程专业入门课程教材使用时，考虑到学生对于软件工程的理解难度，建议学生应当先修“计算系统基础”课程（也可以是计算机导论等课程）（下图方案一），使学生了解计算系统的分层构建方法和结构化程序设计基础。如果希望以本教材第一卷《软件工程与计算（卷一）：软件开发的编程基础》作为第一门专业课程教材，教师应当在课程中适当增加内容与课时，为学生建立起计算系统的基本概念并加强程序设计的教学时数（下图方案二），这样学生才能够更好地理解软件系统的构建。

建议“软件工程与计算”课程在大一下、大二上、大二下三个学期实施。

后继课程

本教材注重于中小规模计算系统（软件）构建中适用的软件工程方法和程序设计技术，按照“适与精”的原则组织软件工程与程序设计知识的教学内容。而软件工程学科知识的深度和全面性则应在后继课程中考虑：

- 那些没有被涉及的“系统全面”的软件工程知识与“适用于大规模系统”的软件工程方法，应按照领域组织在面向软件工程的专业核心课程群（例如软件需求、设计、构造、测试、质量、过程、管理等高阶软件工程课程）中。
- 其他程序设计类课程（数据结构与算法、软件设计、软件构造、软件架构等课程）讲解专门程序设计机制的使用。
- 适用于特定计算环境的软件工程高级方法和系统级应用程序设计接口应安排在“数据库系统设计”、“操作系统”、“网络及其计算”等面向计算环境的专业核心课程中。

课程的建议教学次序与建议教学课时数

软件工程专业或计算学科偏软件专业在实施“软件工程与计算”课程教学时，可以参照下图给出的教学顺序。

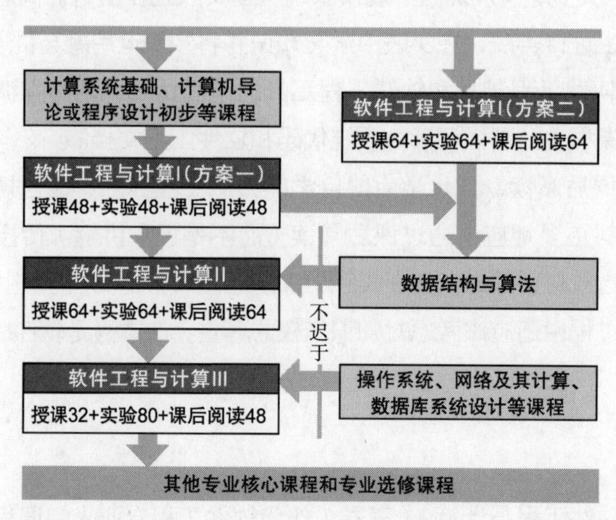

图《软件工程与计算》在专业教学中的建议执行次序与教学课时数

如上图所示，基于多年的教学实践和总结，我们建议在专业教学中实施“软件工程与计算”课程教学时采用如下执行次序和教学课时数：

- “软件工程与计算Ⅰ”有两套教学执行方案：
  - “软件工程与计算Ⅰ”可以按照方案一在执行“计算系统基础”先导课程的基础上执行，在大学一年级下学期开设，建议教学课时数为授课 48+ 实验 48+ 课后阅读 48。
  - “软件工程与计算Ⅰ”也可以按照方案二作为专业入门课程，在一年级开设，建议教学课时数为授课 64+ 实验 64+ 课后阅读 64。
- “数据结构与算法”在“软件工程与计算Ⅰ”之后开设，“软件工程与计算Ⅱ”在“数据结构与算法”之后或同步开设，一般在二年级执行，建议教学课时数为授课 64+ 实验 64+ 课后阅读 64。
- “操作系统”、“网络及其计算”、“数据库系统设计”在“数据结构与算法”之后开设，“软件工程与计算Ⅲ”与“操作系统”、“网络及其计算”、“数据库系统设计”同步开设，一般在二年级下学期或三年级上学期执行，建议教学课时数为授课 32+ 实验 80+ 课后阅读 48。
- 其他课程在“软件工程与计算Ⅲ”之后开设。

独立使用教材

本教材也可以独立使用，但应当注意以下事项。

《软件工程与计算（卷一）：软件开发的编程基础》：如果独立使用本书进行程序设计课程教学，那么需要容纳更多的程序设计知识的教学课时数，但是建议保持对调试、构建等与程序设计联系较为紧密的知识的教学以培养学生的实践能力。

《软件工程与计算（卷二）：软件开发的技术基础》：如果独立使用本书进行软件工程概论或者软件工程导论课程教学，那么可以适当弱化对详细设计和构造知识的教学，并补充过程与管理知识，强化软件需求与软件体系结构知识。

《软件工程与计算（卷三）：团队与软件开发实践》：如果独立使用本书进行软件工程实践课程教学，那么可以适当弱化课程的理论部分，补充技术回顾知识。

前言

本书从培养学生软件工程理念出发，侧重于程序设计的教学，以一个计算示例的迭代式开发实践为线索，培养读者在个人开发级别的小规模软件系统构建能力，让读者初步体验软件工程方法与技术在系统开发中的关键作用。本书在写作过程中遵循了以下思路：

1）以培养读者采用工程化方法构建个人级小规模软件系统能力为目标，内容融合了面向对象程序设计、Java 编程语言和个人级软件工程方法与实践。第 3、9、12 章侧重介绍面向对象程序设计；第 4、5、6、7、10、13 章侧重介绍 Java 编程语言；第 1、8、11、14 章侧重介绍软件工程方法和实践；第 2 章介绍本书的计算示例。在展开内容时，本书注意了内容之间的融合，介绍软件工程方法和实践时，采用了具体程序作为例子；在介绍程序设计语言时，强调了编码规范等工程规范要求。

2）以一个计算示例为线索组织内容。该计算示例是一个图书借阅系统，它的开发分为 3 个迭代：独立类开发、多个类协同系统、具有图形用户界面和网络功能的复杂系统。在示例开发过程中逐次展开面向对象程序设计、Java 编程语言和个人级软件工程方法与实践，便于读者由易到难逐步学习。

3）强调软件工程理论与实践相结合。本书既描述了软件工程的方法和理论，也详细介绍了其具体实践。整本书的内容围绕一个计算示例的三个开发迭代展开，针对每个迭代开发目标，介绍相应的软件工程方法和实践，并且针对这些方法与实践给出了在图书借阅系统开发中的具体实践，同时在每个章节中提供了另外一个对应的实践用例，方便读者练习。

根据上述写作思路，本书的内容共分为四个部分：

第一部分“绪论”，介绍了个人级工程化软件开发的一些基本概念，并且给出了计算示例和实践示例的说明。

第二部分“类职责的设计与实现”，围绕使用工程化方法设计和实现一个基本的类展开，介绍了类的基本概念和相应的语法实现，同时给出了一些工程化实践。

第三部分“类协作的设计与实现”，在第二部分的基础上围绕使用工程化方法设计和实现多个类协同系统展开，介绍了面向对象的继承和多态的概念及相应语法实现，强调了使用 UML 来描述面向对象分析和设计，并较为详细地介绍了集成和单元测试的工程实践。

第四部分“系统的设计与实现”，围绕使用图形用户界面和网络编程构建相对复杂的个人级软件系统展开，介绍了面向对象分析和设计方法，强调了使用简单文档来描述工程行为，并介绍了软件发布和项目回顾的方法。

本书面向的主要读者对象是学习软件工程入门课程的高等院校低年级学生。

骆斌老师主持策划了本书，参加了书稿写作的全部讨论，并对整个书稿的具体写作内容进行了指导和审阅。邵栋老师编写了本书的第 1、3、8、9、11、12、14 章。任桐炜老师编写了本书的第 2、4、5、6、7、10、13 章。同时，感谢张瑾玉、黄蕾、谢明娟女士以及郑滔、丁二玉、刘钦、刘嘉、庄晨熠先生对本书提出的宝贵意见和帮助，感谢上海交通大学邹恒明教授对本书进行了评审。本书直接或间接引用了许多专家学者的文献和著作，在此向他们表示衷心的感谢。

由于作者水平有限，书中难免有疏漏和不妥之处，敬请读者批评指正。如对本书有任何意见和建议，可通过电子邮件 luobin@nju.edu.cn、dongshao@nju.edu.cn、rentw@software.nju.edu.cn 与我们联系。

作者

2012 年 10 月于南京大学北园

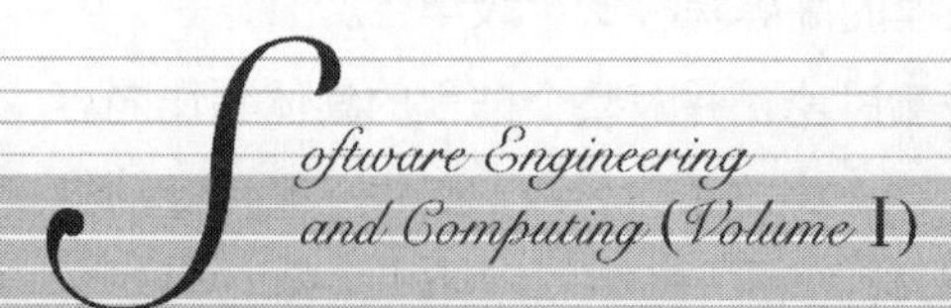
oftware Engineering
and Computing (Volume I)

目录

第一部分

绪论

本部分解释个人级工程化开发的一些基本概念，为读者建立一个基本的工程化软件开发观念，并给出本书的计算系统示例和课程实践示例的说明，为后续章节的展开确定基础。

预备知识

软件开发概述（第1章）：
一般软件开发的过程，从问题到解决方案、算法和编程；分解法；软件工程和软件职业；软件开发生命周期、迭代式软件开发；个人软件过程。

计算系统示例说明（第2章）：
图书借阅系统。
项目实践示例说明（第2章）：
学生成绩管理系统。

本部分共包括2章，各章主要内容如下：

第1章软件开发概述：描述本书中知识技能解决的问题“个人级工程化软件开发”；让读者了解一般软件开发的过程，从问题到解决方案、算法和编程；明白如何采用分解的方法来解决大型问题；理解为什么需要采用工程化的方法来开发软件和软件职业；了解软件开发生命周期以及迭代式软件开发；了解个人软件过程。

第2章计算系统示例说明：介绍一个图书借阅系统作为本书知识讲解的示例。在对图书借阅系统功能说明的基础上，将整个系统的开发规划为三个迭代完成。此外，还推荐了一个学生成绩管理系统作为本书各章节的项目实践背景，并对该系统的开发要求进行描述。

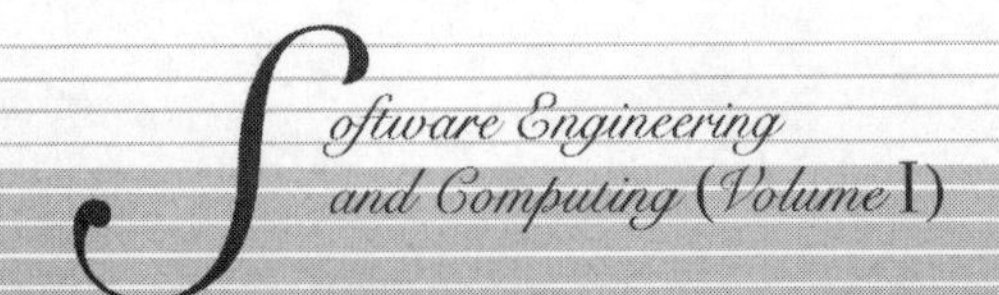

第 1 章

软件开发概述

自从 20 世纪 50 年代软件出现以来，软件对人类的生产、生活产生了广泛而深刻的影响。嵌入式软件控制航天器、飞机、汽车，操纵医疗设备；互联网软件提供了丰富的互联网应用，包括海量信息获取、网络社交、购物等等；移动互联网软件提供了手机终端的良好体验；各类行业应用软件提高了各个行业的工作效率……

软件的开发是一种高度复杂的智力活动。人们很早就认识到了软件开发的困难。20 世纪 60 年代，人们提出了"软件危机"的说法，来描述软件开发的困难，并提出了"软件工程"的概念。1986 年 Brooks 在《没有银弹》一文中提到软件开发具有复杂性、不一致性、可变性和不可见性，说明了软件开发是一项困难的任务，不存在特效药。在早期，软件开发往往仅仅取决于程序员个人的能力，采用一种类似于艺术创作的完全自由的方式开发。随着对软件功能和质量的要求不断增长，人们意识到软件的开发具有一定的工程特征，需要借鉴一定的工程方法来规范软件开发行为，这些工程方法有助于我们解决软件开发问题。

本书关注的重点在于应用工程方法开发个人级软件。本书定义个人级软件为可以由一个人在不长的时间（3 个月）内独立完成的软件。虽然个人级软件开发通常规模不大，但开发者仍然需要使用规范的软件开发方法和实践，毕竟大中规模软件开发中的工程化软件开发需要团队中的每个人都具有良好的软件工程技能和习惯。

本章将概述使用软件解决现实世界的问题，为什么使用工程化方式开发软件，迭代式软件开发和个人软件过程基础。

1.1 问题、解决方案、算法与编程

使用计算机是为了利用计算机的巨大计算能力解决我们现实世界中的问题，而现代计算机只能执行机器世界中的二进制代码，它们之间存在着巨大的差别。通常，我们会先用自然语言来描述现实世界的问题；然后通过智力活动对该问题进行思考，为其设计计算机可以完成的解决方案；最后用具体的程序设计语言来实现该解决方案，并通过翻译程序翻译成二进制代码，

在计算机上执行以解决该问题。

1.1.1　问题

在现实生活中，人们通过“自然语言”来描述遇到的问题，虽然我们自己觉得通俗易懂，但计算机无法处理（自然语言处理是计算机科学研究的一个前沿领域），计算机只能处理自己能够识别的二进制机器指令。比如，新学期开学，教务老师需要根据课程和教室情况排出一份合适的课表。人可以理解这件事情要做什么，但计算机却无法自动完成。一般来说，问题是程序解决的目标，它不是解决方案本身，计算机现在没有办法根据问题本身来生成解决方案，从而解决问题。

另外，自然语言中会出现很多有歧义或很含糊的句子，需要结合说话者的声音、语调、肢体语言、上下文环境才能进行判断，靠计算机本身是不能做到的。我们现在还没有直接的办法让计算机来直接识别自然语言描述的问题，并给出结果。

1.1.2　解决方案

当前，我们还必须依赖人的智力活动来分析用户的问题。当软件开发者分析、确认了一个现实世界的具体问题后，需要设计一个相互牵制关联的概念结构，作为软件实体必不可少的部分，它包括：数据集合、数据条目之间的关系、算法、功能调用等 [Brooks, 1986]。软件开发者通过智力活动，根据计算机的运行原理所具有的计算能力，来设计针对某个特定问题的解决方案。

当我们面对很多大型问题时，往往不知道如何入手，复杂性是软件开发面临的主要困难之一。一般而言，我们会通过分析对问题进行仔细研究，将问题分为可以理解的并且复杂度有所降低的子问题。这样如果解决了小的问题，并且能把这些小的解决方案组合成一个大的方案，我们也就解决了大的问题。在这里，不仅小的问题本身很重要，如何将小的解决方案组合起来也非常重要。在这个过程中，分解的步骤可能会有多次，也许我们会经过几次分解才能保证最后小的问题能够比较容易地得到解决，并且可以组合起来。

一旦完成了问题的分解（见图 1-1）后，我们就可以着手解决相对比较小的问题，这时每个小问题的复杂程度通常是在可以控制的范围内的。当解决每个小问题后，我们将它们合成起来，就是大型问题的解决方案。

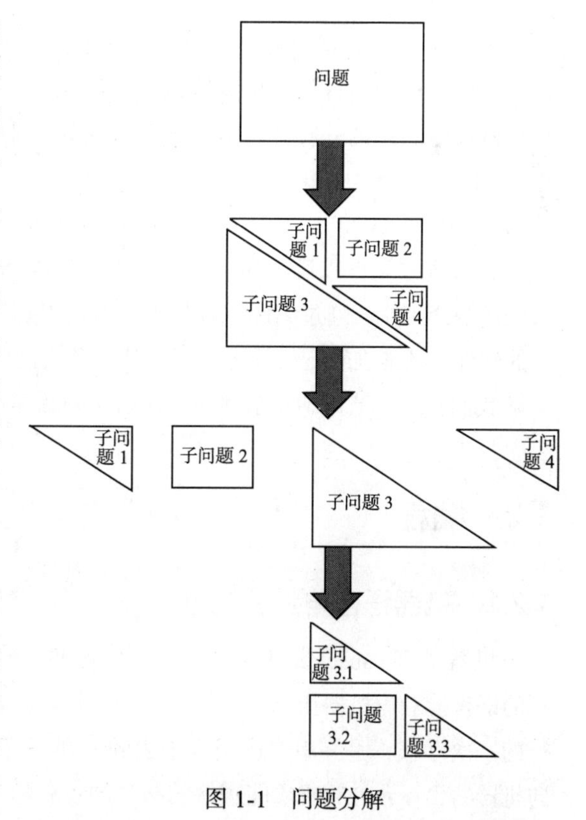

图 1-1　问题分解

1.1.3 算法

在确定的解决方案中，我们会形成一个相互牵制关联的概念结构，其中的算法是指完成一个任务所需要的具体步骤和方法。也就是说，给定初始状态或输入数据，能够得出所要求或期望的终止状态或输出数据。

算法常常含有重复的步骤和一些比较或逻辑判断，体现为程序设计语言中的顺序、循环、条件、分支等控制结构。解决同一个问题，可能会有不同的算法，这些不同的算法可能用不同的时间效率、空间复杂度来完成同样的任务。

以下是 Donald Knuth 在他的著作《计算机程序设计的艺术》里对算法下的定义：

- 输入：一个算法必须有至少零个输入量。
- 输出：一个算法应有至少一个输出量，输出量是算法计算的结果。
- 明确性：算法的描述必须无歧义，以保证算法的实际执行结果可以精确地符合要求或期望，通常要求实际运行结果是确定的。
- 有限性：依据图灵的定义，一个算法是能够被任何图灵完备系统模拟的一串运算，而图灵机只有有限个状态、有限个输入符号和有限个转移函数（指令）。而一些定义更规定算法必须在有限个步骤内完成任务。
- 有效性：又称可行性。是指能够实现，算法中描述的操作都是可以通过已经实现的基本运算执行有限次来实现。

1.1.4 编程

确定了解决方案以后，接下来的工作就是使用一种程序设计语言，将解决方案转换成程序。程序设计语言是根据计算机运行原理设计的语言，所以它与自然语言的差异较大，是计算机指令表达的一种方式，不存在歧义性。不同的计算机语言的语法有所不同。例如，计算“a 加 b”，Java 中表示为“a+b”；某种机器的汇编语言表示为“add a,b”，对应的机器码是“0001001001000000”。

完成程序设计以后，如果使用的不是机器语言编程，是不能在计算机上执行代码的，必须经过翻译工作，通过编译或解释，将源代码翻译成程序执行的机器指令的文件，即通常意义下的软件，才能在特定机器上运行，从而解决问题。

我们在下一节详细介绍程序设计语言和翻译过程。

1.2 编程

1.2.1 机器语言与汇编语言

机器语言（machine language）是机器的自然语言，它是唯一一种计算机能直接理解并执行的语言。利用机器指令进行编程，每条指令包含对计算机硬件的控制信息，规定了计算机执行的一次动作，是一串二进制码组成的序列，可以由计算机的 CPU 直接执行。指令系统是面向机器的，一台计算机所能理解的指令的总和称为这个计算机的指令系统，每一种计算机系统都有自己的指令系统。

为了说明包含的控制信息，每一条指令中应指明具体的操作以及作为操作对象的操作数的信息。指令前端是操作码字段，它指明了计算机要执行的基本操作，指令系统中每一条指令都有唯一的操作码；后面的字节对应操作数的信息，既可以是操作对象本身，也可以是操作对象的地址等。具体的指令格式则与机器字长、存储器大小等因素相关。

机器语言是直接用二进制代码表达机器指令，表现为一串用 0 和 1 组成的代码，这个串分成若干字段，每个字段根据指令的格式与功能代表不同的含义。例如，如果某台计算机字长为 16 位，那么一条指令就由 16 位 0 或 1 组成，它们可以排列成多种组合，不同组合代表不同功能，计算机可以对应执行多种操作。

举例说明，某种计算机指令位数为 16 位，指令格式为前 8 位表示操作码，后 8 位为地址码。指令 1010011100000000 表示进行一次加法操作，另一条指令 1010010100000000 则表示进行一次减法操作。对比这两条指令可以发现，它们的操作码只有第 6 位不同（指令最左边表示第 0 位），这就说明可以通过不同的 0、1 组合表示不同的功能。由于操作码是由 8 位二进制数表示的，所以这种机器最多可以包含 256（$=2^8$）种不同的指令。

机器指令虽然可以直接被计算机理解并执行，但是这种语言和人们的语言习惯相去甚远，因此不便于人们编写程序。在使用机器语言时，需要面对的是一系列的 0、1 串，这是一个相当乏味、繁琐的过程，而且程序也不具有可读性，检查、修改也变得极其困难，又因为其对机器的依赖造成程序缺乏通用性，不利于软件的跨平台使用。

使用机器语言表达程序时，一方面，每一条指令都必须以二进制编码（指令码和地址码）的形式出现，程序的最终表达就是这样一系列的 0、1 串，尤其是针对复杂逻辑，需要将其所有运算对象与处理步骤都转化为指令序列，其结果程序的规模与高复杂度都是一般人难以接受的，尤其对于那些没有经过专门机器语言程序设计训练的人来说，这样的程序根本就不具有可读性。

另一方面，从算法角度考虑，由于每一条指令所表达的功能都十分精细，所以在用机器语言表达算法的数据与逻辑时将变得十分复杂。在数据表达方面，机器语言只能表达 3 种基本类型，即位、字节和字，对于常用的数据类型（例如整数、布尔值、字符等），则不能直接分配其存储单元，而需要先将这些数据与基本类型相关联，才能决定其实际分配单元数。在表达逻辑时，机器语言作为最底层的程序设计语言，它只提供最基础的系统操作，例如算术运算、位操作、数据移动与布尔逻辑运算等。因此，对于稍复杂的逻辑，需要先细化分解，直到可以用基本的系统操作来表达，尤其是复杂的控制逻辑，分解将变得更加困难。

最后，从程序员角度出发，编写二进制的序列是一项相当繁重并且乏味的工作。他们需要面对更多的程序细节，可能会因此忽略同样重要的方面，例如安全性、高效性等。同时，程序员需要经常进行视点转换，从全局到局部细节，尤其是程序规模很大时，将耗费他们过多的时间与精力，可能会延长开发周期且程序质量难以保障。

为了避免机器语言带来的诸多问题，我们对其进行了上层抽象，形成了汇编语言，提高了可读性与可移植性，使得程序变得更加容易修改和调试。汇编语言利用容易记忆的符号名代替机器码的语言。它是机器语言的一种简记形式。使用汇编语言编写的汇编语言源程序，不能被计算机直接理解并执行，需要将其先翻译到机器语言程序，这个过程称为汇编过程，由专门的汇编器软件完成。汇编语言的出现是计算机技术发展，尤其是语言发展的一个重要的里程碑。

作为计算机语言发展中的第二代语言，汇编语言相对第一代语言——机器语言来说，进行了多方面的改进，具体改进内容体现在3个方面：一方面，它使用方便记忆的符号和标记来表示指令，提高了程序的可读性；另一方面，它可以自动进行存储分配，无需程序员自己指定，减少了关注的细节；最后，在数据的表示方面，汇编语言允许程序员使用十进制表达数据，符合使用习惯，无需再转化为二进制代码。

以计算 A=3+4 为例，将使用到图 1-2 中所示的几条汇编命令。

标号	指令	说明
START	GET 3;	把 3 送进累加器 ACC 中
	ADD 4;	把累加器 ACC+4 送进累加器 ACC 中
	PUT A;	把累加器 ACC 送进 A 中
END	STOP;	停机

图 1-2 汇编代码

虽然汇编语言比起机器语言在程序表达方面有所前进，具有更好的可读性、可修改性与可调试性，但是它仍然属于“低级语言”的范畴。与机器语言一样，汇编语言也是面向机器的，它通常是为特定的计算机系统而设计的，对机器有很强的依赖性。另外，由于每条汇编指令所表达的功能还是比较微弱，程序员依旧不能免于分解算法的数据和逻辑到汇编指令等繁琐、复杂的事务。

1.2.2 面向问题的语言

由于机器语言和汇编语言都十分依赖于具体机器的指令系统，因此被归纳为低级语言的范畴。低级语言都比较难于理解和记忆，且直接依赖于硬件系统。为了解决这些问题，人们发明了更加易用的高级语言。高级语言使用的是易于理解的符号和英文单词组成的语句，接近自然语言，独立于计算机硬件系统，每条语句都有相当于若干条低级语言语句的功能。高级语言是许多编程语言的统称，而不是指具体的某种编程语言。这些编程语言的语法结构更像是日常生活中的英语语法，并且不依赖于底层硬件，使得它们更能被人们理解与接受，如目前流行的 Java、C++、Python、PHP、C#、（Visual）Basic、Objective-C、JavaScript 等，它们虽然同属于高级语言范畴，但语法、命令格式都不相同。

高级语言的产生，为程序设计带来了以下几点好处：

1）高级语言具有易学性。高级语言具有直观的表达方式，接近自然语言，一般工程技术人员在较短时间内就可以学习掌握，胜任程序员的工作。

2）高级语言具有易读性。高级语言提供了程序设计的环境和工具，程序更加易读，易维护。

3）高级语言程序易移植。高级语言编写的程序不依赖于底层硬件系统，因而设计的程序具有较高的可移植性，只要系统安装了运行环境，就能运行高级语言编写的程序，使得很多程序可以重用，而不需要重写大量代码。

4）高级语言为程序员带来了便捷。高级语言设计的程序自动化程度高，易于开发，且将很多复杂工作交给了编译程序，从而减轻了程序员的工作，让他们有更多时间去做更重要的创造性劳动。

但是，在这发展过程中，高级语言也表现出了“先天性”的几点不足：

1）高级语言“翻译”后，目标程序冗长。虽然用高级程序语言编写的源程序代码可能比较简洁，但真正被“翻译”成目标语言后，却会比较冗长。

2）高级语言“翻译”后，目标程序运行速率不高。高级语言编写的程序被“翻译”后，运行的效率会远不如低级语言编写的程序。

3）高级语言程序无法直接访问、控制硬件。由于高级语言是抽象语言，它不依赖于计算机的底层硬件，所以无法访问到硬件设备，也不可能实现控制硬件的操作。

而对于以上所说的不足之处，低级语言的优势则相当明显，所以高级程序并不适合写一些对代码量和运行速度要求较高或者需要处理硬件系统的程序。当然，这些问题并没有成为限制高级语言发展的瓶颈，因为我们可以设计高级编程语言与低级语言之间调用的接口。如果高级语言程序需要访问硬件，可以由低级语言程序来完成操作，通过共享堆栈的方式来传递必要的参数和地址即可。

1.2.3　编译和解释

高级语言的产生，为用户带来了便捷，给程序设计的效率带来了很大的飞跃，使开发功能强大的软件成为可能。但是高级语言编写的程序并不能直接被计算机识别，它们只是源代码，需要经过翻译，成为计算机“认识”的目标程序后才能被执行。

虽然算法要能够在计算机上运行，必须以机器语言形式存在，但是这个过程并不一定要一步到位，我们可以先将算法表达成一种高级语言编写的源程序，然后再转换到机器语言的目标程序。这里分两个步骤，先是利用高级语言去表达算法逻辑，再利用翻译，将高级语言转换成机器语言，即将算法转换成最终的目标代码。上述两步可以各自独立完成，从算法到高级语言编写的程序的过程由程序员完成；从高级语言源程序转换成机器语言目标程序的过程由翻译程序完成。整个过程中，高级语言和机器语言都具有且必须遵循特定的规范，所以这里的翻译工作完全可以由计算机自己来完成，需要的仅仅是配上一个编译器或解释器而已。

编译器（compiler）和解释器（interpreter）都是将某种高级编程语言写成的源代码转换成低级编程语言目标代码的电脑程序。它们的主要目的是将便于人编写、阅读、维护的高级计算机语言所写的源代码程序翻译为计算机能解读、运行的低级机器语言的程序，也就是可执行文件。但是，编译器和解释器的工作原理却是不同的，各有利弊。编译器必须在翻译之前将源程序当作大的单元（通常是整个源文件）来分析，一个程序只需要被编译一次就可以多次执行。编译器处理包括高级语言程序在内的文件，然后生成一个可执行的文件。一个现代编译器的主要工作流程为：源代码（source code）→预处理器（preprocessor）→编译器（compiler）→汇编程序（assembler）→目标代码（object code）→链接器（linker）→可执行程序（executable）。解释器是一个执行程序的虚拟机，一次能够翻译高级语言程序的一段、一行、一条命令或一个子程序。它每翻译一行程序就立刻执行，然后再翻译下一行，再运行，如此不停进行下去，直到程序结束。因此它的运行速度要比编译慢很多。

一般来说，解释技术更容易进行开发和调试，但开销很大；编译技术则可以产生更高效的代码，能够更加有效地使用内存，对代码进行优化，程序执行更快。因此，许多商业软件趋于使用编译技术。另外，有些高级程序语言的实现还同时使用了两种翻译方法。

1.3 软件开发与软件工程职业

现在看来软件开发是一项极端复杂的工作，但在早期，20世纪50年代，计算机主要用于科学计算，程序员主要是硬件工程师和部分科学家，那时软件的复杂性并不是很高，也没有提出特定的软件开发方法。到了20世纪60年代以后，计算机逐步应用到企业和各种商业环境中，数据处理和事务计算成为了重要的工作内容，而这时的程序员还没有多少经验和原则可以遵循，这时的软件开发是“工艺式”的。人们进行“个人英雄主义编程”，软件开发完全依赖于个人能力，很少有大规模团队合作。他们没有经过验证的方法指导，依赖个人的直觉和能力开发软件，有时能够取得成功，有时会失败，没有办法保证在可控的时间和资源约束内完成任务。到了20世纪60年代后期，随着软件危机的产生，人们意识到了“工艺式”软件开发的问题，软件工程的概念被提出。

“软件工程”一词1968年首先在NATO（北约）组织的一次会议上作为正式的术语出现，标志着这一新的学科的开始。会议组织者Brian Randell表示：“我们特意选择‘软件工程’这个颇具争议性的词，是为了暗示这样一种意见：软件的生产有必要建立在某些理论基础和实践指导之上——在工程学的某些成效卓著的分支中，这些理论基础和实践指导早已成为了一种传统。”

为什么“工艺式”的软件开发有问题？这是因为“工艺式”的软件开发难以解决软件开发的高度复杂性和对软件质量的要求。设想我们需要为家中的宠物狗搭设一个狗窝，我们去买一些木材，然后根据我们想象的狗窝的形状将这些木材钉在一起，可能这样一个基本可用的狗窝一个下午就做完了。虽然这样的狗窝可能不够精致，不够可靠，但已经基本可以满足需要了。但如果我们要建造一幢摩天大楼，我们不可能直接拿来砖头就开始砌墙。我们必须要先请一个设计公司做规划设计；确定设计方案之后制定详细的施工计划，选择施工材料，按照设计图纸选定一家施工公司进行建造；在这个过程中，我们还要请一个监理公司来监督施工公司的建造质量，最后对大楼进行验收。为什么不能像盖一个狗窝一样建造摩天大楼？那是因为摩天大楼的复杂度和质量要求远比狗窝要高得多。如果要应对更复杂、更高质量要求的软件开发，我们也必须采用工程化的方法来开发，这样才有可能取得成功。

软件工程作为一个新兴学科，一直以来都缺乏一个得到大家公认的定义，很多学者、组织机构在不同的时间分别给出了自己的定义。

比较常见的一个定义是IEEE在软件工程术语汇编中的定义：

软件工程是：

1）将系统、规范、可度量的方法应用于软件的开发、运行和维护，即将工程应用于软件。

2）对 1）中所述方法的研究。

计算机科学技术百科全书中对软件工程的定义如下：

软件工程是应用计算机科学、数学及管理科学等原理，开发软件的工程。软件工程借鉴传统工程的原则、方法，以提高质量、降低成本。其中，计算机科学、数学用于构建模型与算法，工程科学用于制定规范、设计范型（paradigm）、评估成本及确定权衡，管理科学用于计划、资源、质量、成本等管理。

2004 年，电气和电子工程师协会 IEEE 与计算机协会 ACM 的一个联合工作组给出了软件工程的学科知识体（Software Engineering Body of Knowledge, SWEBOK）。SWEBOK 指出软件工程包括十大知识领域：软件需求、软件设计、软件构造、软件测试、软件维护、软件配置管理、软件工程管理、软件工程过程、软件工程工具与方法、软件质量。

20 世纪 50 年代，开始有了软件开发人员。随着计算机工业和软件产业的发展，软件产业从业人员人数出现了巨额增长，仅在美国软件产业从业人员已经超过了 300 万人。同时，软件产业的职业分工也越来越细致，越来越多的人开始讨论软件工程职业。现在软件工程职业已经具备了如下特征：

- 有大量专职的从业人员。
- 界定了一个知识体系，能够明确从业人员需要具备的知识和技能（SWEBOK）。
- 建立了合格的教育体系，能够批量培养职业人员（高校软件工程专业）。
- 形成了职业的道德规范认同（下文将要介绍的“软件工程道德规范和专业实践”）。
- 组织了指导性的行业协会（IEEE）。

但相对于其他专业职位（需要专门的专业技能的行业，例如医生、教师、律师等）而言，软件工程师在认证体系上还存在较大争议。是否需要像医生等职业一样建立起严格的、能够得到公认的行业资格认证体系还是一个需要探讨的问题。一些专家认为，软件工作是可以定义出完整的技能规范的；而有一些专家则认为软件开发中依赖于创造性的内容更多、更重要，还无法或者没有必要建立一个严格的认证体系。现在比较有影响力的认证包括：IEEE-CS 提出的 SCP（SWEBOK Certificate Program）、CSDA（Certified Software Development Associate）和 CSDP（Certified Software Development Professional）。

现在，软件已经应用于社会的方方面面，软件工程师必须认识到自己的工作会对社会和他人产生巨大而深刻的影响，因此必须承担相对应的责任。影响越大，责任越大。软件工程人员的工作不仅需要考虑到技术，而且必须在法律和社会的框架内完成。软件工程师要受地方、国家、国际的各种法律的约束和限制，并且其行为必须合乎道德。

在这一方面，职业协会和机构开展了很多工作。ACM 和 IEEE 联合推出了一个关于职业道德和职业行为的准则——“软件工程道德规范和专业实践”。该准则中提出了软件工程师应当遵循的基本行为原则，现在已经得到了广泛认同。比如，在第一条原则中就提出了软件工程师的一切行为原则的总纲：不能违背公众利益。“软件工程道德规范和专业实践”有完整和简化两个版本。

以下给出“软件工程道德规范和专业实践”完整版本（完整内容见：http://www.acm.org/

about/se-code）的前两段，它给出了“软件工程道德规范和专业实践”的说明。

计算机及其相关技术正逐渐成为推动政府、教育、工业、商业、医疗、娱乐和整个社会发展的核心技术，软件工程师正是通过亲身参加或者教授软件系统的分析、说明、设计、开发、授证、维护和测试等实践工作，为社会做出了巨大贡献。也因为他们在开发软件系统中所起的重要作用，软件工程师有很大机会去为社会做好事或者给社会带来危害，有能力让他人以及影响他人为社会做好事或者给社会带来危害。为了尽可能确保他们的努力应用于好的方面，软件工程师必须做出自己的承诺，使软件工程师成为有益的和受人尊敬的职业，为了符合这一承诺，软件工程师应当遵循下列职业道德规范和实践要求。

本规范包含有关专业软件工程师的行为和决断的八项原则，这涉及那些实际工作者、教育工作者、经理、主管人员、政策制定者以及相关职业的受训人员和学生。这些原则指出了由个人、小组和团体参与其中的道德责任关系，以及这些关系中的主要责任，每个原则的条款就是对这些关系中的责任做出的说明。这些责任是基于软件工程师的人性，对受软件工程师工作影响的人们的特别关照，以及软件工程实践的独特因素。本规范把这些规定作为任何已认定或有意从事软件工程的人的基本素质和责任。不能把规范的个别部分孤立开来使用，或者用来辩护错误。所列出的原则和条款并不是非常完善和详尽的，在职业规范指导的所有实际使用过程中，不应当将条款的可接受部分与不可接受部分分离开来，本规范也不是简单的道德算法，不可用来产生道德裁定，在某些情况下，规范可能互相抵触或与来自其他地方的标准相抵触，在这种情况下就要求软件工程师运用自己的道德判断能力，做出在特定情况下符合职业道德规范和职业实践精神的行动。

简化版本给出了相应提纲，见图 1-3。完整版本针对每条原则给出了详细说明。

软件工程道德规范和专业实践

（ACM/IEEE-CS 联合制定以规范软件工程行业的职业道德和职业行为）

软件工程人员应该做出承诺，使软件的分析、描述、设计、开发、测试和维护等工作对社会有益且受人尊重。基于对公众健康、安全和福利的考虑，软件工程人员应当遵守以下八条原则：

1. 公众——软件工程人员应始终与公众利益保持一致。
2. 客户和雇主——软件工程人员应当在与公众利益保持一致的前提下，满足客户和雇主的最大利益。
3. 产品——软件工程人员应当保证他们的产品与其相关附件达到尽可能高的行业标准。
4. 判断力——软件工程人员应该具有公正、独立的职业判断力。
5. 管理——软件工程管理者和领导者应当拥护并倡导合乎道德的有关软件开发和维护的管理方法。
6. 职业感——软件工程人员应当弘扬职业正义感和荣誉感，尊重社会公众利益。
7. 同事——软件工程人员应当公平地对待和协助每一位同事。
8. 自己——软件工程人员应终身学习专业知识，倡导合乎职业道德的活动方式。

图 1-3 ACM/IEEE 软件工程道德规范和专业实践

1.4 软件开发过程模型

软件开发中包含了众多的活动，如果把软件开发看做一个问题，我们也需要将其分解成一些小的问题加以解决。为了理解软件开发，学者们提出了软件开发生命周期（Software Development Life Cycle，SDLC）的概念。它指软件产品从开发到报废的生命周期，通常周期中包括了需求分析、软件设计、实现与调试、测试与验收、部署、维护等活动。软件作为一种产品，它的产生是由于用户的需要，可以为用户提供有价值的服务。软件的报废有多种可能性。一种情况是用户不再需要某个软件的功能了，因此弃用某个软件，比如早期 UNIX 系统的行编辑器。另一种常见情况是，用户需要在原有软件的功能上添加新的功能，而因为某些原因，我们很难在合理的成本范围内继续演进开发原有软件。比如，原有一个银行软件由于软件架构设计不合理，增加新的银行业务时非常困难，并且经常引入很多缺陷，这时我们可能会弃用原有软件，而从头开发一个全新的软件。这种情况下，开发一个新软件的成本比修改原有软件来增加新功能的成本更低。一个软件项目的具体开发生命周期阶段划分通常与该项目使用的软件开发过程模型相关，下面将描述常见的软件开发过程模型。

软件开发过程是指一个软件产品开发的方法，它描述了软件开发中的活动和任务。简单地说，过程就是软件开发中的一系列活动，如果能够按照这些活动进行工作，我们就可以获得预想的结果。软件工程中的过程理论，部分借鉴了工业工程中的“过程决定质量”的理论，强调过程对于软件开发的作用，这个论断是一个当前有争议的话题。

常见的软件开发过程模型有瀑布、迭代、螺旋模型和敏捷软件开发等，有很多分类的方法。当前有关软件开发过程的讨论与争议很多，还没有一种大家共同认可的开发过程，但多数人都同意软件过程对软件开发具有重要的指导意义，软件开发不应该是无序的、混乱的。这是因为，软件项目通常都是很复杂的系统，开发人员需要按照一定的开发模型来分解工作任务，按照一定的步骤进行工作以完成项目的开发。如果没有开发模型的存在，开发人员很容易迷失在复杂系统中，缺乏指引，陷入混乱。

下面介绍创建–修补模型、瀑布模型和迭代式软件开发。

1. 创建–修补模型

创建–修补（Build-Fix）有时候也称为牛仔编程法，它基本上是一种完全混乱的软件开发方法，但直到今天为止，仍然有很多人使用这种方法进行开发。编码–修补式软件开发被分成编码和修补两个阶段，它没有合理的开发计划，系统的开发由一系列仅能满足当前需要的短期决策构成，开发者往往很随意地做出决定，也不会给出设计的原因。当软件规模小、质量要求低时，这种开发方法没有太大的问题，比如很多的小型项目和学生作业项目。但随着系统规模的增长，以及对系统质量要求的提高，这种方法会展现出很多弊端。开发者会发现，当增加新的功能到系统中时，因为系统中充斥了各种临时的局部设计决定，新模块的添加异常艰难。同时，系统缺陷也无处不在，并且难以修补，可能在修复一个缺陷时又带来新的缺陷。这种系统经常在完成了所有功能后，会有一个很长的测试阶段才能达到用户的要求，并且这个阶段的时间难以预估。这种方法由于其弊端明显，在正式的商业软件开发中已经较少采用。

2. 瀑布模型

瀑布模型是最早出现的软件开发模型，在软件工程中占有重要的地位，它描述了软件开发的基本框架。瀑布模型和迭代式软件开发风格是软件开发过程模型中常见的争议点。现在，迭代式软件开发已经被认为是一种主流的软件开发风格，但瀑布模型仍然可以帮助我们认识软件开发活动，并对其提供指导。

瀑布模型（waterfall model）是由 W. W. Royce 在 1970 年最初提出的，它按时间顺序描述了一个软件项目的开发。瀑布模型设计了一系列软件开发阶段，按时间顺序展开开发活动，从需求分析开始直到产品发布和维护，每个阶段都会产生循环反馈。如果在某个阶段出现了问题，那么最好“返回”上一个阶段并进行修改。项目开发过程像是从一个阶梯“流动”到下一个阶梯，这也是瀑布模型名称的由来。

瀑布模型的核心思想是根据开发活动来分解项目。为了开发软件，瀑布模型将软件生命周期划分为制定计划、需求分析、软件设计、程序编写、软件测试和运行维护等六个基本活动，并且规定了它们之间衔接的固定次序。例如一个项目，计划一年的时间完成。项目安排 1 个月制定计划，2 个月的需求分析阶段，3 个月的软件设计阶段，3 个月的程序编写阶段，最后是 3 个月的测试阶段。运行维护阶段在软件投入使用后开始。

瀑布模型可以帮助开发人员理解软件开发中的活动和任务，界定清晰的软件开发检查点，当完成了一个检查点后才允许进行下一步工作。而瀑布模型的问题是，在实践中很少有项目能够以纯线性的方式进行，通过回到前面的阶段或修改前面某个阶段的结果是非常常见的现象，而这时带来的成本增加和系统开发的混乱是很难避免的。比如，我们在测试中发现了一个被误解的需求，这时我们需要回到需求分析阶段来修改需求，除了修改需求以外，还需要修改设计、编码和测试，这会带来大量的返工、成本增加。

瀑布模型的另一个根本的问题是，在瀑布模型中，开发人员很难判断其前期的工作是否正确。计划、需求分析和设计中的错误往往要到产生了测试、集成时才能够发现，而在前期，我们没有足够的信息来进行这种判断。按照软件工程中的贝姆定律（Boehm’s Law），在开发过程中越晚修正缺陷，代价就会越高。

另外，在瀑布模型中，只有到项目开发的后期才能看到能够运行的软件，这使得开发团队很难在早期和用户就需求进行验证和讨论，增加了需求误解的可能性，同时也对团队的开发士气造成了不好的影响。开发团队和客户可能要经过一年的时间才能看到软件产品，如果这时发现需求误解等问题，会增加大量的工作成本，同时对团队的士气也会造成重大打击。

瀑布模型的缺点很早就被人们认识到，Royce 在提出瀑布模型时即提倡重复地使用瀑布模型。

3. 迭代式软件开发

迭代式软件开发（见图 1-4）根据软件项目的不同功能子集来分解项目。在迭代式软件开发中，整个开发工作被组织为一系列小的项目，被称为一系列的迭代。比如一个一年的项目，可以根据功能，将项目分解为 4 个每次 3 个月的迭代。在第一次迭代中，实现约 1/4 的需求，并且将这 1/4 的需求完全完成，可能会依照瀑布模型进行计划、需求分析、设计、编码、测试，也可能按照别的方式来进行开发。接下来，进行下一次迭代，在第 6 个月完成，这时可以完成约 1/2 的功能。当然，实际的迭代式软件开发可能会在每个迭代周期中采用非瀑布的方式，但每个迭代周期结束时都应该得到一个经过测试的、集成起来的基本可用的软件产品，某些少量程序缺陷的修复或用户培训可以放在最后一个迭代周期后进行。我们也许不会在每次迭代结束时都能够把系统变成产品，不过系统还是应该具备产品品质，这样可以尽早得到系统评估结果，也可以获得高质量的软件产品反馈。

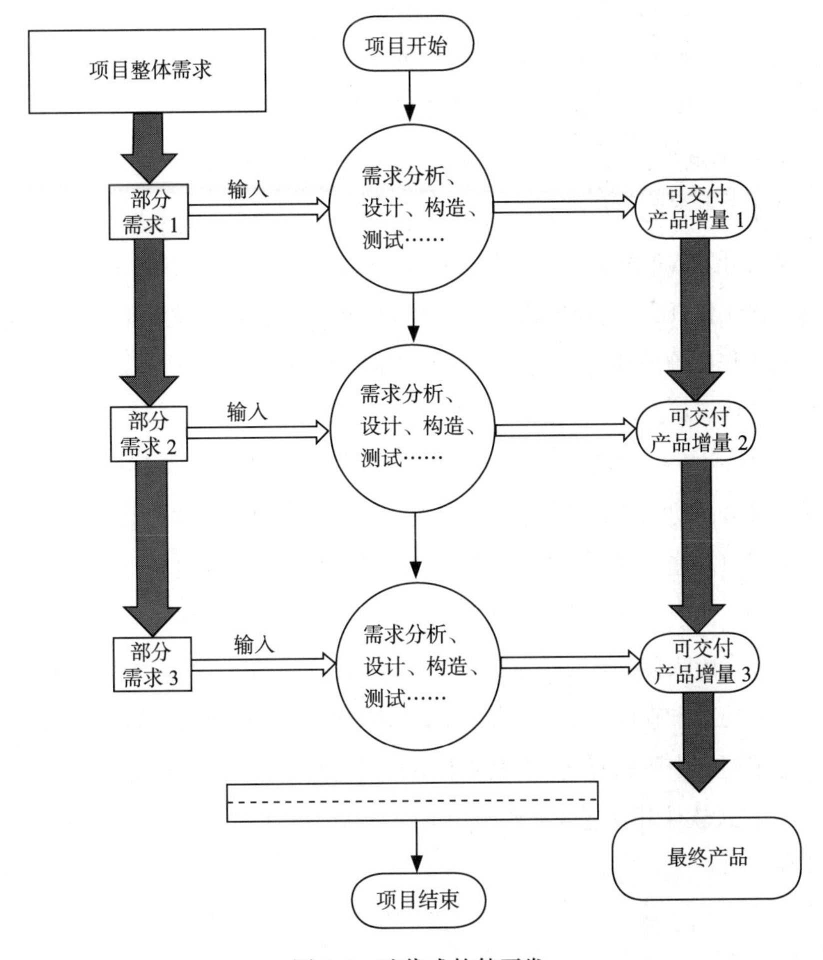

图 1-4　迭代式软件开发

与传统的瀑布模型相比较，迭代式软件开发具有以下特点：

- 易于应对需求变更

软件具有很多的功能，而且由于单个软件功能变更的成本较低，因此软件容易遭受到持续的变更压力，变更是软件开发的本质属性。它为软件开发造成了很多障碍，包括工期延误、客户不满意、开发人员加班等问题。迭代式软件开发可以方便地在每一个迭代结束时修改原有的需求，以应对相应的变更。用户在看到一个迭代的结果后，会重新审视原来提出的需求，修正原有的需求或增加新的需求。通常来说，随着系统开发的进行，用户和开发人员对系统的认识会不断深化，从而能够做出更加合理的需求和设计决策。

- 提高团队士气

开发人员的士气和对项目的热情部分决定了软件项目的成败。开发人员通过每次迭代都可以在短期内看到自己的工作成果，有助于他们增强信心，更好地完成开发任务。而在瀑布模型中，开发人员只有在项目接近结束时才能看到项目的结果，在此之前的相当长的时间内，大家只能在无法确定正确与否的项目制品（代码、文档等）上进行工作。

现在，有很多的开发团队都宣称自己使用迭代式软件开发，但实际上他们在采用瀑布模型。比如有人说：

“我们正在进行一次分析迭代，接下来会有两次设计迭代。”

“这次迭代的代码中有很多缺陷，我们在下次迭代时修复它们。”

有一个判定标准就是，每一次迭代结束时，系统中的代码需要经过测试，正确地集成起来，并且达到基本可交付的产品级品质。测试与集成都是非常难于估算的开发活动，不能把这样的活动放到迭代开发的最后进行，否则就无法得到迭代式开发的益处。每次迭代的结果是开发团队在本迭代内工作真实、有效的反馈，它有助于开发团队及时调整开发计划和软件开发实践。测试和集成工作应该做到：即使本次迭代的软件不进行发布，那么如果要进行发布的话，也不需要大量的工作。

迭代式开发的另外一个需要考虑的因素是开发长度的确定。有的团队以软件功能进行划分，根据完成一部分的功能的时间设定迭代长度。在计划时间结束时，团队倾向于增加迭代时间来完成既定的项目功能。现在，大部分团队赞成使用固定时间长度（time boxing）的迭代周期进行开发。这种方法中每个迭代周期都有固定的时间长度。如果在一个周期中有部分功能来不及完成的话，开发团队会将该功能延后处理，而不是延长本次迭代的时间。这种方式会帮助开发团队建立良好的工作节奏，同时也有助于让大家学习如何确定需求的功能优先级。

敏捷软件开发过程中所有的方法都是迭代式开发过程。

本书采用迭代式软件开发过程来说明示例的开发，也建议个人开发者使用迭代式开发过程进行开发工作。

1.5 个人软件过程基础

个人软件过程（Personal Software Process，PSP）由美国卡内基梅隆大学软件工程研究所（Software Engineering Institute，SEI）的 Humphrey 等开发，于 1995 年推出，着重于软件开发人员的个人培训、品质改善和工期估算。PSP 为软件开发者提供了控制、管理和改进个人工作方式的个人过程框架，补充了有关实现 CMMI（Capability Maturity Model Integration, 软件能力成熟度模型集成）关键过程域所需的具体知识和技能。PSP 能够提供以下信息：1）个体软件过程原则；2）软件开发工程师如何制定准确的计划；3）软件工程师为改善产品质量需要采取的措施；4）度量个体软件过程的改进；5）流程的改变对软件工程师个人能力的影响。

PSP 是包括了数据记录表格、过程操作指南和规程在内的结构化框架。如图 1-5 所示，一个基本的 PSP 流程包括计划、设计、编码、编译、测试以及总结这 6 个主要的阶段。在每个阶段，都有相应的过程操作指南（script）用以指导该阶段的开发活动，而所有的开发活动都需要记录相应的时间日志和缺陷日志。这些记录的真实日志，为开始时制定开发计划和在最后制定计划总结提供了数据依据。

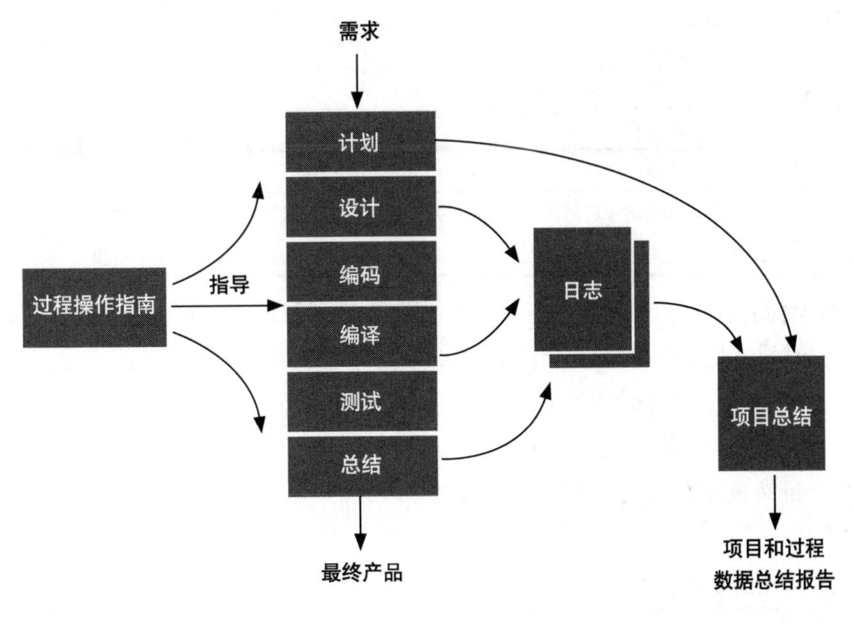

图 1-5　PSP 基本流程图

1.5.1　基本原则

PSP 的基本原则包括以下几个方面：

- 软件系统的整体质量由该系统中质量最差的某些组件所决定。
- 软件组件的质量取决于开发这些组件的软件工程师，更加确切地说，是由这些工程师所使用的开发过程所决定的。
- 作为合格的软件工程师，应当自己度量、跟踪自己的工作，自己管理软件组件的质量。
- 作为合格的软件工程师，应当从自己开发过程的偏差中学习、总结，并将这些经验教训整合到自己的开发实践中，也就是说，应当建立持续地自我改进机制。

以上基本原则除了继续延续“过程质量决定最终产品质量”这一软件过程改进基本原则之外，更加突出了个体软件工程师在管理和改进自身过程中的能动性。

1.5.2　时间度量

过程度量在项目管理和改进的过程中扮演着极其重要的角色，它可以帮助管理人员了解过程现状，诊断过程偏差并采取措施帮助减小偏差。作为一个基本的度量项，时间度量关乎项目进度，并最终影响项目的成败与否。

在 PSP 中采用记录时间日志的方式来进行时间的度量。一条完整的时间日志记录应该包含以下基本信息：编号、所属阶段、开始时间、结束时间、中断时间、净时间以及备注。表 1-1 描述了各项基本信息的具体含义。

表 1-1 PSP 时间日志基本信息

基本信息项	含义
编号	该条日志记录的编号
所属阶段	该条日志记录属于哪个 PSP 阶段，例如，计划、设计、设计评审、编码等等
开始时间	该条日志记录的开始时间
结束时间	该条日志记录的结束时间
中断时间	该条记录所属的时间范围内工作的中断时间，精确到分钟
净时间	该条记录所属的时间范围的纯工作时间，通过结束时间 - 开始时间 - 中断时间计算
备注	如果记录了中断时间，就需要在备注一栏中填写中断的原因。例如，休息等等

如果中断时间过长（比如隔天），可以拆分成多条时间日志记录来表示同一个阶段，而这个阶段的工作时间就是这些时间日志记录的净时间之和。例如，某开发人员在进行编码时，记录了如表 1-2 和表 1-3 中的两条时间日志记录。第一条时间日志记录发生在 2012 年 10 月 10 日，而第二条记录发生在第二天。另外，第一天的开发中途没有停顿，而第二天的开发过程中遇到了中断。虽然该开发人员的编码过程消耗了两天的时间，但是实际的工作的净时间只有 50+70=120 分钟。

表 1-2 时间日志记录 1

编号	1
所属阶段	编码
开始时间	2012/10/10 10:00:00
结束时间	2012/10/10 10:50:00
中断时间	0
净时间	50
备注	

表 1-3 时间日志记录 2

编号	2
所属阶段	编码
开始时间	2012/10/11 14:10:00
结束时间	2012/10/11 15:55:00
中断时间	35
净时间	70
备注	休息

通过如实记录时间日志，可以让项目成员了解各阶段的时间分布以及当前的项目进度，同时，这些数据也会对之后项目的时间估算产生影响。

1.5.3 缺陷度量

过程度量中另一项重要的度量项是缺陷度量。作为质量控制的第一关，对缺陷的度量与控制可以帮助项目有效管理程序质量。

在 PSP 中使用缺陷日志来记录缺陷。一个典型的缺陷日志包含以下几项内容：编号、发现日期、缺陷类型、注入阶段、消除阶段、消除时间、关联缺陷以及缺陷描述。表 1-4 中介绍了每一项内容的具体内涵。

表 1-4 PSP 缺陷日志具体信息

基本信息项	含义
编号	该条日志记录的编号
发现日期	该缺陷被发现的日期
缺陷类型	该缺陷对应的类型

（续）

基本信息项	含　义
注入阶段	该缺陷被引入的阶段，常见阶段有设计、编码等
消除阶段	该缺陷被消除的阶段，常见阶段有设计评审、代码评审以及测试等
消除时间	项目成员为了消除该缺陷所消耗的时间，精确到分钟
关联缺陷	如果该缺陷是在消除另一个缺陷时引入的，那么该缺陷就与另一个缺陷产生了这种关联关系
缺陷描述	对缺陷的描述，应对缺陷产生的原因加以分析

PSP 中定义了 10 种类型的缺陷，表 1-5 中给出了这 10 种缺陷类型的描述。这 10 种类型几乎已经可以覆盖所有可能的缺陷，因此，一般不需要进行扩充。而且，未知的错误类型也不能帮助改正错误。

表 1-5　PSP 缺陷类型描述

编　号	缺陷类型	描　述
1	Documentation	注释、提示消息错误等
2	Syntax	拼写、标点、打印、指令格式错误等
3	Build，Package	变更管理、库以及版本控制方面的错误等
4	Assignment	变量的声明、重命名、域以及限制方面的错误
5	Interface	过程调用接口、输入 / 输出、用户接口方面的错误
6	Checking	错误信息、不充分检验等方面的错误
7	Data	数据结构与内容方面的错误
8	Function	逻辑、指针、循环、递归、计算以及功能性错误
9	System	配置、计时、内存方面的错误
10	Environment	设计、编译、测试或者其他支撑环境的问题引发的错误

例如，某项目开发人员在开发过程中记录了两条缺陷日志条目，见表 1-6 和表 1-7。

表 1-6　缺陷日志记录 1

基本信息项	含　义
编号	3
发现日期	2012/11/17 10:20:00
缺陷类型	Data
注入阶段	编码
消除阶段	代码评审
消除时间	5
关联缺陷	
缺陷描述	链表 Booklist 的内容没有在管理员删除图书以后做出删除对应项的修改，导致该链表的内容出错

表 1-7 缺陷日志记录 2

基本信息项	含 义
编号	5
发现日期	2012/12/14 15:00:00
缺陷类型	Function
注入阶段	代码评审
消除阶段	单元测试
消除时间	10
关联缺陷	3
缺陷描述	在管理员删除图书以后，对应的 Booklist 也发生了对应的删除操作，但是删除时逻辑发生了错误，删除了对应项的后一项

通过如实记录缺陷日志，可以很方便地统计出所记录的缺陷信息情况，可以帮助项目开发人员建立缺陷库以备后续参考，既能有助于自身能力的提升，也可以帮助提高项目过程质量。

1.6 习题

1. 高级语言是如何在计算机上运行的？
2. 在高级语言翻译中编译和解释两种方法的优缺点各是什么？
3. 描述我们如何用软件来解决一个现实世界的问题。
4. 了解并记忆 IEEE 对软件工程的定义。
5. 你以前听说过“过程决定质量”的说法吗？你是如何理解这句话的？
6. 什么是软件开发的瀑布模型？它有什么问题？
7. 什么是迭代式软件开发？
8. 制作一份用于自己工作的时间日志表格，并在将来的开发中使用该表格。阅读附录 A。
9. 为什么软件工程师必须遵循一定的道德规范？

第2章 计算系统示例说明

为了更好地描述课程知识，本书以一个图书借阅系统的开发作为示例。本章首先对该系统的功能进行说明，并将整个系统的开发分为三个迭代。后续章节将在该系统的三个迭代的基础上对各个知识点进行展开。

2.1 系统功能说明

2.1.1 系统功能要求

本书中采用的图书借阅系统旨在实现在线图书借阅功能。用户包含管理员和借阅者两类，其中管理员用户可以对借阅者和图书进行管理，借阅者可以在线地借阅、续借和归还图书。系统的具体要求如下。

1. 用户

（1）管理员

1）身份：系统拥有唯一的管理员。

2）操作：

- 管理借阅者：可以查询、添加、修改和删除借阅者信息。
- 管理图书：可以查询、添加、修改和删除图书信息。
- 管理个人信息：可以修改姓名和密码。

（2）借阅者

1）身份：分为本科生、研究生和教师三种身份，各种身份具有不同的权限。

2）操作：

- 查询图书：根据基本信息对图书信息进行查询。
- 借阅图书：对选定的图书进行借阅。其中，本科生只可借阅普通图书，最多可同时借阅5本；研究生可以借阅普通图书和珍本图书，最多可同时借阅10本；教师可以借阅普通图书和珍本图书，最多可同时借阅20本。

- 请求图书：当教师希望借阅的某种图书被借空时，可以请求图书，系统将自动通知借阅该书时间最长的本科生或研究生在 7 天内归还图书。
- 查看已借图书：查看本人当前借阅图书的情况。
- 续借图书：图书每次借阅时间为 30 天，本科生和研究生可以续借 1 次，教师可以续借 2 次。超期的图书和被教师请求的图书不得续借。
- 归还图书：归还本人借阅的图书。
- 查看消息：查看图书到期提醒、提前还书通知（本科生或研究生所借图书被教师请求归还时）、请求图书到馆通知（教师所请求的图书归还时）等。
- 管理个人信息：可以修改用户名和密码。

2. 系统的其他假定

- 每种图书可以有多本。
- 借阅者可以存在同名，密码可以被本人修改。
- 系统初始时，存在登录名为“administrator”、密码为“123456”的管理员用户，密码可以被修改。

3. 系统开发的其他要求

- 采用图形化界面，管理员和借阅者通过相同的界面登录。
- 用户可以远程使用系统。
- 使用文件存储相关数据，同一时间仅允许一名管理员或借阅者操作，不考虑并发情况。
- 采用 Java 语言编程。

2.1.2 系统功能详细分析

由于要求可以远程使用系统，系统应当分为客户端和服务器端两部分，客户端和服务器端之间通过网络连接。

1. 客户端功能

1）提供统一的图形化登录界面，用于输入用户名和密码。

2）核实系统是否正在被使用。如果系统空闲，在身份验证后，对管理员和借阅者提供不同的图形化操作界面。

① 管理员界面。

- 借阅者管理：根据借阅者编号、姓名等信息查询借阅者，查看和修改某位借阅者的信息，添加或删除某位借阅者。
- 图书管理：根据图书 ISBN 查询图书信息，查询、添加、修改和删除某种图书信息，添加或删除某本图书。
- 个人信息管理：修改姓名和密码。

② 借阅者界面。

- 图书信息查询：根据图书 ISBN 或其他信息查询图书。

- 图书借阅：在图书信息查询结果中，如果某种图书没有借空，可以借阅其中一本，默认借阅时间为 30 天。
- 图书请求：教师可以在图书借空的情况下，请求已借阅这种图书时间最长的本科生或研究生在 7 天内归还图书。被请求的本科生或研究生将会收到通知，被请求的图书不得续借。
- 查看已借图书：查看已经借阅的图书，显示图书的基本信息、借阅日期、预定归还日期，可以根据规定续借或还书。
- 图书续借：在查看已借图书的结果时，如果某本图书在预定归还日期前 7 天内，且不存在达到续借最大次数、超期、被请求归还等情况，可以进行续借，续借默认借阅时间为 30 天。本科生和研究生每本图书的最大续借次数为 1 次，教师每本图书的最大续借次数为 2 次。
- 图书归还：可以对某本已借图书进行归还。
- 消息查看：查看所收到的消息。消息类型包括所有用户借阅的图书在预定归还日期前 7 天的提醒，本科生或研究生所借阅的图书被某位教师请求时的提前还书通知和教师所请求的图书归还到图书馆时的图书到馆通知。
- 个人信息管理：修改信息和密码。

3）与服务器端通信。

2. 服务器端功能

1）使用本地文件分别存储所有管理员、借阅者、图书的信息。

2）对管理员、借阅者、图书的信息进行查询和修改。

3）添加或删除借阅者和图书的信息，添加图书借阅、请求记录。

4）自动生成图书到期提醒、提前还书通知、请求图书到馆通知等消息。

5）每个使用者退出登录后自动备份信息。

6）与客户端通信。

2.2 开发阶段规划与约束说明

2.2.1 开发阶段规划

根据循序渐进的教学要求，系统的开发计划分为三次迭代完成。迭代一将主要依赖类的职责来实现图书借阅中的单一功能；迭代二将通过类之间的协作来实现图书借阅中的复杂功能；迭代三将进一步完善功能和改善用户体验，完成整个系统的开发。

1. 迭代一：管理图书功能的设计与实现

设计和实现查询、添加、修改和删除图书信息以及添加、删除图书的功能。

约束说明：在实现中不使用继承。

2. 迭代二：命令行方式下单机图书借阅功能的设计与实现

设计和实现命令行方式下管理员和借阅者的登录和操作界面；设计和实现在单台计算机上

的图书借阅功能，包括管理借阅者、管理图书、借阅图书、续借图书、归还图书等。

约束说明：对迭代一的代码进行尽可能少的修改。

3. 迭代三：具有图形化界面和网络通信功能的图书借阅系统的设计与实现

设计和实现客户端的图形化界面，完成客户端和服务器端之间的网络通信功能。

约束说明：对迭代二的代码进行尽可能少的修改。

2.2.2 迭代一开发需求说明

管理图书

使用者：管理员

流程：

1）使用者根据提示输入添加、修改、删除、查找、列举图书信息或添加、删除图书操作的编号。

2）使用者根据操作输入信息：

- 如果是“添加图书信息”操作，使用者根据提示输入图书的各项信息，包括 ISBN、书名、作者、出版社、年份、是否为珍本。
- 如果是“修改图书信息”操作，使用者根据提示输入图书 ISBN，并根据提示输入需要修改的图书信息。
- 如果是“删除图书信息”操作，使用者根据提示输入图书 ISBN。
- 如果是“查找图书信息”操作，使用者根据提示输入图书 ISBN。
- 如果是“列举图书信息”操作，使用者不需要输入信息。
- 如果是“添加图书”操作，使用者根据提示输入图书 ISBN。
- 如果是“删除图书”操作，使用者根据提示输入图书编号。

3）系统对图书目录中的图书信息列表进行增加、修改、删除、查找图书信息或在图书信息中的图书列表中进行添加、删除图书操作。

4）系统展示操作结果。

2.2.3 迭代二开发需求说明

1. 登录

使用者：管理员、借阅者

流程：

1）系统启动，自动进入登录界面。

2）管理员或借阅者根据提示依次输入登录名和密码。

3）系统对登录名和密码进行验证：

①如果登录名和密码均为空，退出系统。

②如果登录名和密码不同时为空：

- 如果存在相应的管理员信息，跳转到管理员操作界面。

- 如果存在相应的借阅者信息，跳转到借阅者操作界面。
- 如果不存在相应的管理员信息且不存在相应的借阅者信息，或密码错误，提示输入的信息错误，要求系统使用者重新输入。

2. 管理借阅者

使用者：管理员

流程：

1）使用者根据提示输入添加、修改、删除、查找或列举借阅者信息操作的编号。

2）使用者根据操作类型输入信息：

- 如果是“添加借阅者”操作，使用者根据提示输入借阅者的各项信息。
- 如果是“修改借阅者”操作，使用者根据提示输入借阅者编号，并根据提示输入需要修改的借阅者信息。
- 如果是“删除借阅者”操作，使用者根据提示输入借阅者编号。
- 如果是“查找借阅者”操作，使用者根据提示输入借阅者编号。
- 如果是“列举借阅者”操作，使用者不需要输入信息。

3）系统对用户中的借阅者列表进行增加、修改、删除或查找操作。

4）系统展示操作结果。

3. 管理图书

使用者：管理员

流程：

1）使用者根据提示输入添加、修改、删除、查找、列举图书信息或添加、删除图书操作的编号。

2）使用者根据操作输入信息：

- 如果是“添加图书信息”操作，使用者根据提示输入图书的各项信息。
- 如果是“修改图书信息”操作，使用者根据提示输入图书 ISBN，并根据提示输入需要修改的图书信息。
- 如果是“删除图书信息”操作，使用者根据提示输入图书 ISBN。
- 如果是“查找图书信息”操作，使用者根据提示输入图书 ISBN。
- 如果是“列举图书信息”操作，使用者不需要输入信息。
- 如果是“添加图书”操作，使用者根据提示输入图书 ISBN。
- 如果是“删除图书”操作，使用者根据提示输入图书编号。

3）系统在图书目录的图书信息列表中进行添加、修改、删除、查找图书信息或在图书信息的图书列表中进行添加、删除图书操作。

4）系统展示操作结果。

4. 借阅图书

使用者：借阅者

流程：

1）使用者根据提示输入“借阅图书”对应的操作编号。

2）系统判定借阅者已借阅的图书本数是否达到其允许借阅的最大本数：

- 如果达到允许借阅的最大本数，则不允许借阅。
- 如果未达到允许借阅的最大本数，则继续以下步骤。

3）使用者根据提示输入图书的 ISBN 或其他信息。

4）系统根据 ISBN 或其他信息查询相应的图书种类，判定借阅者的权限是否符合：

- 如果是珍本图书且借阅者为本科生，则不允许借阅。
- 如果借阅者不是本科生或者图书不是珍本，则继续以下步骤。

5）系统判定图书是否被借空：

①如果该图书种类所对应的图书没有被借空，则进行借阅。

②如果该图书种类所对应的图书被借空，判定使用者是否为教师：

- 如果使用者不是教师，则不作处理。
- 如果使用者为教师，则系统自动通知某位借阅该种类图书的本科生或研究生在 7 天内归还图书，并提示使用者已经请求图书。

6）系统展示借阅图书的结果。

5. 续借图书

使用者：借阅者

流程：

1）使用者根据提示输入“续借图书”对应的操作编号。

2）使用者根据提示输入图书编号。

3）系统判定使用者是否借阅了该图书：

①如果使用者未借阅该图书，则不允许续借。

②如果使用者借阅了该图书，判定该图书是否过期、被请求或达到允许续借的最大次数：

- 如果图书过期、被请求或达到允许续借的最大次数，则不允许续借。
- 如果图书未过期、未被请求且未达到允许续借的最大次数，则允许续借。

4）系统展示续借图书的结果。

6. 归还图书

使用者：借阅者

流程：

1）使用者根据提示输入“归还图书”对应的操作编号。

2）使用者根据提示输入图书编号。

3）系统判定借阅者是否借阅了该图书：

- 如果借阅者借阅了该图书，则允许归还。
- 如果借阅者未借阅该图书，则不允许归还。

4）系统展示归还图书的结果。

7. 查看消息

使用者：借阅者

流程：

使用者登录系统后，系统自动展示消息。

8. 修改个人信息

使用者：管理员、借阅者

流程：

1）使用者根据提示输入“修改个人信息”对应的操作编号。

2）使用者根据提示输入新的用户名和密码。

3）系统对使用者的用户名和密码进行修改。

4）系统展示修改个人信息的结果。

2.2.4 迭代三开发需求说明

1. 登录

使用者：管理员、借阅者

流程：

1）系统启动，自动进入登录界面。

2）客户端与服务器端通信，如果系统正在被使用则无法成功连接。

3）使用者在文本框内输入登录名和密码。

4）客户端将输入的用户名和密码发送到服务器端验证：

①如果登录名和密码均为空，退出系统，并在服务器端将系统设置为“空闲”。

②如果登录名和密码不同时为空：

- 如果存在相应的管理员信息，跳转到管理员操作界面。
- 如果存在相应的借阅者信息，跳转到借阅者操作界面。
- 如果不存在相应的管理员信息且不存在相应的借阅者信息，或密码错误，提示输入的信息错误，要求系统使用者重新输入。

2. 管理借阅者

使用者：管理员

流程：

1）使用者根据操作类型输入信息：

- 如果是“添加借阅者”操作，使用者点击“添加”按钮，在文本框内输入借阅者的各项信息，并点击“确定”按钮。
- 如果是“修改借阅者”操作，使用者在借阅者列举或借阅者查找结果中选中借阅者，点击“修改”按钮，在文本框内输入需要修改的借阅者信息，并点击“确定”按钮。

- 如果是“删除借阅者”操作，使用者在借阅者列举或借阅者查找结果中选中借阅者，点击“删除”按钮。
- 如果是“查找借阅者”操作，使用者在文本框内输入借阅者编号，点击“查找”按钮。
- 如果是“列举借阅者”操作，使用者点击“列举”按钮。

2）客户端向服务器端发送操作请求。

3）服务器端进行操作。

4）服务器端向客户端返回操作结果。

5）客户端展示操作结果。

3. 管理图书

使用者：管理员

流程：

1）使用者根据操作类型输入信息：

- 如果是“添加图书信息”操作，使用者点击“添加”按钮，在文本框内输入图 书的各项信息，并点击“确定”按钮。
- 如果是“修改图书信息”操作，使用者在图书信息列举或图书信息查找结果中选中图书，点击“修改”按钮，在文本框内输入需要修改的图书信息，并点击“确定”按钮。
- 如果是“删除图书信息”操作，使用者在图书信息列举或图书信息查找结果中选中图书，点击“删除”按钮。
- 如果是“查找图书信息”操作，使用者在文本框内输入图书 ISBN，点击“查找”按钮。
- 如果是“列举图书信息”操作，使用者点击“列举”按钮。
- 如果是“添加图书”操作，使用者在图书信息中点击“添加图书”按钮。
- 如果是“删除图书”操作，使用者在图书信息中点击“删除图书”按钮，在文本框内输入图书编号，并点击“确定”按钮。

2）客户端向服务器端发送操作请求。

3）服务器端进行操作。

4）服务器端向客户端返回操作结果。

5）客户端展示操作结果。

4. 借阅图书

使用者：借阅者

流程：

1）使用者点击“借阅图书”按钮，进入“借阅图书”界面。

2）使用者输入需要借阅图书的 ISBN 或其他信息，点击“借阅”按钮。

3）客户端向服务器端发送请求。

4）服务器端判定使用者已借阅的图书本数是否达到其允许借阅的最大本数：

- 如果达到允许借阅的最大本数，则无法借阅。
- 如果未达到允许借阅的最大本数，则继续以下步骤。

5）服务器端判定借阅者的权限是否符合和图书是否被借空：

①如果借阅者不符合权限，则无法借阅。

②如果借阅者符合权限：

- 如果图书未被借空，则借阅图书。
- 如果图书被借空且借阅者为教师，则自动请求图书并显示请求结果。
- 如果图书被借空且借阅者不为教师，则无法借阅。

6）服务器端向客户端返回借阅图书的结果。

7）客户端向使用者显示借阅图书的结果。

5. 续借图书

使用者：借阅者

流程：

1）使用者点击“续借图书”按钮，进入“续借图书”界面。

2）客户端向服务器端发送请求，并根据服务器端的返回结果，列举使用者已借阅的图书。

3）使用者在已借图书列表中选中需要续借的图书，点击“续借”按钮。

4）客户端向服务器端发送续借图书的请求。

5）服务器端判定该图书是否被请求或续借次数是否达到了允许续借的最大次数：

- 如果图书被请求或续借次数达到了允许的最大次数，则无法续借。
- 如果图书未被请求且续借次数未达到允许的最大次数，则续借图书。

6）服务器端向客户端返回续借图书的结果。

7）客户端向使用者显示续借图书的结果。

6. 归还图书

使用者：借阅者

流程：

1）使用者进入“归还图书”界面。

2）客户端向服务器端发送请求，并根据服务器端的返回结果，列举使用者已借阅的图书。

3）使用者在查看已借图书结果中，选中需要归还的图书，并点击“归还”按钮。

4）客户端向服务器端发送归还图书的请求。

5）服务器端向客户端返回归还图书的结果。

6）客户端向使用者显示归还图书的结果。

7. 查看消息

使用者：借阅者

流程：

1）使用者进入“查看消息”界面。

2）客户端向服务器端发送获取信息的请求。

3）服务器端返回与使用者相关的消息。

4）客户端展示消息。

8. 修改个人信息

使用者：管理员、借阅者

流程：

1）使用者进入“修改个人信息”界面。

2）使用者根据提示输入新的用户名和密码。

3）客户端向服务器端发送修改个人信息的请求。

4）服务器端进行修改个人信息操作，并返回结果。

5）客户端展示修改个人信息的结果。

2.3 项目实践示例说明

为了检验对知识的掌握和培养动手能力，本书以一个学生成绩管理系统为项目背景，在每个章节根据所学知识推荐了相应的实践内容，供读者对照计算系统示例巩固学习成果。

2.3.1 系统功能要求

该学生成绩管理系统旨在实现在线的学生成绩管理功能。用户分为管理员、教师、学生三类。系统的要求如下。

1. 用户

（1）管理员

1）身份：系统拥有唯一的管理员。

2）操作：

- 管理教师：可以查询、添加、修改和删除教师信息。
- 管理学生：可以查询、添加、修改和删除学生信息。
- 管理课程：可以查询、添加、修改和删除课程信息。
- 管理个人信息：可以修改姓名和密码。

（2）教师

1）身份：系统可供多位教师使用。

2）操作：

- 管理选课学生：可以对自己开设的课程进行查询、添加、删除和列举选课学生。
- 管理成绩：对每位选课学生在该课程的成绩进行查询、添加和删除。
- 处理成绩核查申请：查看学生核查课程成绩的请求，并返回核查成绩结果。
- 管理个人信息：可以修改用户名和密码。

（3）学生

1）身份：系统可供多位学生使用，分为本科生和研究生。

2）操作：

- 查看成绩：可以查看自己选中课程的成绩。
- 申请核查成绩：可以针对有疑问的课程成绩向任课教师发送核查请求，并查看任课教师的确认信息。
- 管理个人信息：可以修改用户名和密码。

2. 系统的其他假定

- 系统可以支持多门课程。每门课程拥有唯一的任课教师，可以在不同年份多次开设。
- 系统初始时，存在登录名为“administrator”的管理员用户。
- 所有用户的初始密码均为“123456”，密码可以被本人修改。
- 教师、学生通过登录名来辨识身份，允许拥有相同的用户名。

3. 系统开发的其他要求

- 采用图形化界面，所有用户通过相同的界面登录。
- 用户可以远程使用系统。
- 使用文件存储相关数据，同一时间仅允许一名用户操作，不考虑并发情况。
- 采用 Java 语言编程。

2.3.2　开发阶段规划

为了与课程讲授内容配套，实践项目也计划分为三个阶段完成。

1. 迭代一：管理教师和学生功能的设计与实现

设计和实现查询、添加、修改和删除教师、学生用户的功能。

约束说明：在实现中不使用继承。

2. 迭代二：命令行方式下单机学生成绩管理功能的设计与实现

设计和实现命令行方式的管理员、教师和学生的登录和操作界面；设计和实现在单台计算机上实现本科生和研究生成绩管理的功能。

约束说明：对迭代一的代码进行尽可能少的修改。

3. 迭代三：具有图形化界面和网络通信功能的学生成绩管理系统的设计与实现

设计和实现客户端的图形化界面，完成客户端和服务器端之间的网络通信功能。

约束说明：对迭代二的代码进行尽可能少的修改。

2.3.3　迭代一开发要求

迭代一需要完成以下内容：

- 管理教师：管理员根据提示输入添加、修改、删除、查找或列举教师信息操作的编号。当添加或修改教师信息时，管理员根据提示输入教师的各项信息；当删除或查找教师信息时，管理员根据提示输入教师的登录名；当列举教师信息时，管理员不需要输入信息。系统根据输入对教师信息进行添加、修改、删除、查找或列举操作，并展示操作结果。

- 管理学生：管理员根据提示输入添加、修改、删除、查找或列举学生信息操作的编号。当添加或修改学生信息时，管理员根据提示输入学生的各项信息；当删除或查找学生信息时，管理员根据提示输入学生的登录名；当列举学生信息时，管理员不需要输入信息。系统根据输入对学生信息进行添加、修改、删除、查找或列举操作，并展示操作结果。

2.3.4 迭代二开发要求

迭代二需要完成以下内容：

- 登录：系统启动后自动进入登录界面，提示用户依次输入登录名和密码，并对登录名和密码进行验证。如果登录成功，则根据用户类型跳转到相应的操作界面；如果登录失败，则提示输入的信息错误，并要求用户重新输入。
- 管理个人信息：用户根据提示输入新的用户名、密码，系统修改用户名和密码，并提示个人信息修改结果。
- 管理教师：管理员根据提示输入添加、修改、删除、查找或列举教师信息操作的编号。当添加或修改教师信息时，管理员根据提示输入教师的各项信息；当删除或查找教师信息时，管理员根据提示输入教师的登录名；当列举教师信息时，管理员不需要输入信息。系统根据输入对教师信息进行添加、修改、删除、查找或列举操作，并展示操作结果。
- 管理学生：管理员根据提示输入添加、修改、删除、查找或列举学生信息操作的编号。当添加或修改学生信息时，管理员根据提示输入学生的各项信息；当删除或查找学生信息时，管理员根据提示输入学生的登录名；当列举学生信息时，管理员不需要输入信息。系统根据输入对学生信息进行添加、修改、删除、查找或列举操作，并展示操作结果。
- 管理课程：管理员根据提示输入添加、修改、删除、查找、列举课程信息或添加、删除课程操作的编号。当添加或修改课程信息时，管理员根据提示输入课程的各项信息；当删除或查找课程信息时，管理员根据提示输入课程的登录名；当列举课程信息时，管理员不需要输入信息；当添加课程时，管理员根据提示输入课程信息编号和开课年份；当删除课程时，管理员根据提示输入课程信息编号。系统根据输入对课程信息进行添加、修改、删除、查找、列举操作或对课程进行添加、删除操作，并展示操作结果。
- 管理选课学生：教师根据提示输入添加、删除、查找或列举选课学生操作的编号。当添加或删除选课学生时，教师根据提示输入课程编号和学生的登录名；当查找选课学生时，教师输入学生的登录名；当列举选课学生时，教师输入课程编号。系统根据输入对选课学生进行增加、删除、查找或列举操作，并展示操作结果。
- 管理成绩：教师根据提示输入添加、修改、删除、查找或列举成绩操作的编号。当添加、删除或查找成绩时，教师根据提示输入课程编号和学生的登录名；当修改成绩时，教师根据提示输入课程编号、学生的登录名和修改后的成绩；当列举成绩时，教师根据提示输入课程编号。系统根据输入对成绩进行添加、修改、删除、查找或列举操作，并展示操作结果。

- 查看成绩：学生根据提示输入查看成绩操作的编号。系统展示该学生所有修读课程的成绩。
- 申请核查成绩：学生根据提示输入申请核查成绩操作的编号，并进一步根据提示输入课程编号。系统自动向教师发送核查成绩申请。
- 处理成绩核查申请：教师根据提示输入处理成绩核查申请操作的编号。教师在核查成绩后，根据提示输出处理结果，包括“成绩无误”、“成绩已修改”等。系统自动将处理结果发送给申请核查的学生。

2.3.5　迭代三开发要求

迭代三需要完成以下内容：

- 登录：系统启动后自动进入登录界面，客户端与服务器端通信，如果系统正在被使用则无法成功连接。用户在文本框内输入登录名和密码，客户端将输入的用户名和密码发送到服务器端验证。如果登录成功，则根据用户类型跳转到相应的操作界面；如果登录失败，则在弹出窗口内提示登录信息错误，并将输入的登录名和密码清空。
- 管理个人信息：用户点击“修改个人信息”按钮，进入修改个人信息界面。用户在文本框内输入新的用户名和密码后，客户端向服务器端发送修改后的个人信息。服务器端向客户端返回个人信息修改结果。客户端向用户展示个人信息修改结果。
- 管理教师：管理员点击“管理教师”按钮，进入管理教师界面，并点击“添加教师信息”、“修改教师信息”、“删除教师信息”、“查找教师信息”或“列举教师信息”按钮。当点击“添加教师信息”按钮时，管理员在文本框内输入教师的各项信息；当点击“修改教师信息”按钮时，管理员在文本框内输入修改后的各项教师信息；当点击“删除教师信息”按钮时，管理员在文本框内输入教师的登录名；当点击“查找教师信息”按钮时，管理员在文本框内输入教师的登录名；当点击“列举教师信息”按钮时，管理员不需要输入信息。完成上述操作后，管理员点击“确定”按钮，客户端将操作请求发送到服务器端。服务器端根据操作请求对教师信息进行添加、修改、删除、查找或列举操作，并向客户端发送操作结果。客户端展示操作结果。
- 管理学生：管理员点击“管理学生”按钮，进入管理学生界面，并点击“添加学生信息”、“修改学生信息”、“删除学生信息”、“查找学生信息”或“列举学生信息”按钮。当点击“添加学生信息”按钮时，管理员在文本框内输入学生的各项信息；当点击“修改学生信息”按钮时，管理员在文本框内输入修改后的各项学生信息；当点击“删除学生信息”按钮时，管理员在文本框内输入学生的登录名；当点击“查找学生信息”按钮时，管理员在文本框内输入学生的登录名；当点击“列举学生信息”按钮时，管理员不需要输入信息。完成上述操作后，管理员点击“确定”按钮，客户端将操作请求发送到服务器端。服务器端根据操作请求对学生信息进行添加、修改、删除、查找或列举操作，并向客户端发送操作结果。客户端展示操作结果。

- 管理课程：管理员点击“管理课程”按钮，进入管理课程界面，并点击“添加课程信息”、“修改课程信息”、“删除课程信息”、“查找课程信息”、“列举课程信息”、“添加课程”或“删除课程”按钮。当点击“添加课程信息”按钮时，管理员在文本框内输入课程的各项信息；当点击“修改课程信息”按钮时，管理员在文本框内输入修改后的各项课程信息；当点击“删除课程信息”按钮时，管理员在文本框内输入课程的登录名；当点击“查找课程信息”按钮时，管理员在文本框内输入课程的登录名；当点击“列举课程信息”按钮时，管理员不需要输入信息；当点击“添加课程”按钮时，管理员输入课程信息编号和开课年份；当点击“删除课程”按钮时，管理员输入课程信息编号和开课年份。完成上述操作后，管理员点击“确定”按钮，客户端将操作请求发送到服务器端。服务器端根据操作请求对课程信息进行添加、修改、删除、查找、列举操作或对课程进行添加、删除操作，并向客户端发送操作结果。客户端展示操作结果。
- 管理选课学生：教师点击“管理选课学生”按钮，进入管理选课学生界面，并点击“添加选课学生”、“删除选课学生”、“查找选课学生”或“列举选课学生”按钮。当点击“添加选课学生”按钮时，教师在文本框内输入课程编号和选课学生的登录名；当点击“删除选课学生”按钮时，教师在文本框内输入课程编号和选课学生的登录名；当点击“查找选课学生”按钮时，教师在文本框内输入选课学生的登录名；当点击“列举选课学生”按钮时，教师在文本框内输入课程编号。完成上述操作后，教师点击“确定”按钮，客户端将操作请求发送到服务器端。服务器端根据操作请求对选课学生进行添加、删除、查找或列举操作，并向客户端发送操作结果。客户端展示操作结果。
- 管理成绩：教师点击“管理成绩”按钮，进入管理成绩界面，并点击“添加成绩”、“修改成绩”、“删除成绩”、“查找成绩”或“列举成绩”按钮。当点击“添加成绩”按钮时，教师在文本框内输入课程编号和学生的登录名；当点击“修改成绩”按钮时，教师在文本框内输入课程编号、学生的登录名和修改后的成绩；当点击“删除成绩”按钮时，教师在文本框内输入课程编号和学生的登录名；当点击“查找成绩”按钮时，教师在文本框内输入课程编号和学生的登录名；当点击“列举成绩”按钮时，教师在文本框内输入课程编号。完成上述操作后，教师点击“确定”按钮，客户端将操作请求发送到服务器端。服务器端根据操作请求对成绩进行添加、修改、删除、查找或列举操作，并向客户端发送操作结果。客户端展示操作结果。
- 查看成绩：学生点击“查看成绩”按钮，进入查看成绩界面。客户端向服务器端发送操作请求。服务器端向客户端返回该学生所有修读课程的成绩。客户端展示该学生所有修读课程的成绩。
- 申请核查成绩：学生点击“申请核查成绩”按钮，进入申请核查成绩界面。学生点击“新建申请”按钮，在文本框内输入课程编号。客户端向服务器端发送操作请求，服务器端添加成绩核查申请，并返回操作结果。客户端显示添加的成绩核查申请。对于已处理的成绩核查申请，处理结果显示在申请下方。

- 处理成绩核查申请：教师点击“处理成绩核查申请”按钮，进入处理成绩核查申请界面。客户端向服务器端发送操作请求。服务器端返回所有待处理的成绩核查申请。客户端显示所有待处理的成绩核查申请。教师在核查成绩后，在客户端选择处理结果，如“成绩无误”、“成绩已修改”等。客户端将处理结果发送到服务器端。服务器端添加处理结果，并返回操作结果。客户端删除已处理的成绩核查申请。

2.4　项目实践

根据上述描述，完成以下实践内容：

1. 编写系统功能详细分析，包括客户端和服务器端的功能。
2. 根据开发阶段规划和三个迭代的开发要求，编写各个迭代的系统开发需求说明。
3. 使用 PSP 时间记录模板，记录本部分项目实践时间。如果有可能，建议使用电子表格（Excel）记录，方便将来统计。

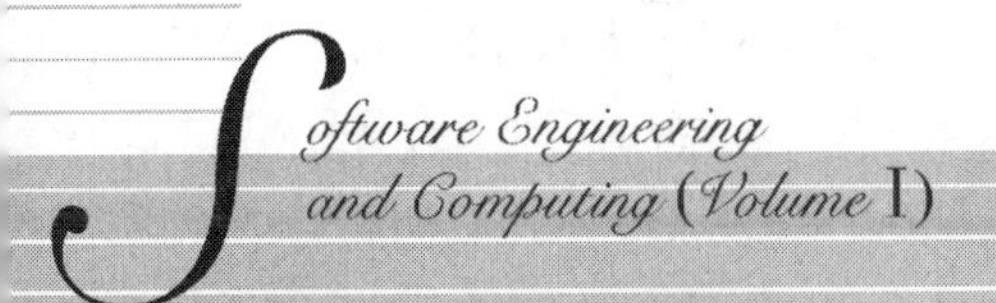

第二部分

类职责的设计与实现

本部分围绕使用工程化方法设计和实现一个基本的类展开，介绍类的基本概念和相应语法实现，同时给出一些相应的工程化实践。

迭代一

程序设计语言实现	类的成员变量；类的成员方法；类的封装；Java 简单类库使用。（第 4、5、6、7 章）
面向对象软件工程	类和对象的基本概念；类的职责；基本 UML。（第 3 章）
计算系统示例	简单图书管理系统（单个类的设计与实现为主）。（第 4、5、6、7 章）
软件开发活动	编码规范；代码管理；版本控制；调试。（第 4、5、6、7、8 章）
软件工程工具	IDE；版本控制工具。（第 8 章）

本部分共包括 6 章，各章主要内容如下：

第 3 章类和对象：让读者理解类和对象的概念；理解类的职责；了解基本 UML 知识；了解如何用 Java 语言编写一个简单的类。

第 4 章类的状态实现——成员变量：从规范地对成员变量命名开始，介绍如何声明各种类型的成员变量，对其进行赋值、算术、关系、布尔、类型转换等操作，以及不同类型的成员变量的可见范围和在内存中的生存周期。

第5章类的行为实现——成员方法：从方法的概念和声明开始，讲解向方法传递参数的机制和在方法体内通过控制语句来实现特定的功能，并对方法重载、函数的副作用进行介绍。

第6章类的封装：介绍类的封装性，并介绍如何通过类或对象访问成员变量和成员方法以及对访问权限进行控制，然后讲解如何通过访问控制在实现封装中应用，最后介绍如何初始化和清理对象。

第7章 Java 简单类库的使用：介绍如何使用简单的 Java 类库来对程序进行改进，包括使用 Arrays 类来操作数组、使用 String 类来替代字符数组操作字符串、容器的概念和最常用的 ArrayList 以及各种形式的输入 / 输出。

第8章软件工程工具与调试：让读者了解集成开发环境，学习代码管理和版本控制，掌握基本调试方法。

第3章 类和对象

当我们面对一个问题，在思考其解决方案的时候，是基于我们对程序设计的理解的，不同的理解会引导我们构建出不同的解决方案。当前，面向对象程序设计（Object-Oriented Programming，OOP）方法和结构化程序设计方法是最常见的两种方法。面向对象程序设计是一种程序设计方法，它使用对象（object）作为程序的基本单元，将数据和对数据的操作封装在一起，可以提高程序设计的复用性、灵活性和可扩展性。面向对象程序设计通过众多独立的对象相互间的合作来完成系统的功能。面向对象程序中的对象可以拥有数据、接收数据、处理数据、输出数据；可以和其他对象进行通信，共同协作完成任务。而传统结构化程序设计则将程序看作是一系列电脑指令序列的执行，这些序列具有基本的顺序、分支、条件跳转、子函数等执行方式。这两种程序设计方法都是长久以来经过验证的合理的方法，各自有广泛的应用领域。本章将首先从面向对象的基本概念入手介绍基本面向对象程序设计方法，帮助大家从面向对象的角度分析问题，构建解决方案。

3.1 类和对象的概念

类（class）是面向对象程序设计中最基本的概念，它定义了一个事物的抽象特征。通常来说，类定义了事物的属性和对属性的操作（行为）。

举例来说，“汽车”这个类会包含汽车的基本属性，例如汽车型号、牌照号、颜色、重量等；同时也会包含汽车的行为，例如启动、加速、刹车。一个类的方法和属性称为成员方法或成员变量。图3-1是一段伪代码。

```
类：汽车
开始
    属性：
        汽车型号
        牌照号
        颜色
        重量
    方法：
        启动
        加速
        刹车
结束
```

图3-1　类的定义

这段伪代码中，我们声明了一个“汽车”类，这个类具有汽车的基本抽象特征。汽车具有属性汽车型号、牌照号、颜色、重量，功能启动、加速、刹车。请注意，类是对现实的一种模拟反映，是为了使用计算机解决问题进行的一种抽象，它不要求绝对地反映现实物体的所有属性和功能。比如这个类的定义中就没有汽车尺寸大小，也没有描述汽车可以坐多少人等属性，同样也没有描述汽车可以转弯的功能。

对象（object）是类的实例。例如“汽车”定义了所有的汽车，而小王家的牌照号为“苏A 55555”的家用轿车 wang_car 是一辆具体的汽车，它具有具体的属性，比如汽车型号为轿车，牌照号为“苏 A 55555”，颜色为红色，重量为 1.3 吨，因此这辆汽车就是“汽车”类的一个实例。一个具体对象的属性值被称作这个对象的“状态”。每个对象在计算机中是占有实际的内存空间的，用以存放对象属性的值，对象是具体的。

类是对象的模板或蓝图，我们可以用一个类生成多个对象。比如我们可以用图 3-2 中的汽车类来定义对象。

定义 wang_car 是汽车 wang_car 汽车型号：= 轿车 wang_car 牌照号：= 苏 A 55555 wang_car 颜色：= 红色 wang_car 重量：=1.3 吨	定义 zhang_car 是汽车 zhang_car 汽车型号：= 吉普车 zhang_car 牌照号：= 苏 A 77777 zhang_car 颜色：= 灰色 zhang_car 重量：=1.8 吨

图 3-2　对象定义与属性赋值

在图 3-2 中，我们用“汽车”类定义了两辆汽车，wang_car 和 zhang_car。我们无法让“汽车”类启动、加速和刹车，但我们可以让对象 wang_car 和 zhang_car 执行具体的行为。wang_car 和 zhang_car 具有相同的类别，都是汽车，但它们是不同的两辆车，有不同的型号和牌照号等属性，我们用一个类可以创建出多个对象。

下面再来看一个人的例子。

图 3-3 中人类是一个类，它定义了人类的普遍抽象特征，人类具有属性五官、内脏、四肢，具有行为吃饭、工作、睡觉。我、你、他是人类的一个实例，是对象。使用人类，可以创建出系统中的多个人的对象。

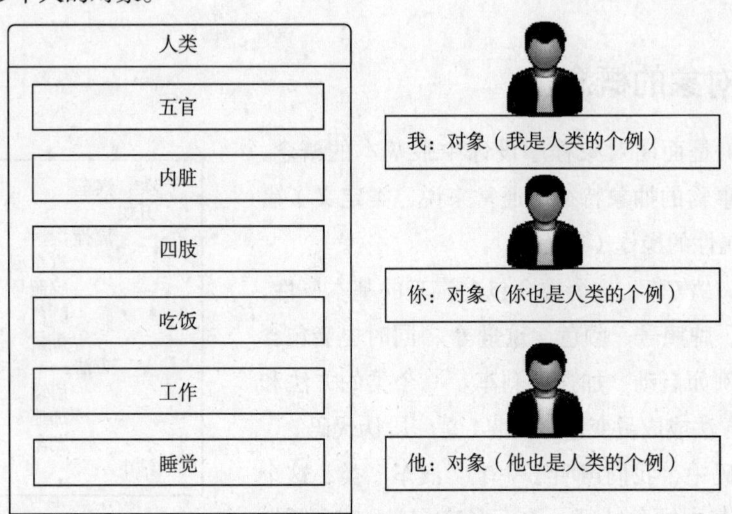

图 3-3　人类和个人的关系

在图书馆管理系统中，使用“BookInfo”这个类来定义一本图书的信息这一事物，比如 ThinkingInJava 图书。在该类中，包含了该类别的基本属性，例如图书 ISBN、书名、作者、图书出版商、具体图书列表、是否珍本图书等；同时也包含这些属性的相关操作，例如获取图书信息、搜索图书、添加图书、删除图书等。它的伪代码如图 3-4 所示。

```
类：BookInfo
开始
    属性：
        ISBN
        书名
        作者
        图书出版商
        具体图书列表
        是否珍本图书
    方法：
        获取图书信息
        搜索图书
        添加图书
        删除图书
结束
```

图 3-4　“BookInfo”类的定义

我们无法让“BookInfo”类执行获取图书信息、搜索图书、添加图书、删除图书等操作，但我们可以让对象 ThinkingInJava 和 HeadFirstJava 执行具体的行为。ThinkingInJava 和 HeadFirstJava 具有相同的类型，都是 BookInfo，但它们是不同的两个对象，有不同的图书信息，我们用一个类可以创建出多个对象，比如我们还可以创建一个新的 TheJavaProgrammingLanguage 对象。

我们可以认为类是对一组相似的东西的一般归纳，而对象则是这些东西本身。

将数据和操作封装在一起是面向对象程序设计的一个重要特征，这使得我们可以方便地进行软件设计的模块化和信息隐藏。

3.2　职责的概念

所谓职责，我们可以理解为对象的功能。比如，我们有一个电话的对象，它应当具有打电话的职责；一个电视的对象，它应当具有显示图像和播出声音的职责。

在面向对象设计中，一项重要并且困难的工作就是设计类，并为其分配职责。我们通过对需求的分析，寻找系统所需的功能，然后通过设计确定每个类的职责。

面向对象设计中有一个著名的原则：单一职责原则（Single Responsibility Principle, SRP）。

单一职责原则：

就一个类而言，应该仅有一个引起它变化的原因。

如果一个类承担的职责过多，就等于把这些类的职责耦合在一起，每一个职责的变化都会导致代码的修改。每个类应当只有单一职责，即该类只专注于做一件事和仅有一个引起它变化的原因。当发现有两个变化会要求我们修改这个类，那么就要考虑拆分这个类了。比如我们有一个长方形的类，如果它同时具有计算本身面积的功能和在图形用户界面上绘图的功能，这种设计就违反了单一职责原则。

在考虑单一职责原则时，我们应当在一个类中将逻辑与数据封装在一起。把逻辑和逻辑所处理的数据放在一起，如果有可能尽量放在一个方法中，或者退一步也应该放到同一个类中。这样，当需要发生变化时，这种变化只会产生局部化的影响。而如果一个变化会导致多个地方产生问题，变化的代价将迅速上升。这和结构化程序设计中以数据结构为中心的设计有所不同。例如，有同学将一个矩形类的长、宽放在一个类中，而计算面积的职责却放在另外的程序中，这就违反了封装的原则。

需求是系统必须具有的特征，或者是客户可接受的、系统必须满足的约束，也就是我们要解决的“问题”。为了解决问题，我们首先需要明确问题。场景是“一种人们将做什么的陈述性描述，以及人们试图利用计算机系统和应用程序经验的陈述性描述”。场景是需求获取中的一种重要手段。

一个场景是来自单一参与者的、具体的、关注点集中的系统单一特征的非形式化描述。表 3-1 是图书借阅系统中一个借书场景的描述示例。在这一场景中，借阅人（一位本科生）请求借阅，系统对这一事件进行了响应。注意，这一场景是具体的，在这种情况下，该场景描述了单一的实例。场景不会去试图描述所有可能的借书情况。

表 3-1 本科生借书场景

场景名称	本科生借书
参与者实例	本科生、图书馆管理系统
事件流	1. 本科生需要借阅书籍，他首先登录进入借书页面 2. 本科生输入需要的书籍信息，可以包含图书 ISBN，向系统发起借阅请求 3. 系统对图书和借阅人信息进行检查，如果存在以下情况中的任何一种，那么系统就告知该本科生不能借阅，并给出理由，拒绝借阅请求：借阅本数达到了上限、对应的图书信息不存在、对应图书已经全部被借出、借阅的是珍本图书 4. 如果检查通过，系统就在借书记录中增加该条借阅信息，借书成功 5. 本科生退出图书馆管理系统

在需求获取中，开发者和用户将共同撰写并细化一系列场景，以达成系统应该做什么的共同理解。

一个场景使用了用户和系统之间的一系列交互，描述了一个系统实例。它和用例（见后文介绍）有所区别，一个用例是描述一类场景的抽象。场景和用例两者均用自然语言描述，这一形式对用户是可以理解的。

3.3 UML 与简单的类图

统一建模语言（Unified Modeling Language, UML）是一组用于描述和设计软件的图形表示法，通常用于面向对象设计领域。

在其他工程领域，比如土木建筑和机械工程，工程师通常使用图纸来进行设计，并交流设计意图。这些图纸帮助设计师在没有大量投入之前就可以思考和交流设计，并对其进行验证。在软件工程中，程序设计语言往往侧重细节的实现。UML 出现的本质原因是程序设计语言无法以合适的抽象程度方便我们讨论软件设计，而开发者希望能有一种抽象程度更高的表示方法来表达设计并进行交流。长久以来，在软件工程中出现了众多的图形化建模语言。1995 年，Grady Booch、Jim Rumbaugh、Ivar Jacobson 将当时主要的面向对象建模方法进行了统一，于 1996 年发布了 UML，UML 从此成为软件产业的标准建模语言。

虽然 UML 成为了标准的建模语言，但是对于如何使用 UML 仍然有很大的争议。通常大家对于 UML 的使用方法有：草稿、蓝图与程序设计语言。

本书建议将 UML 当作草稿使用，这也是最常见的一种用法。这种用法中，我们用 UML 来帮助交流和讨论设计意图。程序员粗略画出软件中的某个部分，用来和团队成员共同讨论。在这种用法中，我们不用画出软件中的所有部分，而只是画出重要的部分，可以忽略掉程序设计中的细节部分。因为将 UML 视为草稿，UML 图可以用非正式的表示方法，我们可以使用白板或白纸快速地绘制 UML 图，而不一定需要遵循严格的 UML 文档规范。画图的目的是为了交流和沟通，而不是为了完整性。

如果将 UML 视为"蓝图"，则需要保证其完整性。在有些软件工程方法中，软件设计师会先进行软件设计，然后将设计结果绘制为详细且规范的 UML 文档。程序员会完全依照该文档编写代码。这样，设计的结果必须足够完整，在 UML 绘制过程中做出所有的设计决定，使得程序员不需要思考，可以很直观地写出程序。有时软件设计师和程序员是同一个人，有时软件设计师是团队中的资深人员，由他作出整个团队所需的设计。这种做法借鉴了其他传统工程领域，这些领域中设计师完成设计，而建造公司完成建造。

在蓝图的用法中，我们希望程序员将蓝图转化为代码的工作尽可能简单。如果在 UML 中使得 UML 设计可以自动地转变为代码，这时我们将 UML 看成是一种编程语言来使用。在这种情况下，开发人员画的 UML 图将可以直接编译成可编译的程序，而 UML 就变成了程序的源代码。

UML 中包含了众多的图来表示面向对象的分析与设计。其中常见的 9 种图有：

- 用例图：描述系统的功能。
- 类图：描述系统的静态结构（类及其相互关系）。
- 对象图：描述系统在某个时刻的静态结构（对象及其相互关系）。
- 顺序图：按时间顺序描述系统元素间的交互。
- 协作图：按照时间和空间的顺序描述系统元素间的交互和它们之间的关系。
- 状态图：描述系统元素的状态条件和响应。
- 活动图：描述系统元素的活动。
- 构件图：描述系统元素的组织。
- 部署图：描述环境元素的配置并把实现系统的元素映射到配置上。

本节介绍简单类图，其他图在后继章节中进一步说明。

类图表示不同的实体（人、事物和数据）如何彼此相关；换句话说，它显示了系统的静态结构。类图可以表示类职责的设计。

在 UML 中，类用长方形表示，长方形分成上、中、下三个区域，每个区域用不同的名字标识，用以代表类的各个特征。上方的区域内标识类的名字，中间的区域内标识类的属性，下方的区域内标识类的操作，这三部分作为一个整体描述某个类。我们可以以草稿方式描述类，如图 3-5 描述了汽车，图 3-6 描述了 BookInfo，这种描述方法是比较常见的一种使用 UML 的方式。

car
type plateNumber color weight
start() accelarate() brake()

图 3-5 汽车类图草稿表示

BookInfo
isbn title author publisher bookList isRare
addBook() removeBook() searchBook()

图 3-6 图书信息类草稿表示

当然，我们也可以给出比较规范的类图表示，图 3-7 给出了图书类别类的类图；图 3-8 给出了图书借阅系统用户类的类图。

BookInfo
isbn : String title : String author : String publisher : String booklist : Arraylist<Book> isRare : boolean
addBook(book : book) : Message removeBook(book : String) : Message searchBook(book : String) : Book

图 3-7 BookInfo 类图

User
admin : Administrator borrowerList : ArrayList<Borrower>
adminLogin(id : String, password : String) : boolean addBorrower(id : String, name : String, type : int, password : String) : Message modifyBorrower(name: String, type: int, password: String): Message removeBorrower(name: String): Message searchBorrower(id: String): Message listBorrower(): ArrayList<Borrower> modifyAdminPassword(newPassword : String) : void modifyBorrowerPassword(id : String, password : String) : void

图 3-8 User 类图

3.4 使用 Java 语言编写简单类

3.4.1 Java 简介

本书将使用 Java（www.java.com）作为编程语言介绍个人级工程化软件开发，偏重面向对象编程方法。

Java 技术主要分成几个部分：Java 语言、Java 运行环境、类库，通常提到 Java 时并不区分指的是哪个部分。

Java 作为一种程序设计语言，最初由 James Gosling 在 Sun 公司（现在已经并入 Oracle 公司）时发明，第一个版本在 1995 年发布。Java 是一个面向对象、跨平台的高级程序设计语言，Sun 公司认为："Java 编程语言是个简单、面向对象、分布式、解释性、健壮、安全与系统无关、可移植、高性能、多线程和动态的语言"。本书将会介绍 Java 的语法，并使用 Java 语言描述面向对象编程和个人级的软件工程技术。

Java 运行环境（Java Runtime Environment, JRE）是在任何平台上运行 Java 编写的程序都需要用到的软件。Java 不同于一般的编译语言和解释语言，它首先将源代码编译成字节码

（bytecode），然后依赖各种不同平台上的 Java 虚拟机（Java Virtual Machine, JVM）来解释执行字节码，从而实现了"一次编译，到处执行"的跨平台特性。JRE 中包括了 JVM，同时还包含了 Java 类库（核心库文件、综合库文件、用户界面库文件）以及其他一些插件和文档。

Java 有非常多的类库，其中最重要的是 JDK（Java Development Kit），是 Sun 公司针对 Java 开发人员发布的免费软件开发工具包。本书中将介绍一些 JDK 中类库的使用。Java 还有非常多的第三方类库、框架，提供了各种功能来辅助我们进行软件开发，例如：Struts、Spring、Hibernate 等。在进行应用程序开发时，选择合适的类库可以大大简化开发，类库是 Java 技术的重要组成成分。

3.4.2　安装 Java 开发环境

开发 Java 程序首先需要安装 Java 软件开发包，下面我们以 Windows 操作系统为例介绍其安装过程，这个过程可能会随着操作系统的不同以及 Oracle 公司的更改而发生改变。

1. 下载 JDK

因为我们需要开发 Java 程序，需要下载 JDK，而不是 JRE（它们的下载和安装方法不同），可以从网址 http://www.oracle.com/technetwork/java/javase/downloads/index.html 下载，请根据自己的操作系统平台选择下载版本。

2. 安装 JDK

在命令行下输入以下命令：

```
java -version
```

如果出现以下类似的结果，则表明安装成功。其中，1.6.0_25 为 JDK 的版本号，会随安装版本的不同而有所不同。

```
java version "1.6.0_25"
Java(TM) SE Runtime Environment, Standard Edition (build 1.6.0_25-b06)
Java HotSpot(TM) Client VM (build 20.0-b11, mixed mode, sharing)
```

3. 配置环境变量

1）新增系统变量 JAVA_HOME，变量值为 JDK 的安装路径，例如：

```
C:\Program Files\Java\jdk1.6.0_25
```

2）新增或修改系统变量 PATH，变量值或增加内容为：

```
%JAVA_HOME%\bin;
```

3）新增系统变量 CLASSPATH，变量值为：

```
.;%JAVA_HOME%\lib;%JAVA_HOME%\lib\dt.jar;%JAVA_HOME%\lib\tools.jar;
```

在命令行下输入以下命令：

```
javac -version
```

如果出现以下类似的结果，则表明环境变量配置成功。

```
javac 1.6.0_25
```

3.4.3　编写一个 Java 程序 HelloWorld

下面描述使用 JDK 编写一个"HelloWorld"程序的过程。

1）请使用一个文本编辑器（可以使用 Windows 自带的"记事本"程序），编写一个 Java

文件。在编辑器中键入图 3-9 所示的命令。

```
public class HelloWorld{
        public static void main(String[] args){
        System.out.println("Hello world!");
        System.out.println(" 我的第一个 Java 程序 ");
        }
}
```

图 3-9 HelloWorld 程序

2）将这个文本文件保存到一个目录下，比如“D:\Java”，并命名为 HelloWorld.java。请注意，Java 要求文件名必须和类名一致，包括大小写也必须一致，并以 java 为后缀名，表明这是一个 java 源代码文件。

3）编译和运行。请在 Windows 命令行下键入以下命令：

```
d:
cd Java
javac HelloWorld.java
java HelloWorld
```

可以在显示器上得到如下结果：

```
Hello World!
我的第一个 Java 程序
```

其中，javac 命令是 JDK 中的编译 Java 源代码的命令，它将 HelloWorld.java 源文件编译成 HelloWorld.class 文件，我们如果列出 Java 目录下的文件，可以找到它。HelloWorld.class 是一个字节码文件，由 JVM 执行，是不可读的。

Java 命令是 JDK 中执行 Java 程序的命令，它在参数文件中寻找其中的 main() 方法作为程序执行的入口点，开始执行程序。

我们对这个程序进行一个简单的解释，细节将在以后的章节中描述。

1）第一行，public class HelloWorld, public 表示这个程序可以被其他程序调用；class 表示定义的文件是一个类（class）；HelloWorld 是这个类的名字，在保存文件时文件名一定要与这个类的名字相同，并加上“.java”作为后缀名。

2）第二行，public static void main(String[] args)，这是 Java 规定的固定用法，main 表示这是 Java 程序的入口，编译器通过找到 main 方法来进入程序。

3）第三、四行，“System.out.println("Hello world");”这句话表示向系统显示（一般是显示器）输出其参数并换行，输出的内容是 " " 中间包含的内容，本行最后的“;”表示本段代码的结束，我们可以替换“”中的内容，则输出会改名。System.out.println() 方法可以不包含任何参数，如果直接使用“System.out.println();”，则系统会自动换行。

另外，请注意其中的两对 {}，{} 总是成对出现的，用来表明一个模块的范围；每个语句都是以“;”结束的，缺少“;”系统会给出编译错误。

3.4.4 编写一个类 Car

我们给出一个略微复杂一些的例子，本章中 Car（汽车）类的代码如图 3-10 所示。

```
public class Car {
private String type;
private String plate;
private String color;
private float weight;

public void start () {
   System.out.println("Car start");
  }

public void accelerate () {
   System.out.println("Car accelerate");
  }

public void brake() {
   System.out.println("Car brake");
}

public static void main(String[] args) {
   Car car = new Car();
   car.start();
   car.accelerate();
   car.brake();
   }
}
```

图 3-10　类 Car

这个类中，除了 HelloWorld 中出现的内容外，增加了以下内容：

1）类的属性：“private String type;”、“private String plate;” 等。

2）类的行为，表示为一个方法：

```
public void start () {
    System.out.println("Car start");
}
```

3）创建一个对象（“Car car = new Car();”）并可以使用对象的功能（“car.start();”）等。

如果我们执行这个类，则可以在显示器上得到以下结果：

```
Car start
Car accelerate
Car brake
```

通过以上的例子，我们可以初步了解在 Java 中如何编写一个类，并运行 Java 程序，当中有很多细节将在后续章节中给出详细解释。

3.5　项目实践

1. 参照学生成绩管理系统的要求，思考本系统中可能会存在哪些类和对象，以及每个类具有什么样的职责。
2. 使用草稿的方式，画出管理员类、教师类和学生类的类图。
3. 编写学生成绩管理系统中要求审核成绩的场景。
4. 按照本章的定义，写一个“人类”的类。尝试自己安装 JDK，并编译执行自己写的程序。

5. 使用PSP时间记录模板，记录本部分项目实践时间。如果有可能，建议使用电子表格（Excel）记录，方便将来统计。

3.6　习题

1. 什么是类？什么是对象？
2. 理解UML使用方式：草稿、蓝图、编程语言。
3. 使用伪代码，给高校辅导员确定一些属性和方法，并给出简单类图。
4. 使用伪代码，给高校大学生确定一些属性和方法，并给出简单类图。
5. 给出一个在网络书店中购买一本图书的场景说明。
6. 给出一个在微博上发表消息的场景说明。

第4章 类的状态实现——成员变量

当用类来描述客观世界中的实体时，一个重要的任务是表示客观实体的属性，例如图书信息应当具有 ISBN、书名、作者等属性，而每个具体的图书信息对象又会在这些属性上拥有不同的取值。因此，面向对象程序设计中通过成员变量来表示类所描述的客观实体属性的抽象，并用于记录由该类生成的对象的状态。为了标识成员变量，每个成员变量都需要有自己的名字和类型，在声明后才能被操作。本章将对成员变量的命名、声明和操作进行介绍，并讲解成员变量的作用域和生存期。

4.1 变量

变量是程序设计语言中的重要概念，用于表示数据存储在语言中的抽象。在硬件层面，数据总是存储在某个或某几个存储单元中，可以通过存储的地址来访问。使用变量可以用名字来代替地址去访问数据。这不仅使得程序更加便于阅读，而且可以通过将名字转换为地址的翻译器来回避绝对地址的问题，使得程序的编写和维护也更加容易。

变量不应当只被看作是地址的别名，它可以被看作是一个抽象的容器，用于在程序运行过程中存放数据。每个变量都具有 6 个方面的特性 ：名字、值、地址、类型、作用域（scope）和生存期。其中，名字用于标识变量，值是指变量中存放的数据，地址是指变量在内存中存放的位置，类型是指变量所属的数据类型，作用域是指变量在程序中可见的范围，生存期是指变量从创建到消亡的时间。

对变量的基本操作有两个 ：一个是将数值存放到变量中，该操作称为“赋值”；另一个是从变量中取出当前存放的数值，该操作称为“取值”。由于变量具有存放数据的功能，因此在对变量赋值后，每次取值所获得的数值都应当是相同的，直到再次对变量进行赋值才可能发生变化。

在面向对象的程序设计语言中，变量可以大致分为成员变量和局部变量两种。成员变量用于存放表示类的属性的数值，局部变量用于在方法内部临时存放数值。成员变量和局部变量在名字、值、类型上看不出差别，但在存储的地址、作用域和生存期方面却不相同。在本章的内容中，我们将以成员变量的讲解为主，对于局部变量的不同特性也会有所提及。

在介绍成员变量的各种特性之前，我们首先需要明确使用成员变量来表示类的哪些属性。以图书信息类为例，下面介绍如何通过名词分析法来从计算系统示例说明中获取需要表示为成员变量的属性。如图 4-1 所示，我们首先用下划线标识出管理图书功能流程中的名词，其中每个名词只需要被标识一次。接着，我们对这些名词进行分析和筛选，其中一些名词表示了类，如“使用者”表示的管理员类，“图书信息”表示的图书信息类等；一些名词表示了类的属性，例如“ISBN”、“书名”、“作者”、“出版社”等是图书信息类的属性，“图书信息列表”是图书目录类的属性等；还有一些名词，如“系统”、“信息”等，并不是类或者类的属性。由于开发需求说明的表述并不十分严谨，使用名词分析方法的时候需要适当地进行词语加工，合并具有相同含义的不同词语或是调整说法不准确的词语。例如，其中的“图书的各项信息”和“图书信息”实际上都是表示图书信息类。

① 使用者根据提示输入添加、修改、删除、查找、列举图书信息或添加、删除图书操作的编号。
② 使用者根据操作输入信息：
- 如果是“添加图书信息”操作，使用者根据提示输入图书的各项信息，包括 ISBN、书名、作者、出版社、年份、是否为珍本。
- 如果是“修改图书信息”操作，使用者根据提示输入图书 ISBN，并根据提示输入需要修改的图书信息。
- 如果是“删除图书信息”操作，使用者根据提示输入图书 ISBN。
- 如果是“查找图书信息”操作，使用者根据提示输入图书 ISBN。
- 如果是“列举图书信息”操作，使用者不需要输入信息。
- 如果是“添加图书”操作，使用者根据提示输入图书 ISBN。
- 如果是“删除图书”操作，使用者根据提示输入图书编号。

③ 系统对图书目录中的图书信息列表进行增加、修改、删除、查找图书信息或对图书信息中的图书列表进行添加、删除图书操作。
④ 系统展示操作结果。

图 4-1 名词分析法示例

根据上面的分析，我们可以得知图书信息类应当包含 ISBN、书名、作者、出版社、年份、是否为珍本、图书列表等属性。这些属性需要表示为图书信息类的成员变量。下面我们将从成员变量的命名、类型、操作、作用域和生存期分别进行介绍。

4.2 成员变量的命名

4.2.1 标识符

成员变量的命名需要使用符合程序语言规定的字符串来表示。这样的字符串称为标识符（identifier）。各种程序设计语言对组成标识符的字符规定略有不同。Java 语言中规定，标识符可以由任意顺序的字母、下划线（_）、美元符（$）和数字组成，但第一个字符不能是数字。

例如，我们可以将图书信息类的书名、是否为珍本、图书列表中的第一本图书表示为：

```
title
is_rare
book1
```

但将是否为珍本、图书列表中的第一本图书表示为下面的标识符都是非法的，因为第一个标识符中包含了空格，第二个标识符中的第一个字符为数字：

```
is rare
1stBook
```

Java 中标识符的长度不受到限制，鼓励对标识符中包含的单词采用完整的拼写，以便于理解；但是过长的标识符并不利于程序的阅读和编写，当标识符中包含过多的单词时，可以采用便于理解的缩写来代替完整的单词。

在 Java 中，标识符中大写字母和小写字母会被区分，例如下面位于同一行的标识符都是不同的标识符：

```
book            Book
IsRare          isRare          Israre          israre
```

需要注意的是，名字是用于区分成员变量的重要特性，即在同一个数据区域内不同的成员变量不能使用相同的名字。图 4-2 展示了对图书信息中成员变量命名的示例。当在数据区域中访问成员变量时，将按照标识符来查找成员变量。

图 4-2　成员变量命名示例

标识符并不仅仅用于表示变量，对于类、方法、接口等也需要通过标识符来表示。它们所采用的字符串也需要遵循与上面相同的规定。

4.2.2　关键字和保留字

当使用标识符表示成员变量、类、方法或其他时，除了需要符合上面的规定外，还不能是关键字或保留字。

关键字（keyword）是程序语言中对编译器有特殊意义的字符串，可以用于表示数据类型、流程控制等。目前，Java 中共包含了 48 个关键字，如表 4-1 所示。

表 4-1 Java 中的关键字

abstract	assert	boolean	break	byte	case	catch
char	class	continue	default	do	double	else
enum	extends	final	finally	float	for	if
implements	import	instanceof	int	interface	long	native
new	package	private	protected	public	return	short
static	strictfp	super	switch	synchronized	this	throw
throws	transient	try	void	volatile	while	

除了关键字外，程序设计语言中还预留了部分特殊字符串作为保留字。这些保留字目前还不是关键字，但在以后的升级版本中有可能作为关键字。Java 中的保留字包括 const 和 goto。

Java 中所有关键字和保留字均由小写英文字母组成，不能用作标识符。虽然将关键字或保留字中的部分字母改为大写后可以作为合法的标识符，但这种做法容易在阅读程序时引起误解，依然应当避免使用。各个关键字和保留字的含义及用法会在后续章节介绍。

4.2.3 命名规范

根据标识符的命名要求，可以定义出能够被编译器识别的合法标识符。然而，如果不能很好地描述成员变量的含义，所定义的标识符会给程序编写和阅读带来困难。例如，假设管理员需要添加一个图书信息，需要使用包含 ISBN、书名、作者、出版社、年份、是否为珍本、图书列表等属性。我们可以采用以下方式来对成员变量命名：

```
addBookInformation(x1, x2, x3, x4, x5, x6, x7);
```

虽然上述语句中用于表示成员变量的标识符 x1、x2、x3、x4、x5、x6、x7 都是合法的，但成员变量的含义并没有表达清楚。当其他程序员阅读上述语句时，很难了解其含义；即便是编写该语句的程序员本人，一段时间后可能也难以记得每个标识符所表示的变量的含义。

为了避免上述情况，通常会使用命名规范（naming convention）来进一步规范成员变量的命名。使用既定规范对成员变量命名的好处包括：

- 保证成员变量命名方式的相似性，有助于理解成员变量的含义，帮助程序员理解以往的项目和熟悉新项目。
- 减少名字增生，避免在不同地方将相同含义的成员变量起不同的名字。
- 区分成员变量、类等，便于程序阅读。
- 通过全局的规定来替代每次变量命名时的局部决策，使得程序员可以集中精力关注代码更重要的特征。

不同程序设计语言都有一种或多种常用的命名规范。命名规范的使用也常常受到程序员所在单位或所参与项目的影响。Java 程序设计中一种常用的命名规范是 Sun 公司提供的 Java Code Conventions，其中对 Java 中的包、类、接口、方法、变量、常量等常用标识符的命名进行了规范。Java Code Conventions 中建议，变量的命名应当简短而富有含义，便于了解其用途。通常，成员变量的名称采用大小写混合的方式，第一个单词采用小写，第二个单词起首字母采用大写，应当尽可能避免使用单个字母作为变量名称，例如：

```
year
isRare
```

而在对临时变量命名时，i、j、k、m、n 等通常用于表示整型的临时变量，而 c、d、e 等通常用于表示字符型的临时变量。

根据上面介绍的命名规范，上述添加图书信息的 Java 程序语句可以改写为：

```
addBookInformation(isbn, title, author, publisher, year, isRare, bookList);
```

对比上面两条语句可以发现，采用合理的命名规范对成员变量命名，使得标识符的含义更明确且易于记忆，增强了程序的可读性。

当然，任何命名规范都可能会遇到某些不适合的应用场景。在某些场景下，使用命名规范中的一些规则会显得不太恰当。但命名规范的好处并非来源于某条具体的规则，通过命名规范的使用可以减少程序员在命名上所花费的精力，同时增强程序的结构性和可读性。从某种意义上讲，采用任何合理的命名规范都要好于没有命名规范。在后续章节中，将继续介绍包、类、接口、方法、常量的命名规范。

4.3　成员变量的类型

4.3.1　数据类型概述

成员变量除了用标识符来表示名字外，还需要被指定其类型。类型规定了变量所存储的值的范围，也规定了变量所能进行操作的集合。需要注意的是，同一数据区域内成员变量之间的区分仅仅依赖于标识符，而与类型无关，这意味着采用相同的标识符来表示两个不同类型的变量也是非法的。

根据变量被指定类型的时间，程序设计语言可以分为动态类型语言和静态类型语言。动态类型语言在程序运行期间才会检查变量的类型，即在声明变量时不需要指定其类型，而是在第一次对其赋值时隐式地指定类型；静态类型语言要求在程序运行前就能确定变量的类型，即在声明变量时需要显式地指定其类型。根据变量类型在程序运行中是否改变，程序设计语言可以分为强类型定义语言和弱类型定义语言。强类型定义语言中的变量一旦被指定数据类型后，除非进行自动或强制的类型转换，否则变量的类型不会发生变化；弱类型定义语言中变量的类型可以忽略，一个变量在程序运行中可以被赋予不同类型的值。Java 语言中成员变量需要在使用前声明其类型，并且除自动或强制类型转换外，成员变量的类型在程序中不会发生变化，因此 Java 语言是一种静态类型语言和强类型定义语言，这使得 Java 能够有效地避免许多错误和保持较高的效率。

4.3.2　基本数据类型

基本数据类型是指不需要使用其他类型来定义的数据类型。几乎所有的程序设计语言都提供了一组基本数据类型。Java 中的基本数据类型被设计为单值而不是对象，以提高效率。从这个角度看，Java 是一种面向对象语言，但并非完全面向对象的。在 Java 中，基本数据类型的长度不会因为执行环境的不同而发生变化。这种严格指定基本数据类型长度的方式虽然在某些环境下可能会造成性能的损失，但可以保证程序在任何执行环境下都能够正常运行，提高了Java的可移植性。

Java中定义了数值型、字符型和布尔型三大类基本数据类型，其中数值型又可以进一步分为整数类型和浮点型。下面对Java中的基本数据类型进行介绍。

1. 整数类型

整数类型用于存储整数数值。Java中定义了4种整数类型：字节型（byte）、短整型（short）、整型（int）、长整型（long）。表4-2展示了4种整数类型的基本属性。

表4-2 Java中整数类型的基本属性

类 型	关 键 字	长 度	取 值 范 围
字节型	byte	1字节	–128 ~ 127
短整型	short	2字节	–32 768 ~ 32 767
整型	int	4字节	–2 147 483 648 ~ 2 147 483 647
长整型	long	8字节	–9 223 372 036 854 775 808 ~ 9 223 372 036 854 775 807

可以发现，不同的整数类型具有不同的长度和取值范围。在通常情况下，整型最为常用。但在一些需要表示取值范围很大的整数时会采用长整型，例如在Java类库中提供的日期计算以毫秒为单位，就需要用长整型来表示。此外，Java中的字节型和短整型在计算前会被提升为整型，与整型一样在内存中占用4字节。图4-3展示了不同整数类型在内存中占用的空间和实际存放数据的情况，其中不加灰底的表示存放数据的空间，加灰底的表示在内存中占用的空间。因此，采用字节型和短整型只能起到限制数据的作用，并不能节省内存。

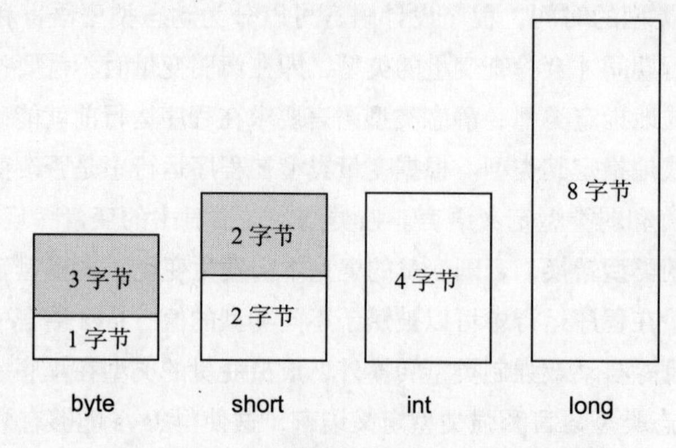

图4-3 Java中整数类型变量占用内存情况

2. 浮点型

浮点型用于表示实数数值，但对于大多数实数而言，浮点型的表示只是近似。浮点型的表示通常借鉴科学记数法，将数值表示为小数和指数。图4-4展示了目前使用最广泛的IEEE 754浮点数标准格式。

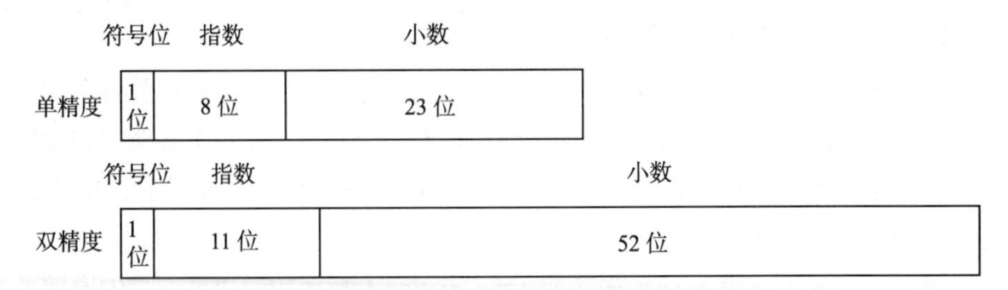

图 4-4　IEEE 754 浮点数标准格式

大多数程序设计语言都支持这两种浮点型，Java 中也定义了相应的浮点型，称为单精度浮点型和双精度浮点型。表 4-3 展示了这两种浮点型的基本属性。

表 4-3　Java 中浮点型的基本属性

类　型	关 键 字	长　度	取值范围
单精度浮点型	float	4 字节	−3.402823E+38 ~ 3.402823E+38
双精度浮点型	double	8 字节	−1.797693E+308 ~ 1.797693E+308

由于单精度浮点型和双精度浮点型都通过有限的长度来表示实数数值，与实际数值可能存在一定的误差。与单精度浮点型相比，双精度浮点型占用了更多的内存空间，可以用于表示更大范围的数，或在某些情况下提高表示的精确性。因此，在很多情况下都会优先使用双精度浮点型；只有在需要存储大量数据等很少的情况下，才会使用单精度浮点型。

3. 字符类型

字符类型是将单个字符以数值编码的形式进行存储的数据类型。之前程序设计语言普遍使用 ASCII 码来表示单个字符，它的长度为 1 个字节，可以表示所有大小写字母、数字、标点符号、常用特殊控制符和部分外文字母等。但由于信息全球化的需要，ASCII 码并不能很好地支持多国语言，因此，很多程序设计语言改用 Unicode 码来表示字符。Unicode 码采用 2 个字节来表示字符，可以表示英语、中文、德语、拉丁语、希伯来语、日文片假名等迄今为止人类语言的所有字符集。采用 Unicode 码表示字符虽然对于英语、德语等其字符可以用 1 个字节表示的语言而言有些低效，但是它增加了程序在全球的可移植性，使得开发的程序可以在世界范围内使用。Java 是第一种采用 Unicode 字符集并被广泛使用的语言，声明字符类型的关键字是 char。

对于绝大多数字符，Java 中都是使用直接表示；但对于一些特殊的字符，如双引号等，Java 中无法直接表示，而需要采用转义序列来表示。表 4-4 展示了 Java 中特殊字符的转义序列符。

表 4-4　Java 中特殊字符的转义序列符

转义序列	名　称	转义序列	名　称
\t	制表	\’	单引号
\b	退格	\”	双引号
\r	回车	\\	反斜杠
\n	换行		

4. 布尔类型

布尔类型是用于表示真假的数据类型。布尔类型的值的范围只有真和假两个元素。在程序设计中，布尔类型常用于表示判断条件的真假。虽然采用整数类型或其他类型也能实现相同的目的，但使用布尔类型可以获得更好的可读性。Java 中布尔类型的关键字是 boolean，长度由 Java 虚拟机决定，取值为 true 或 false。

在 Java 中，所有成员变量都必须先声明（declaration）后使用。成员变量的声明通常放在类的起始处，以便于类中方法的使用。声明基本数据类型的成员变量形式如下：

```
基本数据类型标识符 1, 标识符 2, …
```

下面是声明图书是否借出和是否被请求的例子：

```
boolean isBorrowed, isRequested
```

虽然允许将多个相同类型的变量在同一行声明，但推荐一行写一个变量的声明，以提高程序的可读性和便于注释（参见 4.4.1 节）。下面是声明成员变量的示例：

```
int year
boolean isRare
```

声明成员变量的关键是要根据成员变量的含义选择合适的数据类型。例如，成员变量 year 用于表示图书的出版年份，通常为数值不超过几千的整数，因此可选用整型；isRare 用于表示图书是否为珍本，只有珍本和非珍本两种状态，因此可选用布尔型。图 4-5 展示了图书信息中成员变量采用基本数据类型的示例。

类型
标识符
isbn
title
author
publisher
int
year
boolean
isRare
bookList

图 4-5 基本数据类型成员变量示例

4.3.3 引用类型

除了可以声明基本数据类型的成员变量外，Java 中还可以声明对象类型的成员变量。当声明对象类型的成员变量时，Java 中并没有实际创建一个对象，而是生成了一个对象的引用，用于存储对象的地址。这点与 C++ 等语言中的指针较为相似。例如，下面是声明引用类型变量 bookInfo 的示例：

```
BookInfo bookInfo = new BookInfo(isbn, title, author, publisher,year, isRare);
```

在上面的示例中，首先声明了引用类型的变量 bookInfo，接着通过 new BookInfo() 创建了 BookInfo 对象，再通过赋值（=）将 bookInfo 指向了实际的 BookInfo 对象，即在 bookInfo 中存储了所指向 BookInfo 对象的地址。

引用类型的变量只能指向与之对应的对象，如 BookInfo 的引用变量只能指向 BookInfo 对象，但不能指向 Book 对象。图 4-6 展示了引用类型变量的示例。Java 中允许多个引用类型的变量指向同一个对象，例如 BookInfo 的引用变量 2 和引用变量 3 均指向 BookInfo 对象 2；允许一个引用变量改变所指向的对象，例如 BookInfo 的引用变量 2 原先指向 BookInfo 对象 1，后来改为指向 BookInfo 对象 2；也允许引用类型的变量不指向任何对象，如 BookInfo 的引用变量 4。

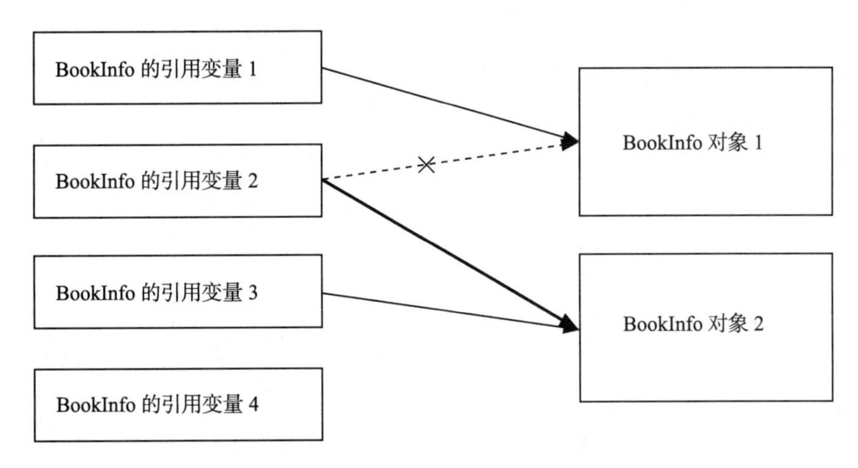

图 4-6　引用类型成员变量示例

Java 中通过对引用类型变量的操作，可以实现对实际对象的操作。引用类型是 Java 中访问对象类型变量的唯一途径。

4.3.4　数组

为了提高程序的可读性，数组采用一个标识符表示一组相同类型的变量，并通过各个变量的位置对其进行访问。数组包含变量的个数称为数组的“长度”。每个变量称为数组的“元素”。每个元素在数组中的位置称为“下标”，在 Java 中元素的下标从 0 开始计数。

数组命名需要使用合法的标识符，且区分大小写。数组的元素可以为任何基本数据类型或引用类型，但一个数组中所有元素的类型必须相同，数组声明时的类型即为其元素的类型。但需要注意，Java 中数组是一种引用类型的变量，创建新的数组时会在栈中建立数组的引用，并可以在堆中为其分配空间。

根据维度的不同，数组分为一维数组和多维数组两种。一维数组的通用声明格式可以采用下面两种方式之一：

- 数据类型 标识符 []
- 数据类型 [] 标识符

下面是用字符类型的数组表示图书书名的示例：

```
char title[]
char[] title
```

多维数组的声明方式与一维数组类似，采用多个“[]”来表示数组的维数，且所采用的“[]”的数量与数组的维数相同。例如，可以采用二维数组表示所有图书的书名：

```
char titleList[][]
char[][] titleList
```

图 4-7 展示了在编译时一维数组和多维数组的通用描述形式。在使用上述声明后，我们可以得知数组的标识符、元素类型和维数。此外，Java 语言中规定，数组下标类型为整型，下标下限为 0。但下标的上限、数组的地址依然是未知的，此时如果对数组进行操作，会造成编译错误。

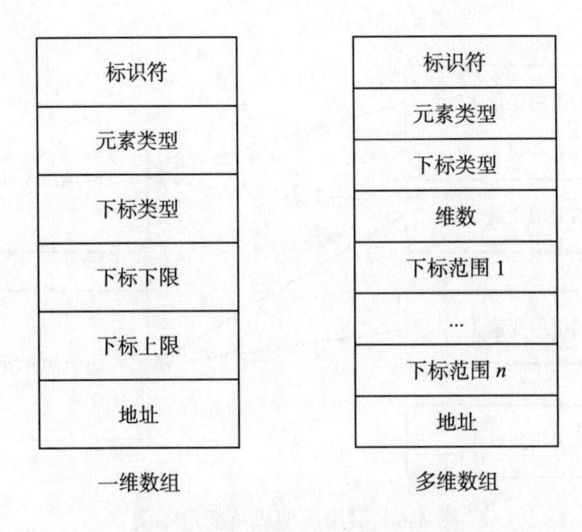

图 4-7 编译时数组的通用描述形式

在图书信息的成员变量中，ISBN、书名、作者、出版社都是一串字符，可以表示为字符数组；图书列表是一组 Book 对象的引用，可以表示为 Book 对象的数组。图 4-8 展示了图书信息的成员变量采用数组类型的示例。

类型	标识符
char[ ]	isbn
char[ ]	title
char[ ]	author
char[ ]	publisher
int	year
boolean	isRare
Book[ ]	bookList

图 4-8 数组类型成员变量示例

4.3.5 命名常量

命名常量是一种特殊类型的变量，它只能被赋值一次，之后它的值将不能被修改。命名常量可以用于将程序参数化。例如，采用 BORROW_DURATION 来表示每次借阅图书的天数。这样在相关政策发生变化时，如允许每次借阅图书的天数由 30 天调整为 60 天，只需要对 BORROW_DURATION 的值做一次修改，减少了因程序修改而引发的可靠性问题。此外，命名常量还可以用于提高程序的可读性。例如，在程序中使用成员变量 PI 代替 3.141 59 来表示圆周率，可以使得程序更加简洁和易读。

Java 中命名常量的声明只需要在普通成员变量的声明前面加上关键字 final。它的命名采用常量的命名方式，所有字母均采用大写，单词之间用下划线隔开。例如：

```
final int BORROW_DURATION
```

4.3.6　枚举类型

在某些情况下，成员变量的值需要被局限在有限个取值之中。为了保证成员变量的取值在指定范围内，枚举类型将一组命名常量组合起来，并规定该类型所对应变量的取值只能为类型定义中所列举的命名常量之一。Java 中枚举类型采用关键字 enum 声明，其格式如下：

```
enum 标识符 {
    枚举值 1,
    枚举值 2,
    …,
    枚举值 n
}
```

枚举类型的标识符通常首字母大写；枚举值是常量，通常采用大写字母表示，多个枚举值之间用逗号隔开。下面是采用枚举类型表示颜色的示例：

```
enum Color {
    RED,
    GREEN,
    BLUE,
    YELLOW,
    BLACK
}
```

更多枚举类型的介绍参见附录 B.1。

4.4　成员变量的操作

4.4.1　表达式和语句

1. 表达式

表达式（expression）是程序中用于获得值的语言构造。通常情况下，表达式由操作数、运算符、括号等组成。操作数可以是“year”、“isBorrowed”等变量或者“10”、“0.17”、“A”等常量。如果一个表达式中含有括号，那么括号中的表达式也可以作为操作数，构成更加复杂的表达式。运算符根据所作用操作数的个数，可以分为一元运算符、二元运算符、三元运算符等。一元运算符包括负号（-）、自增（++）、自减（--）等，二元运算符包括算术运算符、关系运算符、位运算符等，三元运算符包括条件操作符。其中，位运算符和条件运算符的介绍参见附录 B.2。下面是表达式的示例：

```
borrowedNum++
```

```
isRequiredReturn = (currentDate - borrowedDate) == 7
```

在表达式的书写中，除了一元运算符外，操作数和运算符之间应该添加空格。为了在不同的终端和工具上处理，每行代码的长度通常不宜超过 70 个字符。当表达式的长度过长时，需要将表达式分成多行书写。换行尽量选择在较高层级断开，即避免在多个括号内部断开；通常选择在逗号的后面或者运算符的前面换行；新的一行应该与上一行同一层级的表达式的开头处对齐。下面是表达式换行的示例：

```
bookInformation = "ISBN: " + isbn + "; 书名: " + title + "; 作者: " + author + "; 出版社: " +
publisher + "; 年份:" + year + "; 图书本数:" + bookNumber
```

表达式的值为表达式中操作数经过运算符运算的结果。如果表达式中只包含一个操作数且不包含运算符，那么表达式的值即为操作数的值。

表达式的类型取决于其操作数的类型和运算符的语义。如果所有操作数的类型相同，那么表达式的类型与操作数的类型相同；如果操作数的类型不同，那么在求值过程中操作数将进行类型转换，表达式的类型即为操作数最终转换形成的类型。

2. 语句

语句（statement）是程序的最小单元。简单的语句可以通过在表达式后面增加分号（;）来获得。下面是一些合法语句的示例：

```
borrowedNum++;
isRequiredReturn = (currentDate - borrowedDate) ==7;
```

Java 中语句可以从编辑行的任何地方开始，继续到下面的一行或数行。但出于程序可读性的考虑，语句只有在较长的情况下才会分行书写，并且保持统一的层次式的缩进：

```
String bookInformation;
bookInformation ="ISBN: " + isbn + "; 书名: " + title + "; 作者: " + author + "; 出版社: "
                 + publisher + "; 年份: " + year + "; 图书本数: " + bookNumber;
System.out.println(bookInforamtion);
```

多个语句按照一定的格式组织后，可以形成更复杂的语句。较为简单的组织方式是将多条语句通过花括号（{}）括住形成块（block）。程序块可以被看作一条语句。在程序块的基础上可以进一步组织成条件语句、循环语句等。下面是程序块的示例：

```
{
    isbn = isbnInput;
    title = titleInput;
    author = authorInput;
    publisher = publisherInput;
    year = yearInput;
}
```

3. 注释

为了使程序便于理解和维护，可以采用注释（comment）对程序内容加以说明。注释在程序编译时会自动被忽略。Java 中提供两种类型的注释：文档注释（document comment）和实现注释（implementation comment）。

文档注释采用 /**...*/ 表示，可以通过 javadoc 工具转换成 HTML 文件，便于没有源代码的开发人员了解 Java 程序。文档注释使得可以将代码和注释放在同一个文件中，以便于修改代码的同时对注释进行更新，重新运行 javadoc 即可保持文档和代码的一致性。

文档注释中可以使用标记来表示特定描述，这些标记都以 @ 开头，主要包括：

- @author：表示作者。可以使用多个 @author 标记，每个标记对应一个作者。
- @version：表示版本。后面包含对当前版本的描述。
- @since：表示始于。后面可以是对引入特性的版本描述。
- @deprecated：表示不再使用。后面是对取代的建议。
- @see：表示链接。javadoc 将对后面的内容生成一个超链接，可以链接到外部文档或者 javadoc 文档中的相关部分。

文档注释通常包括类注释、方法注释、域注释等。

（1）类注释

类注释必须位于 import 语句之后，类定义之前。下面是一个类注释的示例：

```
 * 类名称：BookInfo
 * 类描述：BookInfo 类用于表示借阅者
 * @author：ShaoD
 * @author：RenTW
 * @version：2012.0831.3
public class BookInfo {
   …
}
```

（2）方法注释

方法注释必须位于所描述的方法之前，除了通用的标记外，还可以包括以下标记：

- @param：表示参数。可以使用多个 @param 标记，每个标记对应一个参数。一个方法的所有 @param 标记必须放在一起。
- @return：表示返回值。用于对方法的返回值进行描述。

下面是一个方法注释的示例：

```
/**
 * 方法名： modify
 * 方法描述：修改图书信息
 * @param  newTitle                图书书名
 * @param  newAuthor               作者
 * @param  newPublisher            出版社
 * @param  newYear                 出版年份
 * @param  newIsRare               是否为珍本
 * @return  如果图书信息不存在，返回 Message.BOOKINFO_NOT_EXIST
 *          如果图书信息存在，完成所有操作后，返回 Message.MODIFY_ SUCCESS
 */
public Message modify(String newTitle, String newAuthor, String newPublisher,
int newYear, boolean newIsRare) {
    …
}
```

（3）域注释

域注释通常用于描述公有域，如静态常量。下面是一个域注释的示例：

```
/**
 * BORROW_DURATION 表示每次借阅图书的天数，默认为 30 天
 */
static final int BORROW_DURATION = 30;
```

文档注释除了可以对类、方法、域进行说明外，还可以对包进行描述。但对包进行描述时，需要添加单独的文件，在本书中将不作介绍。

实现注释用于对实现细节加以说明，Java 中支持两种形式的实现注释。采用“//”表示的注释，在这一行中“//”之后的内容均为注释内容；采用“/*”和“*/”表示的注释，“/*”和“*/”之间的内容均为注释内容。Java Code Conventions 中推荐了 4 种实现注释的风格：

- 块注释：用于对文件、方法、算法等进行描述，通常位于文件的开始或方法之前，有时也用于方法内部。块注释应该和它们所描述的代码具有一样的缩进格式。块注释开始时应该有一个空行，将块注释和代码分隔开。
- 单行注释：当注释内容可以显示在一行内时，采用较短的注释形式，并与其后的代码具有一样的缩进层级。单行注释之前应该有一个空行。
- 尾端注释：极短的注释可以与它们所要描述的代码位于同一行，位于被描述代码的右边。但是应该有足够的空白来分开代码和注释。若有多个短注释出现于大段代码中，它们应该具有相同的缩进。
- 行末注释：采用“//”注释掉整行或者一行中的一部分。行末注释一般不用于连续多行的注释文本，但需要注释掉连续多行的代码段时，建议采用行末注释，以避免寻找配对的“/*”和“*/”。

下面是一个实现注释的示例：

```
/ *
* 块注释示例：modifyBookInfo 方法用于修改图书信息
* /
public Message modifyBookInfo(String isbn, String title, String author, String
publisher, int year, boolean isRare) {

/* 单行注释示例：根据 isbn 查找图书信息 */
BookInfo bookInfo = searchBookInfo(isbn);
   if(bookInfo == null) {
          return Message.BOOKINFO_NOT_EXIST;
   }
   else {
          // bookInfo.setIsbn(isbn);                        (行末注释示例：注释掉代码)
          bookInfo.setTitle(title);
          bookInfo.setAuthor(author);
          bookInfo.setPublisher(publisher);
          bookInfo.setYear(year);
          bookInfo.setIsRare(isRare);
          return Message.ADD_BOOKINOF_SUCCESS; /* 尾端注释示例：图书信息存在 */
   }
}
```

当使用实现注释时，需要注意“/* */”不能嵌套。“/*”会寻找与之最近的“*/”进行匹配。下面的示例中，加粗的部分会被作为注释，而其余部分则会当作程序语句处理而引起错误：

```
/* 块注释示例：
/* modifyBookInfo 方法用于修改图书信息 */
* 参数包括：isbn, title, author, publisher, year, isRare
* /
```

注释为程序设计者与阅读者之间提供了重要的通信手段。规范化的注释可以改善程序的可读性，减少程序的维护成本，提高合作开发程序的效率。但需要注意，注释应当仅用于对程序中重要或不显而易见的地方加以说明，避免重复提供代码中已清晰表达出来的信息。此外，注释应当仅包含与阅读和理解程序有关的信息，其他信息不应当包括在注释中。多余的注释很容易随着代码更新而过时，维护过多的注释需要花费大量的精力，且维护不当时会造成注释错误，导致比缺少注释更大的危害。由于篇幅限制，本书在后续的程序示例中仅对部分待讲解的内容加以说明，而不提供完整的注释。

4.4.2　赋值与初始化

在 4.1 节中介绍变量的基本概念时，我们讲到值和地址都是变量的特性，而赋值和取值是变量的两个基本操作。

赋值运算是指将指定的值赋给成员变量，Java 中采用的运算符为等号（=）。例如，假设添加某个图书信息时，该图书信息对应的图书共有 3 本，图书总本数 totalBookNum 和在馆图书本数 availableBookNum 均赋值为 3：

```
int totalBookNum = 3;
int availableBookNum = 3;
```

其中，赋值运算符左边的 totalBookNum 和 availableBookNum 称为“左值”，必须为已经声明的变量，这样才有相应的物理空间来存储数值；赋值运算符右边的 3 称为“右值”，可以为任何与左值类型相同的表达式。因此，赋值运算符的作用可以表述为将运算符的右值赋值给左值。

为了加深对赋值运算的理解，我们将上面的例子换一个写法：

```
int totalBookNum = 3;
int availableBookNum = totalBookNum;
```

在上面的赋值语句中，我们对位于等号左右两边的变量 totalBookNum 和 availableBookNum 的关注点是不一样的。对作为左值的 availableBookNum，我们关心的是它的地址，而不关心它的值是多少；而对作为右值的 totalBookNum，我们关心的是它的值，而不关心它存放的地址。

Java 中允许采用较为简单的方法，将相同的值赋给多个成员变量。上面的例子也可以表示为以下形式：

```
int totalBookNum;
int availableBookNum;
totalBookNum = availableBookNum = 3;
```

在上面的赋值语句中，值 3 先被赋给 availableBookNum，即 availableBookNum 的值变为 3；然后 availableBookNum 的值被赋给 totalBookNum，即 totalBookNum 的值变为 3。

赋值的一个重要用途是对成员变量初始化，即对成员变量赋予初始的值。成员变量初始化可以与声明同时进行，也可以在声明之后单独进行。成员变量在声明时如果不显式地初始化，则会采用默认值自动对其初始化。数值型和字符型的默认初始值为 0，布尔型的默认初始值为 false；引用类型的默认初始值为 null，即不指向任何对象。这里需要区分成员变量与在方法中声明的局部变量的不同。局部变量无论是基本数据类型还是引用类型，如果在没有显式初始化的情况下使用，都会出现错误。下面是一个成员变量和局部变量初始化的示例：

```
class A {
   f( ) { … }
}

class B {
```

```
    A aTest1;
    int iTest1;
    g() {
            int iTest2;
            A aTest2;
            int iTest3 = iTest1 + 1;                /* iTest3 的值为 1 */
            iTest3 = iTest2 + 1;                    /* 错误：iTest2 未初始化 */
            aTest1.f();                             /* 错误：aTest1 指向 null */
            aTest2.f();                             /* 错误：aTest2 未初始化 */
    }
}
```

虽然成员变量会被采用默认值初始化，但依然鼓励显式地对其初始化。不合理地初始化变量是产生编程错误的常见原因之一。

1. 基本数据类型的赋值

Java 中对整数类型的成员变量赋值时，字符型、短整型和整型成员变量赋值时的右值可以直接采用整数常数，例如：

```
int year = 2012;
byte sign = 16;
```

长整型成员变量赋值时的右值需要在整数常数的末尾增加“L”或“l”用于表示是长整型变量，例如：

```
long borrowedTime = 2592000000L;
```

对浮点型的成员变量赋值时，双精度浮点型赋值时的右值可以直接采用实数常数，例如：

```
double payment = 20.12;
```

单精度浮点型赋值时的右值需要在实数常数的末尾增加“F”或“f”用于表示是单精度浮点型变量，例如：

```
float payment = 20.12F;
```

对字符型的成员变量赋值时，右值是采用单引号（''）包含的单个字符，例如：

```
char firstCharacter = 'S';
```

对布尔型的成员变量赋值时，右值只能为 true 或 false，例如：

```
boolean isBorrowed = true;
```

除了直接使用常数赋值外，也可以使用成员变量相同类型的变量，例如：

```
int availableBookNum = totalBookNum;
```

2. 引用类型的赋值

对引用类型的成员变量赋值时，可以使用构造器（参见 6.5.1 节）创建的对象，例如：

```
BookInfo bookInfo1 = new BookInfo(isbn, title, author, publisher,year, isRare);
```

引用类型也可以使用相同类型的成员变量对其赋值，此时实际上是让作为左值的引用类型成员变量与作为右值的成员变量指向相同的实际对象，如果对其中一个进行修改，另一个也会发生相应的变化，例如：

```
BookInfo bookInfo2 = bookInfo1;
```

如果希望某个引用类型变量不指向任何对象，则可以将其赋值为 null，例如：

```
BookInfo bookInfo = null;
```

3. 数组的赋值

数组的初始化可以通过在声明数组时直接指定其元素来实现。下面是对图书书名数组初始化的示例：

```
char[] title = {'H', 'e', 'a', 'd', '', 'F', 'i', 'r', 's', 't', '', 'J', 'a',
                'v', 'a'};
```

需要注意，在声明之后，再采用直接赋值的方式对数组赋值是非法的，例如：

```
char[] title;
title = {'H', 'e', 'a', 'd', '', 'F', 'i', 'r', 's', 't', '', 'J', 'a', 'v',
        'a'};                  /* 错误 */
```

此外，数组的初始化可以通过运算符 new 在数组声明或之后为其元素分配空间，然后对其中的元素进行赋值。在为数组分配空间时，数据类型必须和数组变量声明的类型严格相同，不支持自动类型转换；数组大小即为数组中元素的数量，必须为整型或者自动转换为整型的表达式。一维数组初始化的通用格式为：

```
new 数据类型 [ 数组大小 ]
```

下面是采用 new 对图书书名数组初始化的示例：

```
char[] title = new char[]{'H', 'e', 'a', 'd', '', 'F', 'i', 'r', 's', 't', '',
                          'J', 'a', 'v', 'a'};
```

当使用 new 为数组分配空间后，需要对数组中的元素逐个赋值。采用直接赋值的方式初始化也是非法的，例如：

```
char[] title = new char[15];
title = {'H', 'e', 'a', 'd', ' ', 'F', 'i', 'r', 's', 't', ' ', 'J', 'a', 'v',
        'a'};                  /* 错误 */
```

Java 中允许使用一个数组变量对相同类型的数组变量赋值，例如：

```
char[] title1 = {'H', 'e', 'a', 'd', ' ', 'F', 'i', 'r', 's', 't', ' ', 'J', 'a',
                 'v', 'a'};
char[] title2 = title1;
```

上述例子中，title1 和 title2 实际上是引用相同的数组。对其中一个修改时，也会影响另一个的取值。如果希望对将一个数组中所有元素的值复制到另一个数组中，对其中一个进行修改时不会影响另一个，则需要对数组的元素进行操作或是调用 Java 中提供的方法，具体参见 5.3.4 节。

多维数组的初始化与一维数组类似。下面是对所有图书书名列表初始化的示例：

```
char[][] titleList =
{
    {'H', 'e', 'a', 'd', ' ', 'F', 'i', 'r', 's', 't', ' ', 'J', 'a', 'v', 'a'},
    {'C', 'o', 'r', 'e', ' ', 'J', 'a', 'v', 'a'},
    …
    {'T', 'h', 'i', 'n', 'k', 'i', 'n', 'g', ' ', 'i', 'n', ' ', 'J', 'a', 'v',
    'a'}
};
```

同样，也可以使用 new 为多维数组分配空间，其通用格式为：

```
new 数据类型 [ 维度 1 大小 ] [ 维度 2 大小 ]…[ 维度 n 大小 ]
```

下面是为所有图书书名列表分配空间的示例：

```
int bookInfoNum = 20000;                    // 假设共有 20000 个图书信息
int maxTitleLength = 100;                   // 假设图书书名最多为 100 个字符
char[][] titleList = new char[bookInfoNum][maxTitleLength];
```

Java 中的多维数组实际上是数组的数组，即多维数组可以看作是一维数组，其元素为比其低一维且数据类型相同的数组。例如，上面示例中的 titleList 可以看作是含有 bookInfoNum 个元素的一维数组，其元素为含有 maxTitleLength 个字符类型元素的一维数组。图 4-9 展示了上面示例中二维数组 titleList 在 Java 中的数据组织方式。

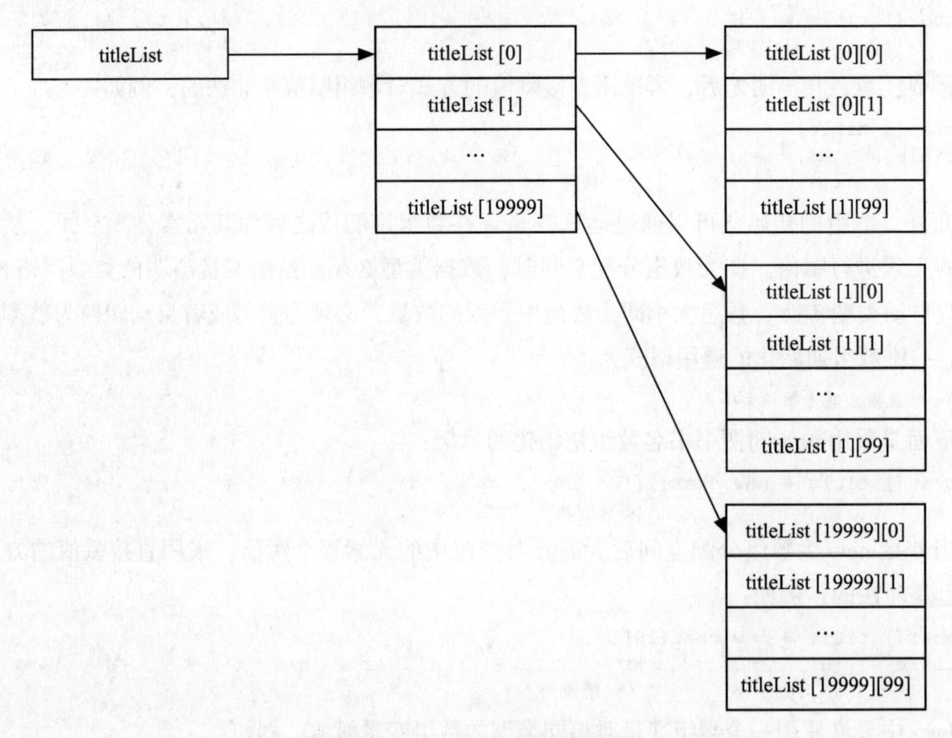

图 4-9 Java 中的多维数组示例

因此，多维数组的初始化可以分步进行，如下所示：

```
int bookInfoNum = 20000;                    // 假设共有 20000 个图书信息
int maxTitleLength = 100;                   // 假设图书书名最多为 100 个字符
char[][] titleList = new char[bookInfoNum][];
titleList[0] = new char[maxTitleLength];
titleList[1] = new char[maxTitleLength];
…
titleList[19999] = new char[maxTitleLength];
```

当对多维数组分步初始化时，Java 中不要求每个元素具有相同的长度，可用于在某些情形下生成不规则的数组，如下所示：

```
int bookInfoNum = 20000;                         // 假设共有 20000 个图书信息
int[]titleLength = {30, 40, 80, …, 78};          // 假设已经得知各个图书书名的长度
char[][] titleList = new char[bookInfoNum][];
titleList[0] = new char[titleLength[0]];
titleList[1] = new char[titleLength[1]];
…
titleList[19999] = new char[titleLength[19999]];
```

这种初始化方式通过生成不规则的数组来减少存储空间的浪费。但需要注意，在上述示例中采用直接赋值的形式进行初始化是非法的，如下所示：

```
int bookInfoNum = 20000;
char[][] titleList = new char[bookInfoNum][];
titleList[0] = {'H', 'e', 'a', 'd', '', 'F', 'i', 'r', 's', 't', '', 'J', 'a',
        'v', 'a'};                                          /* 错误 */
```

```
titleList[1] = {'C', 'o', 'r', 'e', ' ', 'J', 'a', 'v', 'a'};  /* 错误 */
…
titleList[19999] = {'T', 'h', 'i', 'n', 'k', 'i', 'n', 'g', '', 'i', 'n', '',
                    'J', 'a', 'v', 'a'};                        /* 错误 */
```

4. 命名常量的赋值

由于命名常量只能与值绑定一次，命名常量作为成员变量时，必须在声明的时候初始化，如下所示：

```
final double PI = 3.1415926;
```

如果声明命名常量后再对其进行赋值，则会出现错误，如下所示：

```
final double PI;
PI = 3.1415926;                 /* 错误 */
```

图 4-10 展示了对图书信息对象中成员变量赋值的示例。

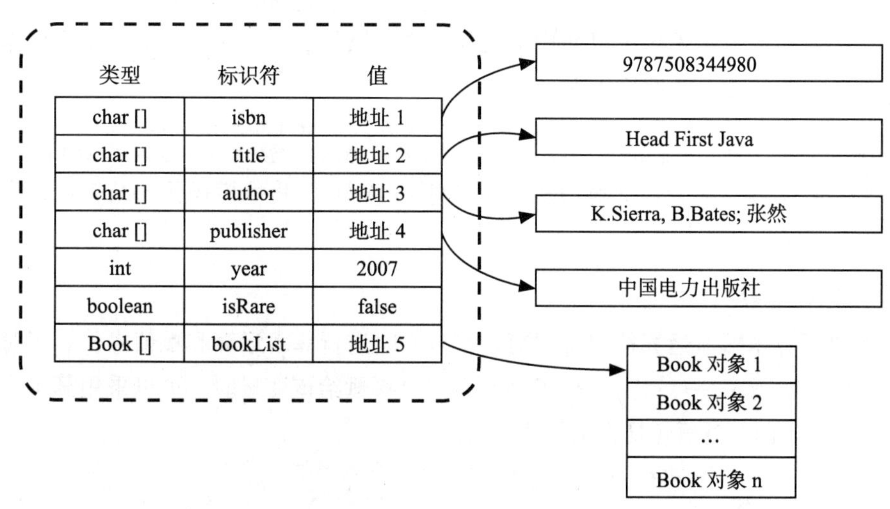

图 4-10　成员变量赋值示例

4.4.3　算术运算

算术运算用于进行加、减、乘、除、取模等代数运算。Java 中的算术运算符包括加号、减号、乘号、除号、取模，同时支持多种简化的表示形式。Java 中算术运算符的操作数必须是整数类型或浮点类型。因为 Java 中字符型的值可以自动类型转换为整型的值，所以算术运算符的操作数也可以为字符型，但布尔型的值不可以作为算术运算符的操作数。表 4-5 展示了 Java 中的算术运算符。

表 4-5　Java 中的算术运算符

运　算　符	算术运算	运　算　符	算术运算
+	加法	−=	减法赋值
−	减法	*=	乘法赋值
*	乘法	/=	除法赋值
/	除法	%=	取模赋值
%	取模	++	递增运算
+=	加法赋值	−−	递减运算

1. 基本算术运算

Java 中的基本算术运算符包括 +、–、*、/ 四种。其中，采用“/”对整数类型的操作数进行除法运算时，结果是整数类型而不是浮点类型，且结果中的小数部分会被直接舍去而不是四舍五入，例如：

```
int iTest = 1 + 'A';                /* 结果为：iTest 的值为 66 */
int iTest = 7 / 4;                  /* 结果为：iTest 的值为 1 */
double dTest = 1.0 + 7 / 4;         /* 结果为：dTest 的值为 2.0 */
```

2. 取模运算

Java 中的取模运算符为百分号（%），其运算结果是整数除法的余数，即运算符左值减去右值整数倍后获得的非负的、小于右值的余数：

```
int iTest = 7 % 4;                  /* 结果为：iTest 的值为 3 */
```

Java 中的取模运算符不仅可以使用整数类型作为操作数，还可以使用浮点类型作为操作数。下面的表达式在 Java 中都是合法的：

```
double dTest = 5.5 % 2;             /* 结果为：dTest 的值为 1.5 */
double dTest = 8.7 % 2.0F;          /* 结果为：dTest 的值为 0.6999999999999993 */
```

在取模运算中会存在着自动类型转换（参见 4.4.6 节），将取模操作的结果赋给指定变量时要避免发生错误。

3. 算术赋值运算

Java 提供了算术赋值运算符，采用简化符号同时进行算术运算和赋值操作。当对某个变量与指定表达式进行 +、–、*、/、% 五种运算并且再赋给该变量时，可以采用算术赋值运算符来简化表示。下面两条语句具有相同的结果：

```
returnDate = returnDate + 30;
returnDate += 30;
```

采用算术赋值运算符有两方面的优点：一是采用算术赋值运算符后会比原先的形式显得紧凑，增强了程序的可读性；二是采用算术赋值运算符后可以提高程序的运行效率。

4. 递增和递减运算

Java 中包含递增运算符（++）和递减运算符（––），分别表示对操作数加 1 和减 1。递增运算符和递减运算符都只有一个操作数，放在操作数的左边或右边均可。下面的两组例子中，同一组的四条语句具有相同的结果：

```
/* borrowedNum 增加 1 */
borrowedNum = borrowedNum + 1;
borrowedNum += 1;
borrowedNum++;
++borrowedNum;

/* borrowedNum 减少 1 */
borrowedNum = borrowedNum - 1;
borrowedNum -= 1;
borrowedNum--;
--borrowedNum;
```

但将递增（或递减）运算结果用作表达式的一部分时，递增（或递减）运算符位置的不同则会带来运算结果的不同。如果递增（或递减）运算符位于操作数左边，表示先对操作数加 1（或减 1），再将操作数的值用于运算；如果递增（或递减）运算符位于操作数右边，表示先将操作数的值用于运算，再对操作数加 1（或减 1）。下面两个程序片段的运算结果中，x 的值相同，而 y 的值不同：

```
x = 10;
y = x++;                    /* 结果为：x的值为 10，y的值为 10 */

x = 10;
y = ++x;                    /* 结果为：x的值为 10，y的值为 11 */
```

4.4.4 关系运算

关系运算用于判定值和值之间的关系，例如判定等于、大于等于等关系。Java 中的关系运算符如表 4-6 所示。

表 4-6　Java 中的关系运算符

运 算 符	含　义
==	等于
!=	不等于
>	大于
<	小于
>=	大于等于
<=	小于等于

Java 中关系运算的结果是布尔型，常用于控制语句、循环语句的判定条件中。例如：

```
isBorrowed == false                        /* 判断图书是否在馆 */
borrowedNum < maxBorrowedNum               /* 判断已借本数是否小于允许借阅的最大本数 */
```

Java 中的布尔型的值只可以作为“==”、“!=”的操作数，且不能与其他类型的值进行关系运算；整数类型、浮点类型和字符类型可以作为所有关系运算符的操作数，且这三种类型的值之间可以进行关系运算。

4.4.5 布尔逻辑运算

布尔逻辑运算是对布尔型的操作数进行逻辑运算，运算结果也是布尔型。Java 中的布尔逻辑运算符如表 4-7 所示。

表 4-7　Java 中的布尔逻辑运算符

运 算 符	含　义
!	逻辑反
& 或 &&	逻辑与
| 或 ||	逻辑或
^	逻辑异或
&=	逻辑与赋值
|=	逻辑或赋值
^=	异或赋值

布尔逻辑运算可以将多个布尔表达式结合起来，用于表示更加复杂的条件。例如：

```
(isBorrowed == false) && (isRequested == false) /* 判断图书是否没有被借出或请求 */
```

表 4-8 展示了各个布尔逻辑运算符的运算结果。

表 4-8 布尔逻辑运算表

A	B	!A	A&B 或 A&&B	A|B 或 A || B	A^B
false	false	true	false	false	false
true	false	false	false	true	true
false	true	true	false	true	true
true	true	false	true	true	false

根据布尔逻辑运算表，可以将上面的判定条件简化为下面两种形式之一：

```
(!isBorrowed) && (!isRequested)
!(isBorrowed || isRequested)
```

与算术运算相似，布尔逻辑运算也具有相应的赋值运算符，即将某个布尔型变量与布尔型的值进行布尔逻辑运算后再赋给该变量。下面两条语句具有相同的结果：

```
boolean isAvailable != isBorrowed;
boolean isAvailable = !isBorrowed;
```

需要注意，逻辑与和逻辑或的两种运算符在运算中有一定的区别。&& 和 || 在运算中符合短路原则，即左边的表达式可以决定运算结果时，将不对右边的表达式进行判定。这一特性可以用于避免一些错误的发生。例如避免除数为零：

```
(x != 0) && (1 / x > 0.5)
```

但在某些情景下，这一特性也使得采用 &&（或 ||）与 &（或 |）的运算结果会出现不一致。例如：

```
boolean flag = false;
int x = 1;
boolean blTest = (flag && (x++ > 1));                /* 运行该语句后，x 的值为 1 */

boolean flag = false;
int x = 1;
boolean blTest = (flag & (x++ > 1));                 /* 运行该语句后，x 的值为 2 */
```

下面的两个程序片段中，第 1 个程序片段中采用的是“&&”，由于 flag 的值为“false”，可以决定 blTest 的值为 false，根据短路原则“x++ > 1”不会执行；而第 2 个程序片段中的“&”不符合短路原则，“x++ > 1”会执行。因此，上述两个程序片段运行后 x 的值会不同。

4.4.6 类型转换

上面的介绍中只采用与左值相同类型的变量作为右值进行赋值，但大多数程序设计语言中允许采用兼容类型的右值对左值进行赋值。在赋值过程中，右值将会自动转换为与左值相同的类型。图 4-11 展示了 Java 中基本数据类型之间的自动转换关系。整数类型内部、浮点类型内部及整数类型和浮点类型之间自动类型转换时，使用不同取值范围来表示相同的数值；字符类型自动转换为整数类型或浮点类型时，是将字符型变量的 Unicode 编码转换为相应的整数类型或浮点类型。其中，实线箭头表示的类型转换中，数据的精度不会出现损失；虚线箭头表示的类型转换中，数据的精度可能会有损失。

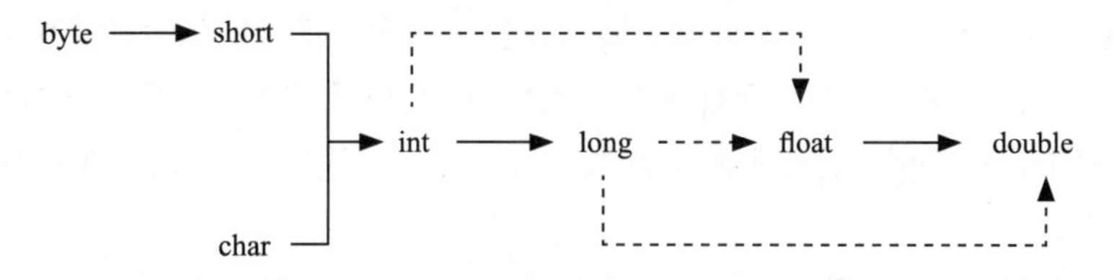

图 4-11　Java 中基本数据类型之间的自动转换关系

下面是使用了自动类型转换的赋值语句示例：

```
byte bTest = 456;
long lTest = bTest;                 /* bTest 转换为长整型后赋值给 lTest，结果为：lTest 的值
                                       为 456L */
double dTest = lTest;               /* lTest 转换为双精度浮点型后赋值给 dTest，结果为：
                                       dTest 的值为 456.0 */
int iTest = 1234567890;
float fTest = iTest;                /* iTest 转换为单精度浮点型后赋值给 fTest，会出现一定的
                                       精度损失，结果为：fTest 的值为 1.234567894E9 */
```

除了可以根据图 4-11 中的转换关系进行数据类型的自动转换外，程序设计语言中还允许进行不同数据类型之间的强制类型转换。强制类型转换对赋值运算符的左值和右值类型没有太多限制，但 Java 中不可以将布尔型和其他类型进行转换。强制类型转换时需要在赋值中指定转换的类型，通常采用以下形式：

```
(目标数据类型)值
```

其中“目标数据类型”指定了要转换成的数据类型，“值”可以为常数、变量、表达式等。下面是强制类型转换的赋值语句示例：

```
int iTest = (int) 1234567890.0;          /* 结果为：iTest 的值为 1234567890 */
byte bTest = (byte) iTest;               /* 结果为：bTest 的值为 -46 */
float fTest = (float) iTest;             /* 结果为：fTest 的值为 1.234567894E9 */
short sTest = (short) fTest;             /* 结果为：sTest 的值为 768 */
char cTest = (char) (sTest - 700);       /* 结果为：cTest 的值为 'D' */
```

其中，当把取值范围较大的整数类型（或浮点类型）的值转换为取值范围较小的整数类型（或浮点类型）的值时，如果被转换的值没有超过目标数据类型的取值范围，则用目标数据类型的取值范围来表示该值；如果被转换的值超过了目标数据类型的取值范围，则需要对目标类型的取值范围取模并将余数作为结果。当把浮点类型的值转换为整数类型时，需要先将浮点类型的值的小数部分截断，并将截断结果按照上述规则转换目标数据类型；也可以先转换为与目标数据类型兼容的数据类型，再自动类型转换为目标数据类型。当将整数类型的值转换为字符类型的值时，先将整数类型的值转换为 Unicode 码的取值范围内的整数类型的值，并根据 Unicode 码的值获取相应的字符。当将浮点类型的值转换为字符类型的值时，先将浮点类型的小数部分截断，再将截断结果转换为 Unicode 码的取值范围内的整数类型的值，并根据 Unicode 码的值获取相应的字符。

此外，Java 中进行基本算术运算的操作数类型不同时，操作数会进行自动类型转换，使得操作数变为相同类型后再进行计算。自动类型转换的方式如图 4-11 所示。这使得以下的算术运算表达式都是合法的：

```
4 + 'A' + 3.4F
(5.4F + 3) / 4.0
```

在第一个表达式中，由于存在单精度浮点型的操作数 3.4F，整型的 4 和字符型的 A 会自

动转换为单精度浮点型，结果为72.4f。在第二个表达式中，括号中的表达式中存在单精度浮点型的操作数5.4F，因此整型的3会自动类型转换为单精度浮点型，产生中间结果8.4F；在进一步的除法运算中存在双精度浮点型的操作数4.0，因此中间结果会自动类型转换为8.4，最终的计算结果为2.1。

回顾4.4.3节“7 / 4”的例子，当要求计算结果为1.75时，需要将表达式改为以下两种形式之一：

```
double dTest = 7 / (double) 4;
double dTest = (double) 7 / 4;
```

但要注意下面语句的计算结果为1.0，而不是1.75：

```
double dTest = (double) (7 / 4);
```

由于将双精度浮点型的操作数转换为整型时采取的是截断小数部分，因此下面语句的计算结果为1，而不是2：

```
int iTest = (int) ((double)7 / 4);
```

当要求实现四舍五入，即结果为2时，需要将表达式改为：

```
int iTest = (int) ((double)7 / 4 + 0.5);
```

这里“+ 0.5”是为了让大于等于0.5的小数部分经过操作后产生进位。

由于算术运算中会发生自动类型转换，将算术运算的结果赋给指定变量时需要注意运算结果的类型是否能够自动转换为变量的类型。如果不能，则会发生错误。下面是一些非法的赋值语句：

```
byte bTest1 = 1;
byte bTest2 = bTest1 + 2;            /* 错误：右值为整型，不能赋值给字节型 */

short sTest1 = 1;
short sTest2 = sTest1 + 2;           /* 错误：右值为整型，不能赋值给短整型 */

float fTest1 = 1.0F;
float fTest2 = fTest1 + 2.0;         /* 错误：右值为双精度浮点型，不能赋值给单精度浮点型 */
```

在上面的例子中，fTest2对应的赋值语句可以修改为下面三种形式中的任意一种：

```
float fTest2 = (float) (fTest1 + 2.0);
float fTest2 = fTest1 + (float) 2.0;
float fTest2 = fTest1 + 2.0F;
```

而bTest2的赋值语句和sTest2的赋值语句只能分别修改为：

```
byte bTest2 = (byte) (bTest1 + 2);
short sTest2 = (short) (sTest1 + 2);
```

注意，下面两条赋值语句依然是非法的：

```
byte bTest2 = bTest1 + (byte) 2;
short sTest2 = sTest1 + (short) 2;
```

上述语句会造成错误的原因，是因为Java中算术运算时出现自动类型转换，除了存在不同类型操作数的情形外，还有一些特定的情形，例如字节型和短整型的操作数在算术运算中会自动转换为整型。这种自动类型转换会带来一些问题。下面是两个字节型变量算术运算并赋值的示例：

```
byte bTest1 = 40;
byte bTest2 = 50;
byte bTest3 = 100;
byte bTest4 = bTest1 * bTest2 / bTest3;              /* 错误 */
byte bTest5 = (byte) (bTest1 * bTest2 / bTest3);     /* 结果为：bTest5 的值为 20 */
```

bTest4 的赋值语句是非法的，因为 bTest1、bTest2、bTest3 在运算过程中自动转换成了整型，所以作为赋值运算符右值的表达式的类型是整型，而将整型的表达式赋给字节型的 bTest1 是非法的；bTest5 的赋值语句是合法的，且结果为 20，虽然“bTest1 * bTest2”的中间结果“2000”超过了字节型的取值范围，但由于 bTest1、bTest2、bTest3 已经自动转换成了整型，因此不会发生根据字节型的取值范围取模并将余数作为结果的操作。

回顾上面的对 bTest2 赋值的例子。当修改为以下形式后：

```
byte bTest2 = bTest1 + (byte) 2;
```

虽然 bTest1 和 (byte) 2 的类型都是字节型，但在运算过程中会自动转换为整型，因此加法运算的结果为整型，赋给字节型的 bTest2 是非法的。

4.4.7 优先级和结合性

当一条语句中包含多个运算符时，运算符会按照其优先级由高到低依次执行。例如，程序设计语言中通常保持算术运算的优先级规则与数学中一致，乘法和除法会先于加法和减法计算。在下面的示例中，由于乘法运算的优先级高于减法，所以先计算 y*z，然后再用 x 减去 y 和 z 的乘积：

```
int x = 1, y = 2, z = 3;
int result = x - y * z;            /* 运算结果为：result=-5*/
```

此外，运算符还具有结合性，即优先与左边还是右边的操作数结合。当表达式中的运算符具有相同的优先级时，优先级规则将不起作用，需要通过结合性来确定运算的顺序。例如，在下面的示例中，加法和减法具有相同的优先级，如果加法和减法是左结合的，则计算结果为 2，如果是右结合的，则计算结果为 -4。

```
int x = 1, y = 2, z = 3;
int result = x - y + z;
```

表 4-9 展示了 Java 中各个运算符的优先级和结合性，其中优先级的值越小，表示优先级越高。

表 4-9 Java 中运算符的优先级和结合性

<table>
<tr><th>运 算 符</th><th>优 先 级</th><th>结 合 性</th></tr>
<tr><td>()</td><td>1</td><td>从左到右</td></tr>
<tr><td>!, +（正）, -（负）, ~, ++, --</td><td>2</td><td>从右到左</td></tr>
<tr><td>*, /, %</td><td>3</td><td>从左到右</td></tr>
<tr><td>+（加）, -（减）</td><td>4</td><td>从左到右</td></tr>
<tr><td><<, >>, >>></td><td>5</td><td>从左到右</td></tr>
<tr><td><, <=, >, >=</td><td>6</td><td>从左到右</td></tr>
<tr><td>==, !=</td><td>7</td><td>从左到右</td></tr>
<tr><td>&（按位与）</td><td>8</td><td>从左到右</td></tr>
<tr><td>^</td><td>9</td><td>从左到右</td></tr>
<tr><td>&&, &（逻辑与）</td><td>11</td><td>从左到右</td></tr>
<tr><td>||, |（逻辑或）</td><td>12</td><td>从左到右</td></tr>
<tr><td>?:</td><td>13</td><td>从右到左</td></tr>
<tr><td>=, +=, -=, *=, /=, %=, &=, |=, ^=, ~=, <<=, >>=, >>>=</td><td>14</td><td>从右到左</td></tr>
</table>

回顾 4.4.5 节中计算图书是否可借的三个表达式：

```
(isBorrowed == false) && (isRequested == false)
(!isBorrowed) && (!isRequested)
!(isBorrowed || isRequested)
```

根据表 4-9 中运算符的优先级和结合性，上面的前两个表达式可简化，而最后一个表达式无法简化：

```
isBorrowed == false && isRequested == false
!isBorrowed && !isRequested
!(isBorrowed || isRequested)
```

在实际的程序编写中，程序员并不需要熟记各个运算符的优先级后加以利用，这样写出来的程序可读性也比较差。更为直观、有效的方法是采用括号来控制运算的顺序。使用括号不会降低程序的运行速度，不会对程序产生消极影响。

4.5 作用域与生存期

4.5.1 作用域

变量在整个程序中并不是始终可见的，其在程序中的可见范围称为变量的作用域。作用域决定着变量与标识符的关联。位于不同作用域的变量可以使用相同的标识符，换而言之，同一个标识符可以在程序中用于表示不同的变量。这一机制可以减少名字冲突，提高程序逻辑的局部性，增强程序的可靠性，为封装提供了基础。

大多数程序设计语言的作用域分为全局和局部两大类。全局作用域是指在整个程序范围内可见，局部作用域是指仅在程序的某个部分内可见。作为面向对象语言，Java 中的作用域主要是通过类和方法来定义的局部作用域。

成员变量在类中声明，在整个类的范围内可见。此外，成员变量还会根据其访问权限的不同，有可能在声明它的类之外的范围内被使用，具体参见 6.3 节和 10.3 节。

与成员变量相比，局部变量的作用域有所不同。局部变量声明在方法中，其作用域由大括号来决定，即局部变量从声明的地方开始到包含它的块结束都能使用。在作用域允许嵌套的程序设计语言中，当在一个已有的块中创建一个新的块时，就创建了一个内部的新作用域。Java 中外部作用域定义的局部变量对内部作用域中的程序是可见的，而内部作用域中定义的局部变量对外部是不可见的。因此，Java 中不允许在内部作用域中声明的局部变量与外部作用域中声明的局部变量重名。例如，下面的例子在 Java 中是不合法的：

```
int num = 0, i, j;
for (i = 1; i <= 10; i++) {
    for(int j = 1; j <= i; j++) {           /* 错误：变量 j 已经声明过 */
            if (i + j == 10)
                    num++;
    }
}
```

需要注意的是，成员变量与局部变量是允许重名的。当在方法中声明了与成员变量重名的局部变量后，局部变量会自动“屏蔽”成员变量，即使用该标识符时会默认为局部变量。如果需要使用成员变量，可以用 this 关键字来表示（参见 5.2 节）：

```
class Test {
   int k = 0;
   void f() {
         int k = 1;
         int m = k;                        /* m的值为 1 */
         int n = this.k;                   /* n的值为 0 */
   }
}
```

4.5.2 生存期

除了可见范围外，变量的另一个重要属性是在内存中生存的时间。变量从创建到被撤销的时间称为变量的生存期。作用域和生存期从表面上看似乎具有很强的关联，但实际上并不是同一件事情。就上面的例子而言，Test 类的成员变量 k 在 f() 方法执行期间并不可见，但它的生存期会一直覆盖 f() 方法执行的整个期间。简单地说，作用域强调的是变量的可见范围，是空间上的概念；生存期强调的是变量存在的时间，是时间上的概念。

变量的生存期与存储变量时所使用的内存空间类型相关。程序设计中常用到的两种内存空间为栈（stack）和堆（heap）。当使用栈和堆来存储变量时，栈的速度较快，但要求在编译时知道变量占用内存空间的大小和时间；堆的效率较低，但不需要让编译器知道所占用内存空间的大小和时间。使用栈存储的变量在离开其作用域时会被撤销，因此其生存期被限定在作用域内；使用堆存储的成员变量在离开其作用域后虽然无法被访问，但依然占据着内存空间。在 C++ 等语言中需要人工销毁对象类型的变量，以确保这些变量不会一直占据内存空间。而在 Java 中，提供了“垃圾回收器”来自动处理这些变量的销毁问题。垃圾回收器会监控所有对象类型的变量，辨别并释放不会再被引用的对象所占据的空间，以避免内存泄漏问题的产生。

Java 中所有创建的对象都位于堆中，所分配空间需要能够存放该对象所拥有的所有成员变量，因此成员变量都存储在对象所属的堆空间中。

Java 中的局部变量存储在栈中。当局部变量为基本数据类型时，变量的标识符和值都位于栈中；当局部变量为引用类型时，Java 虚拟机会在栈中分配一块内存区域用于存储对象在堆中的地址。这点与 C++ 等语言中的指针较为相似。

下面是一个内存分配的示例，图 4-12 展示了内存分配的情况。

```
void funtionTest() {
     …
     int i;
     BookInfo bookInfo1 = new BookInfo(isbn, title, author, publisher,year,
                          isRare);
     BookInfo bookInfo2 = bookInfo1;
     …
}
```

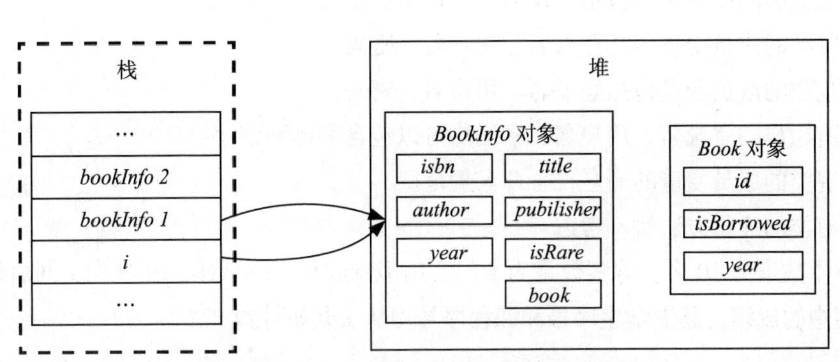

图 4-12　Java 中为变量分配内存的示例

在图 4-12 所示的示例中，首先声明了整型变量 i，初始化后位于栈中；接着，在栈中声明了引用类型的变量 bookInfo1，通过 new BookInfo() 在堆中为 BookInfo 对象分配内存空间后，再通过赋值（=）将 bookInfo1 指向了实际的 BookInfo 对象，即在 bookInfo1 中存储了所指向 BookInfo 对象的地址；然后，在栈中声明了 bookInfo2 的引用类型变量，通过赋值与 bookInfo1 指向相同的实际 BookInfo 对象，即堆中相同的对象地址。此时，BookInfo 对象所拥有的成员变量，无论是基本数据类型，如整型的 year、布尔型的 isRare，还是引用类型，如字符数组类型的 isbn、title、author、publisher，都位于堆中。假设 BookInfo 对象包含一个 Book 对象作为成员变量，则会在对象中为 Book 对象分配内存空间，同时引用 Book 对象的引用类型变量 book 也位于堆中。

4.5.3　全局变量

在一些情况下，程序设计中可能需要某些变量能够在整个程序范围内可见，这种变量称为全局变量。例如，将某些常用的变量声明为全局变量，可以避免其作为参数在方法之间频繁地传递。然而，出于安全性和跨平台性的考虑，Java 中没有提供可以在类外定义的全局变量。Java 中声明全局作用域的变量有两种折中的方式。

一种方式是将需要声明为全局作用域的变量作为一个类的成员变量，为该类定义这些变量的操作方法，并通过该类唯一的对象来调用成员方法达到使用全局变量的目的。

另一种方式是采用静态成员变量来实现全局作用域的变量。Java 中允许通过 public static 关键字来定义公共权限的静态变量（参见 6.2 节和 6.3 节）。如果程序中所有的类位于同一个包中，且该静态变量在程序初始化时声明，则该静态变量可以通过类名在程序中的任何地方被直接使用。

4.6　项目实践

1. 编写用户类（User）、管理员类（Administrator）、教师类（Teacher）、学生类（Student）。要求如下：
   - 用户类的成员变量包括唯一的管理员对象、多个教师对象、多个学生对象（假设教师数量不超过 50 人，学生数量不超过 500 人）。
   - 管理员类的成员变量包括登录名、用户名、密码。
   - 教师类的成员变量包括登录名、用户名、密码。
   - 学生类的成员变量包括登录名、用户名、密码。
   - 所有用户的登录名、用户名、密码均可以包含字母和数字。
   - 所有类的成员变量的命名符合命名规范。
   - 所有类的成员方法暂不考虑。
2. 假设学生数量为 10 名，课程数量为 5 门，用多维数组表示成绩，并分配空间后通过赋值录入下表中的成绩，其中学生序号和课程序号均从 1 开始计数：

学生序号	课程序号	成　绩
1	1	80.0
1	5	75.0
2	2	56.5
3	2	98.0
4	3	85.0
5	2	82.5
6	4	79.0
7	2	77.0
7	4	73.5
7	5	74.0
8	1	86.5
9	3	93.0
10	4	87.5

3. 通过对表示成绩的数组的操作，计算每个学生和每门课程的平均成绩，分别记录到学生平均成绩和课程平均成绩的数组中。
4. 使用 PSP 时间记录模板，记录本部分项目实践时间。如果有可能，建议使用电子表格（Excel）记录，方便将来统计。

4.7　习题

1. 简述 Java 语言中对成员变量命名的规定。
2. 简述命名规范的作用。
3. 简述成员变量类型分别为基本数据类型和引用类型时，采用相同类型的变量对其赋值所获得效果的不同。
4. 简述使用枚举类型的优点。
5. 简述对数组类型成员变量进行初始化的方法。
6. 简述采用 && 和 & 表示逻辑与的不同。
7. 简述 Java 中基本数据类型之间的自动转换关系。
8. 简述成员变量和局部变量在作用域方面的差异。
9. 简述基本类型变量和引用类型变量在生存期方面的差异。
10. 对两个双精度浮点数 3.0 和 2.9 相减时，发现结果为 0.10000000000000009 而不是 0.1。请思考其中的原因。

第 5 章 类的行为实现——成员方法

当用类来描述客观世界中的实体时，另一个重要的任务是表示客观实体的行为，例如在图书目录中添加、删除、编辑图书信息，或是对某个图书信息添加或删除相应的图书。因此，面向对象程序设计中通过成员方法来表示类所描述的客观世界中实体行为的抽象。通过成员方法，可以对类的成员变量进行操作，改变对象的状态。每个成员方法都有自己的名字，传递给方法的参数和返回结果的类型。本章从方法的声明和调用入手，介绍方法的参数传递和构成方法主体的控制语句，并讲解如何通过方法重载来实现采用相同的方法名称描述针对不同参数的相同行为，以及在方法实现中避免有害的函数副作用。

5.1 方法

当需要在程序中不同的地方完成相同的任务时，如果只是在每个地方都重复相同的代码，会造成程序难以修改和维护。为了避免这种代码的重复，程序设计语言允许将完成某项任务的代码以子程序的形式组织起来，并且在子程序完成后，可以通过调用的方式在主程序中使用子程序的功能。

使用子程序的一个好处是可以降低程序的复杂性，子程序会形成整个问题的一个个逻辑段，使得一个庞杂的程序的结构变得较为简单和明确。子程序还使得代码的阅读和修改变得更加容易，对于相同功能的代码只需要在同一处进行改动，这也降低了程序调试的工作量。此外，子程序还有一个优点是提高了代码的可重用性，使得代码可以为非子程序编写人员所使用。目前很多程序语言都有大量高质量的子程序库，这些库可以为程序设计提供极大的便利。相关内容将会在第 7 章和第 13 章进行介绍。

需要注意的是，子程序虽然可以节省程序的空间，但它并不节省任何时间。虽然使用子程序时可以用较少的时间装入程序或是在程序中只需要较少的扫描遍数等，而进入和离开子程序需要额外的时间，但这些时间通常都是可以忽略不计的。因此，使用子程序可以看作对程序时间没有影响。

在绝大多数情况下，子程序都具有以下特征：每个子程序都只有一个入口；被调用的子程序执行时，调用程序将停止执行，这意味着在同一时刻只有一个子程序在执行；当子程序执行结束后，能将控制返回到调用程序。

狭义的子程序没有返回值，完全利用其副作用来实现特定功能。但子程序与 C、C++ 等语言中的函数以及 Java 语言中的方法（method）等有许多共同之处，因此在本书中不区分这些术语。此外，Java 中的方法在调用及与类和对象关联的方式上，与通用概念上的子程序、函数等略有差别，这些特性会在后面的介绍中逐步展开。

在介绍成员方法的各种特性之前，我们来明确一下哪些任务需要用方法来表示。我们先不考虑使用者输入信息和系统展示信息，仅考虑图书目录类和图书信息类中成员的操作。可以发现，主要的任务包括：对图书目录中的图书信息列表进行增加、修改、删除、查找图书信息，对图书信息中的图书列表进行添加、删除图书操作。下面，我们先介绍如何将这些任务表示为成员方法。

1. 方法的声明

方法的声明描述了方法的接口以及方法的抽象行为。Java 中成员方法声明时，包括返回类型、方法名称、参数列表和方法体，其通用格式如下：

```
返回类型 方法名称（参数列表）{
    方法体
}
```

其中，返回类型用于表示方法返回值的类型，当没有返回值时返回类型为 void；参数列表用于表示需要传递给方法的各个参数；方法体由一个或多个控制语句组成。在方法声明中给出的各个参数通常称为形参，它们只是规定了方法参数的类型，直到方法被调用时才会与具体的存储地址和值相关联。

Java 中所有的方法都必须是类的成员方法，不允许在所有的类之外声明方法。下面示例是在图书目录类中声明添加图书信息方法：

```
        void addBookInformation(char[] isbn, char[] title, char[] author,
                                char[] publisher, int year,boolean isRare, Book[]
                                bookList) {
    ...
}
```

在上述例子中，返回类型为 void，即没有返回值；方法名称为 addBookInformation，与成员变量一样需要采用合法的标识符，方法的名称通常采用大小写混合的方式，第一个单词采用小写，第二个单词起首字母采用大写；参数列表中包含了 7 个参数，isbn、title、author、publisher 的类型为字符数组，year 的类型为整型，bookList 为 Book 对象的数组；花括号中将包含多条语句构成方法体。图 5-1 展示了声明 addBookInforamtion 方法的示例。

标识符	addBookInformation
参数列表	char[], char[], char[], char[], int, boolean, Book[]
返回类型	void
方法体	...

图 5-1　方法的声明示例

2. 方法的调用

当需要使用声明好的方法时，就要进行方法调用。方法调用要提供标识符和参数列表。此时的参数为一组实际的变量，通常称为实参。几乎所有程序设计语言中，形参与实参都是按照位置进行对应的，要求实参的类型与形参相同。当调用一个子程序后，子程序将开始执行。Java 中的方法调用大多需要通过对象来调用，只有静态方法通过类来调用（参见 6.2.2 节）。

当调用方法完成某项任务时，会使用到数据。这些数据包括已经为其分配空间的成员变量或者全局变量，也包括传递给方法的参数或是方法中声明的局部变量。这些局部变量需要为其分配空间进行存储。此外，方法进行运算时会产生运算的中间结果，这些中间结果也需要存储。每个方法会使用一个单独的数据区域来存放参数、局部变量和中间结果，这意味着不同方法中可以采用相同的标识符来表示各自的局部变量。图 5-2 展示了方法所使用的数据的示例。

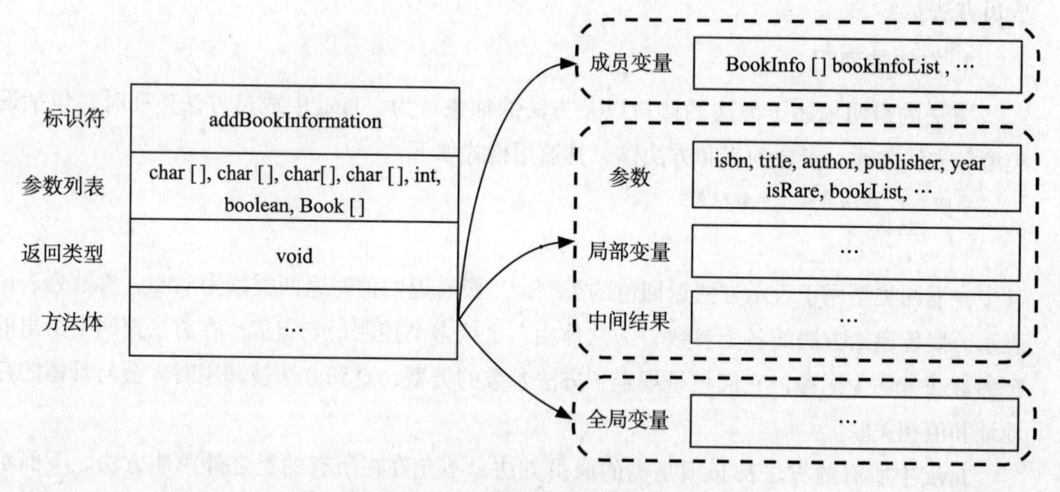

图 5-2　方法访问数据的示例

当完成方法调用后，被调用方法需要将返回值提供给调用方法，并将控制权交给调用方法。方法的返回由 return 语句控制。return 语句用于使程序控制返回到调用方法调用点，return 语句后面的语句序列都会被忽略。当方法有返回值时，即返回类型不为 void 时，return 语句中需要包含与返回类型相同的值，且方法调用结果可以赋给与方法返回类型相匹配的变量；当方法没有返回值时，即返回类型为 void 时，return 语句中不包含值。要完成返回值的传递，被调用方法需要知道调用方法会从哪个地址读取返回值，因此调用方法需要预先将返回值存放的地址传递给被调用方法；同时，要将控制权交还调用方法，被调用方法中需要知道返回后执行的第一条语句的地址。图 5-3 展示了方法构成的示例。

标识符	addBookInformation
参数列表	char[], char[], char[], char[], int, boolean, Book[]
返回类型	void
返回结果地址	…
返回地址	…
方法体	…

图 5-3　方法构成的示例

下面是 BookInfo 类中定义的 getAvailableBookNum 方法，用于获取某个图书信息所对应的图书中在馆图书的数量：

```
int getAvailableBookNum() {
   int availableBookNum = 0;
   Book book;
   for (int k = 0; k < totalBookNum; k++) {        /* totalBookNum 为该图书信息对应的图
                                                       书数量 */
         book = booklist[k];
         if (book.getIsAvailable()) {                 /* 如果图书在馆 */
               availableBookNum++;
         }
   }
   return availableBookNum;
}
```

在上面的示例中，book 对象调用了 getIsAvailable 方法，用于获取该图书是否在馆。下面是 Book 类 getIsAvailable 方法的程序片段：

```
boolean getIsAvailable() {
   boolean isAvailable = !isBorrowed;
   return isAvailable;
}
```

图 5-4 展示了 BookInfo 类 getAvailableBookNum 方法和 Book 类 getIsAvailable 方法之间的调用关系。

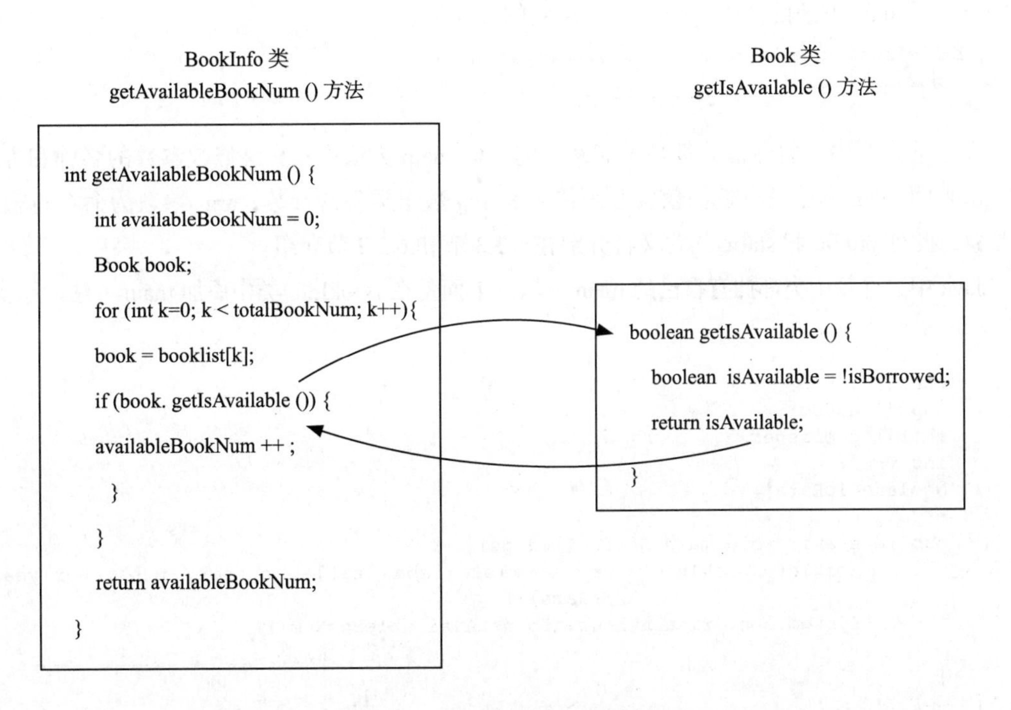

图 5-4　Java 中方法调用示例

在实际程序运行中，某个 BookInfo 对象调用 getAvailableBookNum 方法；程序运行进入 getAvailableBookNum 的方法体后，顺序执行至 if 语句的条件表达式，通过 Book 对象 book 调用 getIsAvailable 方法，继续执行至 return 语句返回 getIsAvailable 方法的调用点，判定 if 语句的条件是否成立来决定是否执行相应语句；由于 getIsAvailable 方法的调用点位于 for 语句的循环体内，可能会多次重复上述步骤通过 Book 对象 book 调用 getIsAvailable 方法，直至 for 语句的循环条件不再满足；最后执行 getAvailableBookNum 方法的 return 语句，并返回 getAvailableBookNum 方法的调用点。

我们进一步分析上面的方法调用过程，可以发现在调用方法时需要完成以下动作：

- 保持调用方法当前的执行状态，例如局部变量 availableBookNum、book、k 的值。
- 如果被调用方法有参数的话，进行参数传递。
- 调用方法将返回地址传递给被调用的方法。
- 将控制转移给被调用的方法。

而在结束调用后，需要完成以下动作：

- 将返回值转移到调用方法可以存取的位置。
- 恢复调用方法的执行状态。
- 将控制转回调用方法。

3. main 方法

Java 程序中有一个较为特殊的方法：main 方法。main 方法是 Java 程序的入口，当 Java 程序刚启动时，内存中没有创建任何对象，此时将从 main 方法开始执行程序。本书在 3.4 节已经介绍了 main 方法的使用。main 方法声明的形式为：

```
public static void main (String[] args) {
   方法体
}
```

在上述声明中，斜体部分都是不能修改的，即 main 方法中只允许修改参数的名称和方法体。这表明 main 方法没有返回值，必须传入 String 数组类型的参数，args 参数为命令行输入的参数，此外 public 和 static 的含义将分别在 6.3.3 节和 6.2.2 节介绍。

Java 中允许每个类都拥有自己的 main 方法。下面是在 BookInfo 类中添加 main 方法的示例：

```
class BookInfo {
   char[] isbn;
   char[] title;
   char[] author;
   char[] publisher;
   int year;
   boolean isRare;
   …
   public static void main(String[] args) {
         BookInfo bookInfo = new BookInfo(isbn, title, author, publisher,year,
                              isRare);
         System.out.println(bookInfo.getAvailableBooNum());
         …
   }
}
```

这种机制可以方便地对类进行测试。当需要测试 BookInfo 类时，只需要运行

```
java BookInfo
```

当多个类中均包含 main 方法时，可以指定 Java 虚拟机从哪个类的 main 方法开始运行。其余的类中所包含的 main 方法将不被执行。

5.2　参数传递

1. 显式参数和隐式参数

子程序获取所处理数据的方式主要有两种：一种是直接访问非局部的变量，这些变量在子程序之外声明，但在子程序内可见；另一种则是通过参数传递。参数传递是指将一些变量以参数的形式传递给子程序，以便为子程序的执行提供必要的信息。参数被包括在子程序的作用域中，即子程序中的任何语句都可以使用参数。

方法的参数分为显式（explicit）参数和隐式（implicit）参数两种。显式参数是指方法的参数列表中包含的变量，这些参数都明显被列举出来；隐式参数是指调用方法的对象，没有出现在方法的声明中。

隐式参数可以用于区分表示调用方法的不同对象。下面的示例中声明了两个 BookInfo 对象，当 bookInfo1 调用 getAvailableBookNum 方法时，该方法需要知道返回 bookInfo1 还是 bookInfo2 的可借图书本数。虽然 getAvailableBookNum 方法在声明时没有参数，但实际上需要将 bookInfo1 作为隐式参数传递 getAvailableBookNum 方法。

```
BookInfo bookInfo1 = new BookInfo(isbn1, title1, author1, publisher1, year1,
                     isRare1);
BookInfo bookInfo2 = new BookInfo(isbn2, title2, author2, publisher2, year2,
                     isRare2);
int bookNum = bookInfo1.getAvailableBookNum();
```

在每个方法中，都用 this 关键字来表示隐式参数，这也是 4.5.1 节中局部变量和成员变量重名时，可以通过 this 来访问成员变量的原因。

2. 参数传递策略

将参数传递给方法的策略主要分成两种：值调用（call by value）和引用调用（call by reference）。值调用是指在参数传递时生成一个与参数具有相同值的拷贝，这样在方法体内修改参数时不会影响到作为参数的变量；引用调用是指在参数传递时提供参数的地址，这样在方法体内修改参数时将会影响到作为参数的变量。Java 中采用的是值调用，即对所有参数值生成相同值的拷贝，对参数的修改不会影响作为参数的变量本身。

下面是一个传递基本数据类型参数的示例：

```
void changeValue(int n) {
   n++;
}
...
int i = 0;
changeValue(i);                  /* 执行该语句后，i 的值依然为 0 */
```

虽然 changeValue 方法的方法体中对参数的值进行了修改，但是方法调用结束后该变量的值仍保持不变。其原因在于，当传递变量 i 给 changeValue 方法时，实际上是生成了一个 i 的拷贝，changValue 只是修改了拷贝的值，而没有修改 i 的值。

然而，在传递引用类型参数时，情况会发生一些变化。下面是一个传递引用类型参数的示例：

```
class Test {
   int i;
}
```

```
void changeValue(Test test) {
    test.i++;
}
…
Test test = new Test();
test.i = 0;
changeValue(test);          /* 执行该语句后，test.i 的值变为 1 */
```

这一现象使得引用类型参数的传递看上去更像引用调用。但实际上，在上面的示例中，test 只是 Test 对象的引用。根据 4.5.2 节可知，在 test 中所存储的值是 Test 对象的地址。当将 test 作为参数传递给 changeValue 方法时，实际上依然生成了一个 test 的拷贝，其中存储着与 test 一样的值，也就是生成了一个指向 Test 对象的引用。因此，changeValue 方法可以采用新生成的引用来对 Test 对象进行操作，修改 Test 对象成员变量的值。

下面的示例可以进一步说明 Java 中对于引用类型参数依然采用的是值调用：

```
class Test {
    int i;
}
void changeReference(Test test1, Test test2) {
    test1 = test2;                     /* 将 test1 指向 test2 所指向的 Test 对象 */
}
…
Test test1 = new Test();
test1.i = 1;
Test test2 = new Test();
test2.i = 2;
changeReference(test1, test2);         /* 执行该语句后，test1.i 的值依然为 1 */
```

如果 Java 中对于引用类型的参数采用的是引用调用，那么 changeReference 可以改变 test1 所指向的 Test 对象。但执行上述程序后，发现 test1 中 i 的值依然为 1，这表明没能改变 test1 所指向的 Test 对象。其原因就在于 Java 中对于引用类型的参数采用的依然是值调用。图 5-5 展示了程序执行中的细节，在 changeReference 方法中生成了 test1 的拷贝，赋值语句使得 test1 的拷贝由指向 test1 所指向的 Test 对象改为了指向 test2 所指向的 Test 对象，但此时 test1 指向的 Test 对象没有改变。

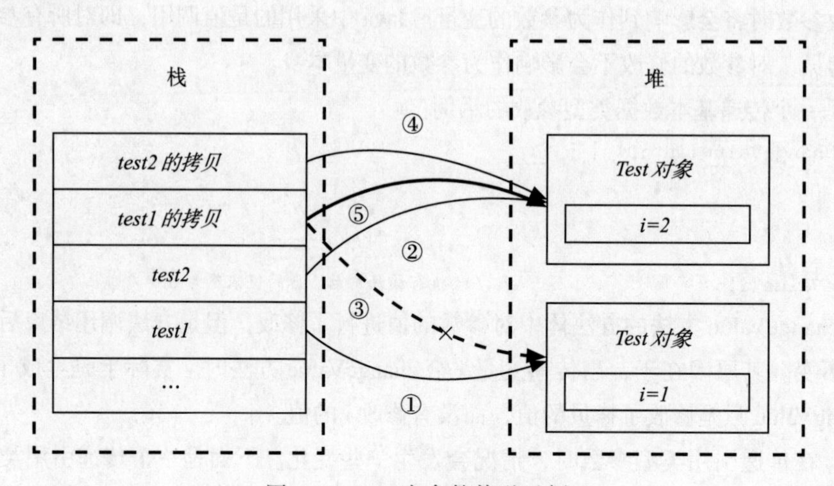

图 5-5　Java 中参数传递示例

根据上面的分析可知，在 Java 程序中，如果参数是基本数据类型的变量，则方法无法改变该变量的值；如果参数是引用类型的变量，则方法可以改变该变量所指向对象的状态，但依然无法改变该变量的值，即无法使该变量指向新的对象。

5.3　控制语句

5.3.1　顺序语句

顺序语句是程序中最常见的形式。如果没有特殊说明，程序中的各条语句将会按书写顺序依次执行。其格式如下：

```
语句 1;
…
语句 n;
```

下面是在新建一个图书信息对象时，根据用户输入的内容对成员变量进行初始化的示例：

```
isbn = isbnInput;
title = titleInput;
author = authorInput;
publisher = publisherInput;
year = yearInput;
isRare = isRareInput;
```

根据 4.4.1 节的介绍，多条语句通过花括号括住形成的块可以看作一条语句。因此，顺序语句中的各条语句也可以用块来代替。本章中将不区分单条语句和块，而是将其统称为“语句”。

顺序语句是程序中最为常见的语句，但很少有程序单纯地由顺序语句组成。为了保证程序的灵活性和效率，通常还需要有额外的语言机制，例如在程序执行路径中进行选择，或是对某些语句进行重复执行。

5.3.2　条件语句

条件语句用于在对条件值判定的基础上，对多个控制流程路径进行选择。if 语句是较为常见的条件语句。

if 语句将程序的执行路径分为两条，并根据条件表达式的值来选择其中一条执行。if 语句的完整格式如下：

```
if (条件表达式)
   语句 1
else
   语句 2
```

在 Java 中，if 语句中的条件表达式为布尔型。当条件表达式的值为 true 时，执行语句 1；当条件表达式的值为 false 时，执行语句 2。在任何条件下，语句 1 和语句 2 都不可能同时执行。下面的语句是根据 BookInfo 类的成员变量 isRare 来获取图书类型，图书类型只能在“珍本”和“非珍本”中选择其一：

```
if (isRare) {
   bookType = "珍本";
}
else {
   bookType = "非珍本";
}
```

图 5-6 展示了上面示例的流程图。

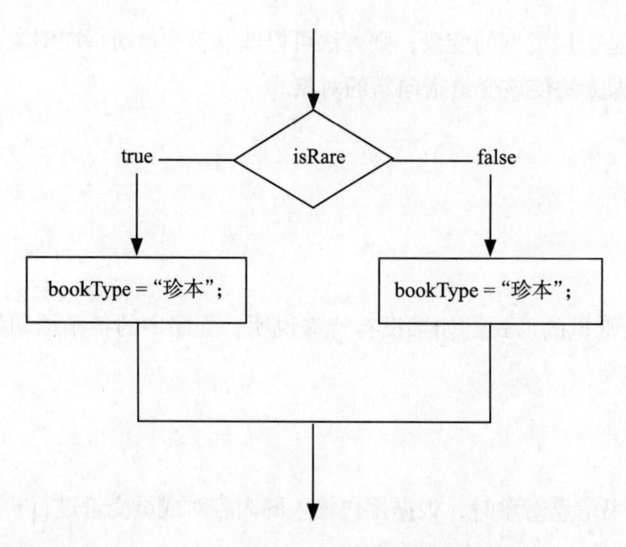

图 5-6 if 语句流程图示例

在 if 语句中，else 子句是可选的。当只需要表示在某种条件下执行相应的操作时，可以省略 else 和语句 2。下面是根据图书借阅结果来修改图书状态的示例，仅当借阅成功即 borrow 方法返回值为 true 时将图书的状态改为“借出”，借阅不成功时不做任何操作：

```
if (borrow()) {
    isBorrowed = false;
}
```

一种较为特殊的情形是嵌套采用 if 语句作为语句 1 和 / 或语句 2。此时，else 语句所对应的 if 语句是与它位于同一个块中、最近的且没有与其他 else 语句相关联的 if 语句。在下面的例子中，else 语句与第 2 个 if 相对应：

```
if (borrowedNum < maxBorrowedNum)
    if (borrower.getType() == "本科生")
            isAllowedBorrowed = true;
    else                            /* 与 if(borrower.getType() == "本科生") 对应 */
            isAllowedBorrowed = false;
```

为了防止对 if 语句和 else 语句的对应关系理解错误，可以始终用 {} 括住语句 1 和语句 2，即便其中只包含一条语句。这可以使得 if 语句的结构更加清晰，并便于对每个分支条件下添加语句。上面的例子可以改写为：

```
if (borrowedNum < maxBorrowedNum) {
    if (borrower.getType() == "本科生") {
            isAllowedBorrowed = true;
    }
    else {
            isAllowedBorrowed = false;
    }
}
```

if 语句只能处理包含两种情况的事件，但在现实生活中很多事件需要分多种情况进行处理。if-else-if 语句可以将程序分成多种执行路径，其完整格式如下：

```
if (条件表达式 1)
        语句 1
else if (条件表达式 2)
```

```
        语句 2
...
else
        语句 0
```

if-else-if 语句依次判定各执行路径对应条件表达式的值是否为 true。一旦找到条件表达式值为真的执行路径，就执行它所对应的语句，并忽略剩余的执行路径；如果所有条件表达式的值都为 false，则执行 else 所对应的语句。此外，else 子句是可选的。如果没有 else 子句且所有的条件表达式的值都为 false，则不执行任何操作。if-else-if 语句实质上依然是 if 语句的嵌套，从第二个 if 至语句 0 为第一个 else 对应的执行语句，第三个 if 至语句 0 为第二个 else 对应的执行语句，依次下去；如果没有最后的 else 子句，则实际上是最里层的 if 语句没有对应的 else 子句。

下面是一个 if-else-if 语句的示例，用于计算借阅图书超期时的罚款：

```
if (overdueDate <= 30) {                    /* overdueDate 在 1 ~ 30 天之间 */
   overdueFine = 0.05 * overdueDate;
}
else if (overdueDate <= 60) {               /* overdueDate 在 31 ~ 60 天之间 */
   overdueFine = 0.05 * 30 + 0.10 * (overdueDate-30);
}
else if (overdueDate <= 90) {               /* overdueDate 在 61 ~ 90 天之间 */
   overdueDate = 0.05 * 30 + 0.1 * 30 + 0.15 * (overdueDate - 60);
}
else {                                      /* overdueDate 超过 90 天 */
   overdueDate = 10.00;
}
```

图 5-7 展示了上面示例的流程图。

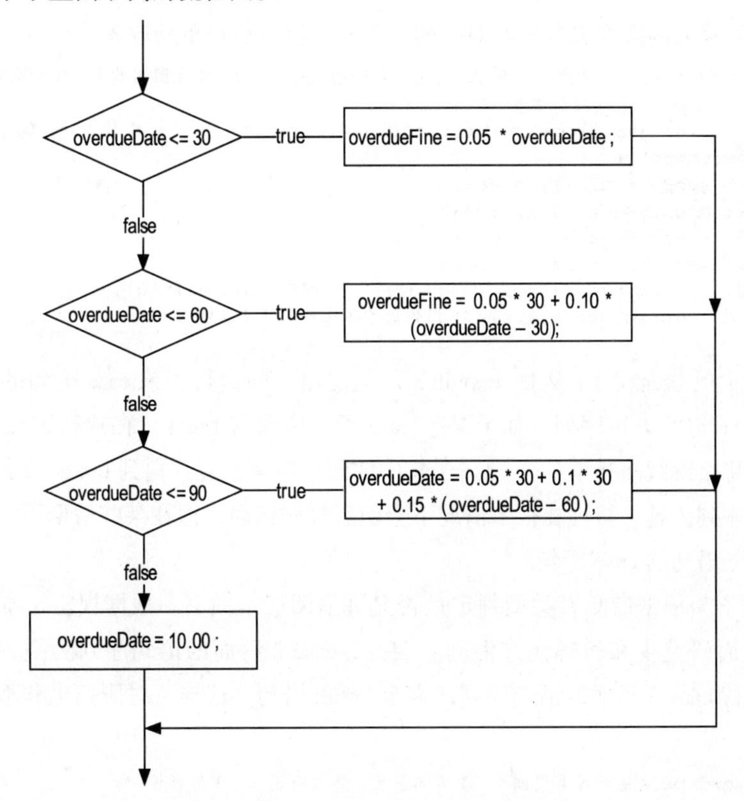

图 5-7　if-else-if 语句流程图示例

5.3.3 switch 语句

switch 语句用于根据表达式的值来执行不同的程序路径，适用于表达式的值可列举的情形。switch 语句的完整格式如下：

```
switch (表达式) {
   case 常量表达式1: 语句序列1; break;
   case 常量表达式2: 语句序列2; break;
   …
   default: 语句序列0;
}
```

switch 语句中常量表达式只能为字节型、短整型、整型和字符型。由于枚举类型常量实际上为整型常量，因此常量表达式也可以使用枚举类型常量。Java 中，switch 语句的各个 case 子句的常量表达式的值不允许重复，但如果某个 case 子句的语句序列中包含 switch 语句，则外层 switch 语句的 case 子句的常量表达式的值可以与内层 switch 语句的 case 子句的常量表达式的值相同。

switch 语句计算出表达式的值后，将表达式的值依次与每个 case 子句所对应的常量表达式的值进行比较。如果表达式的值和某个 case 子句所对应的常量表达式的值相等，则执行该 case 子句所对应的语句序列；如果表达式的值与所有 case 子句所对应的常量表达式的值都不相等，则执行 default 子句所对应的语句序列。其中，default 子句是可选的。如果没有 default 子句，且没有所对应的常量表达式的值与表达式的值相等的 case 子句，则不执行任何操作。

下面的例子为字符形式的管理员操作界面。用户根据提示输入操作的编号，系统进行相应的操作；如果输入的操作编号没有对应的操作，则提示用户重新输入。

```
System.out.println("请输入操作编号：1.新增图书信息，2.修改图书信息，3.删除图书信息，4.查
                    找图书信息，0.退出系统");
operation = Integer.parseInt(br.readLine().trim());     /* 输入操作编号 */
switch(operation) {
   case 1: addBookInfo(); break;
   case 2: modifyBookInfo();break;
   case 3: removeBookInfo();break;
   case 4: searchBookInfo(); break;
   case 0: System.out.println("谢谢使用！"); System.exit(0);
   default: System.out.println("操作编号不正确，请重新输入。");
}
```

case 子句中的 break 用于从整个 switch 语句退出，即执行完该 case 子句的语句序列后不执行后续 case 子句的语句序列。如果某个 case 子句中没有 break，在执行完该 case 子句中的语句序列后，将会继续执行下一个 case 子句中的语句序列，直到遇到 break 或者执行完 default 子句中的语句序列。这一特性在很多情况下会引起程序错误，但在某些情形下，也可以用于归并需要执行相同语句的 case 子句。

下面的例子为根据借阅者类型判定是否允许借阅珍本图书。根据规定，本科生不允许借阅珍本图书，而研究生和教师允许借阅。因此，case 2 后面的语句序列为空，且没有 break，此时会继续执行 case 3 后面的语句序列，直至 break 语句。这样，对研究生和教师就可以执行相同的操作。

```
/* borrowerType 为借阅者类型编号：1 为本科生，2 为研究生，3 为教师 */
switch (borrowerType) {
   case 1: isRareAllowed = false; break;
```

```
    case 2:
    case 3: isRareAllowed = true; break;
}
```

与 if 语句相比，switch 语句只适用于判定相等的条件表达式，即表达式的值是否与某个 case 子句中的常量表达式的值相等；而 if 语句中的条件表达式可以为任何布尔型的表达式。但在编译 switch 语句时，Java 编译器将检查每个 case 子句对应的常量表达式，并创建一个跳转表用于选择执行路径。因此，在需要从一组值中做出选择时，switch 语句将比与之等效的 if-else 语句的执行速度更快。

5.3.4　循环语句

循环语句用于根据判定条件表达式的值来重复执行零次、一次或多次指定的语句，直到条件表达式不再满足。循环是计算机的基本功能，如果不使用循环语句，则需要程序员说明程序序列中的每一个动作，这将使得程序编写需要耗费大量的时间，所完成的程序也会非常庞大且不灵活。Java 中的循环语句包括 for 语句、while 语句和 do-while 语句。

1. for 语句

for 语句称为计次循环语句，一般用于循环次数已知的情况。for 语句的通用格式为：

```
for (初始化语句; 循环条件; 迭代语句)
    语句
```

for 语句的执行过程为：首先执行初始化语句，通常是设置控制循环条件的变量值，该变量称为循环变量，初始化语句只会执行一次；接着判定循环条件表达式是否为真，循环条件表达式必须为布尔型，如果为真则执行语句并进一步执行迭代语句，如果为假则结束 for 语句；迭代语句通常用于修改循环变量的值；执行完迭代语句后将再次判定循环条件是否为真，并根据判定结果重复上面的步骤。for 语句中的初始化语句、循环条件和迭代语句都是可选的。

下面是 for 语句的示例，用于根据输入的 isbn 查找图书信息：

```
BookInfo bookInfo = null;
for (int k = 0; k < bookInfoNum; k++) {
    if (isbnInput.equals(bookInfoList
        [k].getISBN())) {
    /* getISBN() 用于获取图书的 ISBN*/book
        Info = bookInfoList[k];
    }
}
```

图 5-8 展示了上面示例的流程图。

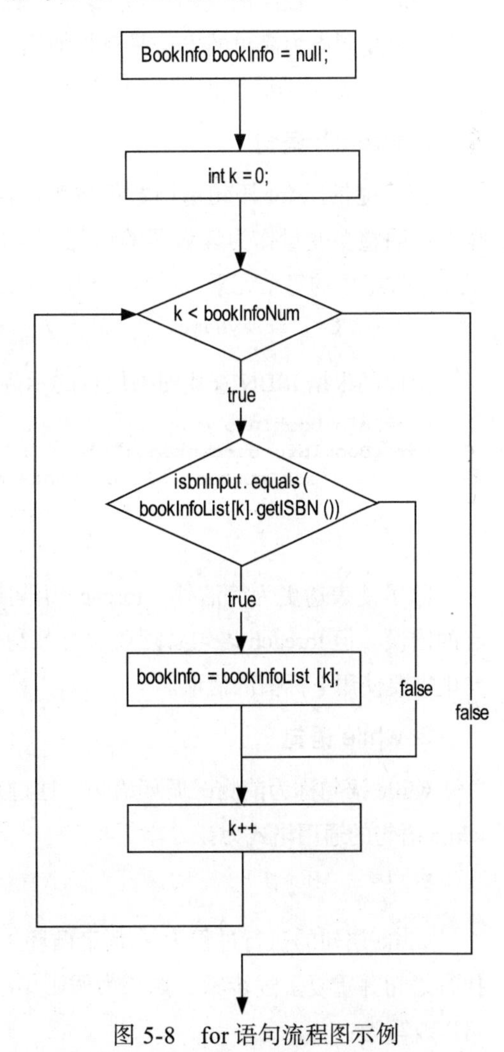

图 5-8　for 语句流程图示例

需要注意，for语句中用于表示下标值的变量k的作用域位于for语句内部，因此下面两个语句中都采用k表示下标值不会造成错误：

```
for (int k = 0; k < bookInfoNum; k++) {
   …
}                    /* 上面的变量k作用域和生存期到此处结束 */
for (int k = 0; k < borrowerNum; k++) {
   …
}
```

采用for语句除了可以实现对数组的遍历外，还可以实现对数组的复制，即将一个数组中所有元素的值复制到另一个数组中。例如：

```
char[] title1 = {'H', 'e', 'a', 'd', ' ', 'F', 'i', 'r', 's', 't', ' ', 'J', 'a',
                 'v', 'a'};
char[] title2 = new char[title1.length];
for (int k = 0; k < title1.length; k++) {
    title2[k] = title1[k];
}
```

通过上述程序，title1和title2将不再指向相同的数组变量，对其中一个的修改不会影响到另一个。此外，数组的复制还可以用于调整数组的长度，本章项目实践中提供了相应的练习。实现数组复制更为简单的方法是直接使用Java中System类中提供的arraycopy方法（Java SE6之前）或Arrays类提供的copyOf方法（Java SE6开始），具体内容参见7.1节。

2. foreach语句

为了提供比for语句遍历数组更为简洁的方式，Java SE5开始提供了foreach语句，在不需要声明整型变量作为计数器的情况下，自动逐项访问数组元素。foreach语句中采用一个变量暂存数组中的每个元素，并执行相应的语句。foreach语句的一般形式为：

```
for ( 变量 : arrayName)
      语句
```

上面的根据ISBN查找图书信息的示例可以改写为：

```
BookInfo bookInfo = null;
for (BookInfo currentBookInfo : bookInfoList) {
      if (isbnInput.equals(currentBookInfo.getISBN())) {
            bookInfo = currentBookInfo;
      }
}
```

除了使表达更为简洁外，foreach语句还避免了因为下标值的起始值或终止值不正确而引起的错误。但foreach语句必须要遍历数组中的所有元素，不适用于部分遍历数组或在执行语句中需要使用下标值的情形。

3. while语句

while语句称为前测试循环语句，通过判定循环条件的值来控制是否重复执行指定的语句。while语句的通用格式为：

```
while （循环条件）
    语句；
```

while语句的执行过程为：判定循环条件是否为真，循环条件必须为布尔型，如果为真则执行语句并重复上述步骤，如果为假则结束while语句。上面根据ISBN查找图书信息的示例可以改写为：

```
BookInfo bookInfo = null;
```

```
int k = 0;
while (k < bookInfoNum) {
    if (bookInfoList[k].getISBN() == isbnInput) {/* getISBN() 用于获取图书的 ISBN */
        bookInfo = bookInfoList[k];
    }
    k++;
}
```

读者画出上面示例的流程图后可以发现，该示例的流程图与图 5-8 完全相同。这表明 for 语句都可以表示为效果相同的 while 语句。

与 for 语句相比，while 语句除了可以根据次数循环外，还可以对更加复杂的条件进行判定，控制流程更加灵活。

例如，在等比数列 1, 1/2, 1/4, 1/8 …中求满足前 *n* 个数之和不大于 1.9 的最大 n：

```
double sum = 0, element = 1.0;
int n = 0;
while(sum <= 1.9) {
    sum += element;
    element /= 2;
    n++;
}                    /* 结果是：n 的值为 5 */
```

4. do-while 语句

do-while 语句称为后测试循环语句，在执行一次语句后，通过判定循环条件的值来控制是否重复执行指定的语句。do-while 语句的通用格式为：

```
do
    语句
while (循环条件);
```

do-while 语句的执行过程为：首先执行语句；然后判定循环条件是否为真，循环条件必须为布尔型，如果为真则执行语句并重复上述步骤，如果为假则结束 do-while 语句。

与 while 语句相比，do-while 语句确保语句会执行一次。在循环条件为真的情况下，具有相同循环条件和语句的 while 语句和 do-while 语句执行结果相同；在循环条件为假的情况下，while 语句不会执行语句，而 do-while 语句会执行一次语句。下面是登录时输入用户类型的示例，系统会先让用户输入一次，如果用户类型不正确，则继续让用户输入，直到输入正确的用户类型为止：

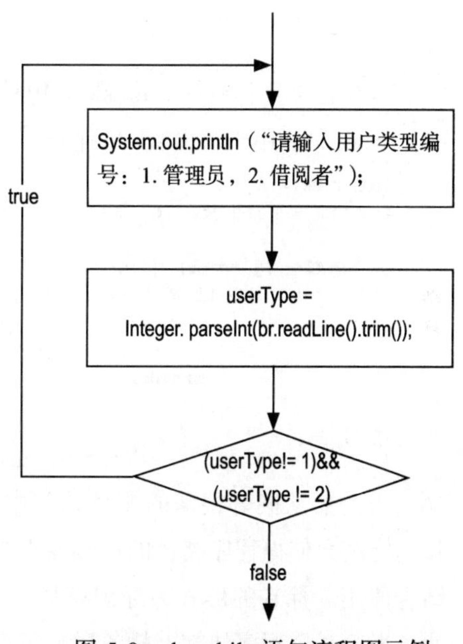

图 5-9 do-while 语句流程图示例

```
do {
    System.out.println("请输入用户类型编号：1. 管理员，2. 借阅者");
    userType = Integer.parseInt(br.readLine().trim()); /* 输入用户类型 */
} while ((userType != 1) && (userType != 2));          /* 输入正确的类型后退出循环 */
```

图 5-9 展示了上面示例的流程图。

在使用 while 语句和 do-while 语句时，循环体语句中通常会包含改变循环条件的语句，以便能够在执行循环体语句一定次数后退出循环。但在某些情况下，会利用这种特性来重复运行某一段程序，或者通过跳转语句来退出循环。

5.3.5　跳转语句

跳转语句用于在不进行条件判定的情况下，控制程序转移到其他部分。goto 语句是 C 和 C++ 中提供的无条件跳转语句，可以转移到程序中语句标号指定的任意位置。goto 语句使用较为灵活，某些时候可以提高程序的效率；但它容易被滥用，使得程序的控制流程变得复杂，可维护性和可读性变差。1968 年 Edsger W. Dijkstra 最早指出 goto 语句的危害，提倡取消 goto 语句。经过长期广泛的讨论，goto 语句有害且不必要的观点逐步成为共识。因此，Java 中没有提供 goto 语句，而是提供了限制较为严格的 break 语句和 continue 语句来实现跳转。

1. break 语句

break 语句用于终止当前的语句，如在 switch 语句中通过 break 语句来继续执行后面的语句。break 语句常用于强行退出循环，忽略语句中后续的语句和循环条件的判定。例如，在根据 ISBN 查找图书信息的示例中，为了提高效率，只查找前 100 个图书信息，则可以通过增加 break 语句来实现：

```
BookInfo bookInfo = null;
for(int k = 0; k < bookInfoNum; k++) {
    if(bookInfoList[k].getISBN() == isbnInput) {/* getISBN() 用于获取图书的 ISBN */
         bookInfo = bookInfoList[k];
    }
    if(k == 99) {                          /* 查找到第 100 个图书信息时，跳出循环 */
        break;
    }
}
```

当存在多重循环时，break 语句只能用于跳出包含 break 的最里层的循环。在下面的例子中，break 只能用于跳出 while 循环语句，而 for 语句的执行次数不受影响。

```
int num = 0, i, j;
for (i = 1; i <= 10; i++) {
    j = 1;
    while (j <= i) {
            if (i + j == 10)
                num++;
            if (j == 5)
                break;
            j++;
    }
}                   /* 结果为：num 的值为 4，i 的值为 11，j 的值为 5 */
```

当需要从嵌套很深的循环语句中跳出时，可以在每层循环中增加带判定条件的 break 语句，但这会使得程序路径的控制变得复杂和困难。一种较为简单的方法是将 break 语句与标签结合使用。标签的形式为标识符加一个冒号，可以置于某个程序块的开头，用于指定该代码块。当给某个程序块加上标签后，可以使用如下的 break 语句形式，使程序在该程序块的结尾继续执行：

```
break 标签；
```

下面的例子中采用 break 加标签的方式，可以跳出三层的循环语句，继续执行 Loop4 所标识的语句：

```
int i = 1, j = 1, k = 1, n = 0;
boolean flag = false;
Loop1: for (i = 1; i <= 10; i++) {
```

```
    Loop2: for (j = 1; j <= 10; j++) {
           Loop3: for (k = 1; k <= 10; k++) {
                  if (i + j + k == 10) {
                      flag = true;
                      break Loop1;
                      if (k >= 1){
                         Loop4: n = 1;
                      }
                  }
           }
    }
}                     /* 结果为：i 的值为 1，j 的值为 1，k 的值为 8，flag 的值为 true */
Loop5: for (int m = 1; m <=10; m++) {
    …
}
```

需要注意的是，break 加标签只能用于跳出包含 break 语句的块，而不能用于跳入块或是跳转到其他地方。例如在上面的例子中，break Loop4 或者 break Loop5 都是非法的。

2. continue 语句

continue 语句用于提前结束本轮循环，即忽略语句的后续语句，并继续下一轮循环。对于 for 语句，continue 语句将控制转移到迭代语句的执行；对于 while 语句和 do-while 语句，continue 语句将控制转移到循环条件的判定。下面的例子为统计 100 以内偶数个数的示例：

```
int num = 0;
for (int i = 1; i <= 100; i++) {
   if (i % 2 != 0)
       continue;
   num++;
}
```

continue 语句也可以加上标签来指定继续哪层循环。下面的例子使用 continue 语句加标签来计算具有相应的 j 和 k 来满足 i+j+k==10 的不同 i 的个数：

```
int i = 1, j = 1, k = 1, num = 0;
Loop1: for (i = 1; i <= 10; i++) {
   Loop2: for (j = 1; j <= 10; j++) {
      Loop3: for (k = 1; k <= 10; k++) {
         if (i + j + k == 10) {
             num++;
             continue Loop1;
         }
      }
   }
}                     /* 结果为：i 的值为 11，j 的值为 11，k 的值为 11，num 的值为 8 */
```

与 break 语句类似，continue 加标签不能用于跳入块或是跳转到其他地方。

5.4　方法重载

方法的名称通常用于表示方法所执行的动作。在某些情况下，可能需要实施相近但不完全相同的动作，如可能需要对数值型、字符型、布尔型的变量进行打印。如果对每种类型的变量的打印都采用不同的名称来表示，如 printInt、printChar 等，则会非常复杂。而且，在某些情况下方法的名称是固定的，如构造器的名称必须与类的名称相同（参见 6.5.1 节），如果限定不同方法的标识符必须不同则无法通过多种方式来创建对象。

为了解决上述问题，部分程序设计语言中允许声明多个拥有相同标识符的方法，这些方法要求具有不同的参数列表，称为“方法重载”。参数列表的不同是指参数个数、类型甚至顺序的不同，而不能仅仅是参数所采用的标识符的不同。下面是方法重载的示例：

```
/* 合法的方法重载 */
void printInformation(int i) {…}
void printInformation(char[] cArray) {…}              /* 与上面的方法参数个数不同 */
void printInformation(char[] cArray, int i) {…}  /* 与上面的方法参数类型不同 */

/* 非法的方法重载 */
void printInformation(int i) {…}
void printInformation(int j) {…}               /* 与上面的方法参数标识符不同 */
```

需要注意的是，在C++、Java、C# 等语言中不同的返回类型不能用于区分方法。下面的方法重载是不允许的：

```
int setBorrowedNum(int i) {…}                          /* 用布尔型表示操作结果 */
boolean setBorrowedNum(int j) {…}                      /* 用整型表示操作结果 */
```

5.5 函数副作用

根据5.1节中方法声明的通用形式，方法根据传递的参数，通过方法体中的控制语句，计算出返回值并返回。然而，在实际程序设计中，方法除了生成返回值外，还可能会产生其他的影响，例如修改成员变量的值、修改参数中引用类型变量的状态等。这些调用方法时除了产生返回值以外还产生的附加影响称为函数副作用（function side effect）。

没有副作用的函数称为纯函数。纯函数中所有的输入和输出都必须是显式的。下面是一个纯函数的示例：

```
int doubleValue(int k) {
   return k*2;
}
```

不满足所有输入和输出都是显式的要求的方法称为非纯函数。例如，在方法中读取或修改成员变量、外部文件、全局变量、引用类型参数所指向对象的状态等。下面是一个非纯函数的示例：

```
boolean getIsAvailable() {
   return !isBorrowed;
}
```

函数副作用并不总是有害的，很多情况下需要利用函数副作用来实现预期的目的。例如，录入某本图书被借出时，可以利用函数副作用来修改相应的成员变量，这比将成员变量作为参数输入并根据返回值修改更加灵活且效率更高：

```
class Book {
      boolean isBorrowed;
      …
      void borrow() {
            isBorrowed = true;
      }
}
```

然而，滥用函数副作用会降低程序的可读性，并在程序中引入难以查找的错误。减少有害的函数副作用需要依靠编程习惯，如不修改引用类型参数所指向的对象、不修改全局变量、运算结果通过返回值来提供等。

5.6　项目实践

1. 编写 CharArray 类，包含以下成员方法：
   - 复制数组 copyArray(char[] cArray, int length)：将 cArray 数组中的元素复制到新的数组中，并将新的数组返回。如果 length 小于 cArray 的长度，则在新的数组中保留 cArray 中的前 length 个元素。（提示：cArray.length 表示 cArray 的长度。）
   - 改变数组长度 changeLength(char[] cArray, int newLength)：将 cArray 数组的长度修改为 newLength，并将修改后的数组返回。如果 newLength 小于 cArray 中元素的个数，则保留前 newLength 个元素。
   - 增加元素 insertElement(char[] cArray, int index, char newElement)：在 cArray 数组中下标为 index 的位置插入字符 newElement，并返回修改后的数组。原先位于下标 index 位置及之后的字符顺序后移，数组的长度增加 1。
   - 删除元素 removeElement(char[] cArray, int index)：删除 cArray 数组中下标为 index 的元素，并返回修改后的数组。原先位于下标 index 位置之后的字符顺序前移，数组的长度减小 1。
   - 连接数组 contact(char[] cArray, char[] additionalArray)：将 additionalArray 数组连接到 cArray 数组的后面，并将连接后的数组返回。
   - 数组比较 compare(char[] cArray, char[] comparedArray)：将 cArray 数组与 comparedArray 数组进行比较。如果所有元素相同则返回 true，否则返回 false。
   - 数组查找 contains(char[] cArray, char[] subArray)：在 cArray 数组中是否有一部分与 subArray 数组相同。如果有则返回 true，否则返回 false。
2. 修改 4.6 节中编写的用户类（User）、管理员类（Administrator）、教师类（Teacher）、学生类（Student），为每个类添加成员方法。要求如下：
   - 用户类的成员方法包括查找、添加、删除、修改教师或学生。其中，查找和删除时需要提供教师或学生的编号，添加时需要提供教师或学生的基本信息，修改时只能修改用户名和密码。
   - 管理员类的成员方法包括修改用户名、修改密码。
   - 教师类的成员方法包括修改用户名、修改密码。
   - 学生类的成员方法包括修改用户名、修改密码。
   - 用户名和密码的修改通过 CharArray 对象来实现。
   - 所有类的成员方法的命名符合命名规范。
3. 编写成绩类（Score），成员变量为表示成绩的多维数组（假设学生数量为 500 人，课程数量为 20 门，未选课时成绩为 −1），成员方法包括：
   - 选课 signUpCourse(int studentNum, courseNum)：让序号为 studentNum 的学生选中序号为 courseNum 的课程，课程成绩设为 0（学生和课程的序号均从 1 开始）。

- 录入成绩 inputScore(int studentNum, int courseNum, float score)：将序号为 studentNum 的学生的序号为 courseNum 的成绩设为 score。要求没有选课的情况下不得录入成绩；选课成绩在 0 ~ 100 之间，小数点后保留 1 位且只能为 0 或 5。
- 计算学生平均成绩 averageStudentScore(int studentNum)：计算序号为 studentNum 的学生所有选中课程的平均成绩。
- 计算课程平均成绩 averageCourseScore(int courseNum)：计算序号为 courseNum 的课程所有选课学生的平均成绩。
- 统计学生成绩 countStudentScore(int studentNum)：统计序号为 studentNum 的学生所有选中课程的成绩，返回所有选中课程中成绩为优（90 ~ 100）、良（75 ~ 89.5）、中（60 ~ 74.5）、差（0 ~ 59.5）的课程门数。
- 统计课程成绩 countStudentScore(int courseNum)：统计序号为 courseNum 的课程所有修课学生的成绩，返回所有修课学生中成绩为优（90 ~ 100）、良（75 ~ 89.5）、中（60 ~ 74.5）、差（0 ~ 59.5）的学生人数。

5.7 习题

1. 简述方法调用的过程，并举例说明。
2. 简述 Java 程序设计中为什么可以对引用类型参数所指向的对象进行修改。
3. 比较 if-else-if 语句和 switch 语句，并各自举例说明。
4. 比较 for 语句、while 语句和 do-while 语句，并各自举例说明。
5. 指出下面程序中存在的问题：

```
int num = 0;
for (int i = 1; i <= 10; i++) {
    int j = 1;
    while (j <= i) {
        if (i + j == 10)
            num++;
        if (j == 5)
            continue;
        j++;
    }
}
```

6. 简述方法重载的意义。
7. 简述如何利用函数副作用来改变对象的状态。

第 6 章

类的封装

当拥有了成员变量和成员方法后，可以将它们一同放置在类中，用于描述客观世界实体的状态和行为。通过类或对象的名称，可以对成员变量和成员方法进行访问。然而，类的作用并不仅仅是为成员变量和成员方法的访问提供了一种便捷的方式。更重要的是，类可以实现信息的隐藏和访问的控制。这一特性称为类的封装性。第 3 章已经介绍过类和对象的概念，本章将介绍其语法实现。本章从类的声明入手，讲解如何访问成员变量和成员方法，接着介绍对成员变量和成员方法的访问控制，然后讲解封装的作用，最后介绍如何初始化和清理对象。

6.1 类的声明

我们回顾 2.2.2 节对迭代一的说明，可以知道图书信息的属性包括包含 ISBN、书名、作者、出版社、年份、是否为珍本、图书列表，而相应的操作包括添加和删除图书。我们在第 4 章和第 5 章介绍了如何将属性表示为成员变量及将操作表示为成员方法。下面介绍如何用成员变量和成员方法来共同组成类。

类由关键字 class 声明。类的名称采用大小写混合的方式，每个单词的首字母大写。对于类的注释通常采用 4.4.1 节的文档注释，通常包括类的名称、具体描述、作者、版本号等信息。下面是表示图书信息的 BookInfo 类的示例：

```
/**
 * 类名称：BookInfo
 * 类描述：BookInfo 类用于表示借阅者
 * @author：ShaoD
 * @author：RenTW
 * @version：2012.0831.3
 */
class BookInfo {
    /* 成员变量 */
    char[] isbn;
    char[] title;
    char[] author;
    char[] publisher;
    int year;
```

```
    boolean isRare;
    Book[] booklist;
    …
    /* 成员方法 */
    BookInfo(char[] isbn, char[] title, char[] author, char[] publisher, int year,
            boolean isRare) {…}
    int getAvailableBookNum() {…}
    …
}
```

如图 6-1 所示，成员变量和成员方法共同封装为 BookInfo 类。类是一种抽象数据类型，即某类数据结构和其所具有行为的集合。通过类可以实例化出一个个对象。每个对象都会拥有这些数据和行为。

BookInfo 类

成员变量

类型	标识符	值
char[ ]	isbn	null
char[ ]	title	null
char[ ]	author	null
char[ ]	publisher	null
int	year	0
boolean	isRare	false
Book[ ]	bookList	null

成员方法

标识符	BookInfo
参数列表	char[ ], char[ ], char[ ], char[ ], int, boolean
返回类型	
方法体	…

标识符	getAvailableBookNum
参数列表	
返回类型	int
方法体	…

图 6-1 类的声明示例

需要注意，将成员变量和成员方法共同组成类时，这些变量和方法必须是紧密关联的。这些变量所表示的数据可以被方法所操作，而方法完成所表示的行为时需要用到这些变量。类实现了数据与行为的融合，通过表示数据的变量和表示行为的方法来共同实现类的职责。这在图书目录或者图书信息的例子中比较容易辨别，但在一些较为复杂的情况下则会显得模棱两可。将数据和对数据的操作放在一起完成共同的职责是判断是否应当构成一个类的标准。

6.2　成员变量和方法的访问

6.2.1　通过对象的访问

成员变量和成员方法通常是与某个特定的对象相关的。例如，对于某个具体的图书信息，才会有 ISBN、书名、作者等属性，调用成员方法返回可借图书的本数也才有意义。因此，当使用类的成员变量或成员方法时，通常需要先实例化类来创建对象。当创建对象并初始化时，会为相应的成员变量分配空间。通过对象访问成员变量或成员方法的通用格式如下：

```
对象名 . 成员变量名
对象名 . 成员方法名
```

下面是创建 BookInfo 对象，并通过 BookInfo 对象访问其成员变量和成员方法的示例：

```
BookInfo bookInfo = new BookInfo(isbn, title, author, publisher, year, isRare);
bookInfo.year = 2012;
int bookNum = bookInfo.getAvailableBookNum();
```

如图 6-2 所示，在上面的示例中，所访问的成员变量值存放在对象所拥有的空间中，而成员方法则由类所拥有，通过对象找到其所属的类后访问成员方法。

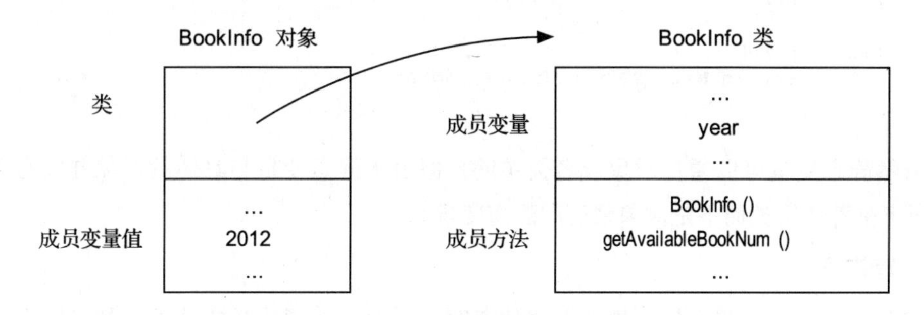

图 6-2　通过对象访问成员变量和成员方法示例

6.2.2　静态变量与静态方法

在某些情况下，成员变量和成员方法与具体的对象无关。例如，Math 类声明了成员变量 PI 来表示圆周率，PI 的值并不会随着生成 Math 对象的多少甚至是否生成 Math 对象而改变；同样，Math 类中的 pow 方法可以用于计算幂，但该方法与具体的对象无关。在这种情况下，可以通过将这些成员变量和成员方法声明为静态变量和静态方法，来实现在创建多个对象或不创建对象时为某个成员变量分配唯一的空间，或是不创建对象的情况下可以调用相应的方法。

1. 静态变量

静态变量的声明与普通成员变量的声明相似，只是需要增加 static 关键字进行修饰。例如，每个图书信息都对应多本图书，每本图书有各自不同的编号。下面是使用静态变量为图书自动编号的示例：

```
class Book {
    long id;
    static long currentId = 0;           /* currentId 为静态变量 */
    void setId() {
            currentId++;
            id = currentId;
    }
}
```

在上面的示例中，无论创建多少个 Book 对象，都只会在内存中为 currentId 变量分配单一的空间，即这些对象会始终拥有相同的 currentId 值，这确保了对图书按序编号。

静态变量的访问可以像其他成员变量一样，通过对象访问，也可以直接通过类名访问，格式如下：

```
类名.静态变量名
```

通过类名访问使得可以在不创建对象的情况下访问静态成员变量。此时，如果该变量可以被所有其他类访问，实际上就实现了全局变量。根据 5.5 节的介绍，修改全局变量会带来有害的函数副作用，但如果该变量被声明为命名常量，即该变量无法被修改，则可以为程序设计带来便利。例如，Math 类中提供了 PI 来表示圆周率，可以方便地用于各种数学计算：

```
public class Math {
    …
    public static final double PI = 3.14159265358979323846;
    …
}
class Circle {
    double radius;
    …
    double area() {
            return Math.PI * radius * radius;
    }
}
```

虽然静态变量可以通过对象或者类访问，但由于静态变量与具体的对象并没有关系，通常情况下推荐使用类而不是对象来访问静态变量。

2. 静态方法

与静态变量的声明类似，静态方法的声明只需要在普通成员方法声明的基础上，增加用 static 关键字修饰。静态方法可以在不创建对象的情况下直接通过类来调用。例如，为了简化字符界面输入/输出操作，通常会将常用的输入/输出操作封装成一个类。此时，并不希望创建具体的对象，而是希望直接访问输入/输出的方法。因此可以将封装后的输入/输出方法声明为静态方法，通过类名来直接访问：

```
class IOHelper {
    static char[] inputInfo(char[] prompt) {…}
    static void outputInfo(char[] info) {…}
}
class AdministratorUI {
    …
    void addBook() {
            char[] isbn = IOHelper.inputInfo({'I', 'S', 'B', 'N', ':' });
            …
            IOHelper.outputInfo(result);
    }
}
```

由于静态方法与特定的对象无关，静态方法中不能使用非静态的成员变量，也不能使用非静态的方法，即便该方法中没有使用非静态的成员变量。下面是在 main 方法中使用不同成员变量或调用不同方法的示例：

```
class StaticTest {
    int iTest1;                                    /* 非静态成员变量 */
    static int iTest2;                             /* 静态成员变量 */
    void mTest1() {}                               /* 非静态成员方法 */
    static void mTest2() {}                        /* 静态成员方法 */
    public static void main(String[] args) {
            iTest1 = 1;                            /* 错误：不允许使用非静态成员变量 */
            iTest2 = 2;                            /* 正确：允许使用静态成员变量 */
            int iTest3 = 3;                        /* 正确：允许声明临时成员变量 */
            mTest1();                              /* 错误：不允许使用非静态成员方法 */
            mTest2();                              /* 正确：允许使用静态成员方法 */
    }
}
```

结合 4.5.1 节和 5.2 节介绍的 this 关键字，可以对该现象有更深入的认识。对于非静态成员变量或成员方法，实际上是通过 this 来指定对象进行访问的。然而，静态方法可以在不创建对象的情况下进行访问，必然没有 this 作为隐式参数。因此，在静态方法中访问非静态的成员变量或者成员方法，会因为不存在 this 而无法指定成员变量所属的对象或是无法向该成员方法提供隐式参数，从而造成错误。相反，如果在非静态方法中访问静态成员变量或是静态成员方法，则不会出现错误。

6.3　访问控制 I

在程序设计中，程序员通常对不同的成员变量或成员方法有不同的定位。一些成员变量或者成员方法是系统被外界访问的，例如图书信息中的 ISBN、获取图书信息对应图书中可借的本数等；而另一些成员变量或成员方法是为了方便程序设计、仅仅希望在内部使用的，例如默认的图书借阅时间、用于对图书书名等字符操作而实现的字符数组操作方法。因此，有必要为不同的成员变量和成员方法设定不同的访问权限。

Java 中提供了 4 种对成员变量和成员方法的访问权限：私有权限、默认权限、保护权限和公开权限。下面对私有权限、默认权限和公开权限进行介绍，保护权限将在 10.3 节介绍。

6.3.1　私有权限

私有权限的成员变量和成员方法使用关键字 private 修饰，仅可以由包含该成员变量或成员方法的类访问，其他任何类都无法访问该成员变量或成员方法。私有权限用于防止对象的成员变量被非法修改，或者某些仅供对象自身使用的方法。例如，为图书信息中 ISBN、书名、作者等信息赋值时，会使用到字符数组的复制，如果不希望在其他类中使用该方法，可以将其设置为私有权限：

```
class BookInfo {
    …
    private void copyCharArray(char[] targetArray, char[] originalArray) {…}
    …
}
```

由于默认权限的成员变量或成员方法不会被其他类使用，因此可以根据需要随意地修改该成员变量或成员方法，甚至删除该成员变量或成员方法也不用担心会影响到其他类。

6.3.2 默认权限

默认权限的成员变量和成员方法不使用任何关键字修饰，除了可以有由包含该成员变量或成员方法的类访问外，还可以被同一个包（package）中的其他类访问。

包用于对类进行组织，通过包可以将某个程序员开发的程序或实现某个特定功能的程序与其他程序分开。包的一个重要作用是用于分割名字空间。在实际程序设计中，通常会由多人协作完成一个项目。这就需要通过一定的机制来对名字空间进行管理，以避免类、变量或方法名字的冲突。在 Java 程序中，各个类的成员变量和成员方法都是彼此隔离的，在不同的类中采用相同的标识符表示成员变量或成员方法是合法的。因此，只要保证类的名称不冲突，就不会产生错误。然而，不同的类通常由不同的程序员开发，难以保证不存在重名的类。包提供了解决类名之间潜在冲突的方式。Java 中规定，同一个包中的类名不得相同，但不同包中的类可以重名。包可以嵌套，即包可以进一步划分为子包。但从编译角度看，嵌套的包拥有各自独立的类的集合，之间没有任何约束关系。事实上，Java 中文件目录中的文件夹和包是一一对应的。图 6-3 展示了图书借阅系统的文件目录和包结构，其中左图展示了所有 Java 文件所处的文件夹，右图为 Eclipse 中 MyLibrary 项目的项目目录。可以发现，Java 程序中的每一个包都对应着一个文件夹，将一个包划分为子包时会生成子文件夹。当在包和子包中创建相同名称的类时，实际上是在文件夹和子文件夹中创建了同名的文件，并不会产生冲突。

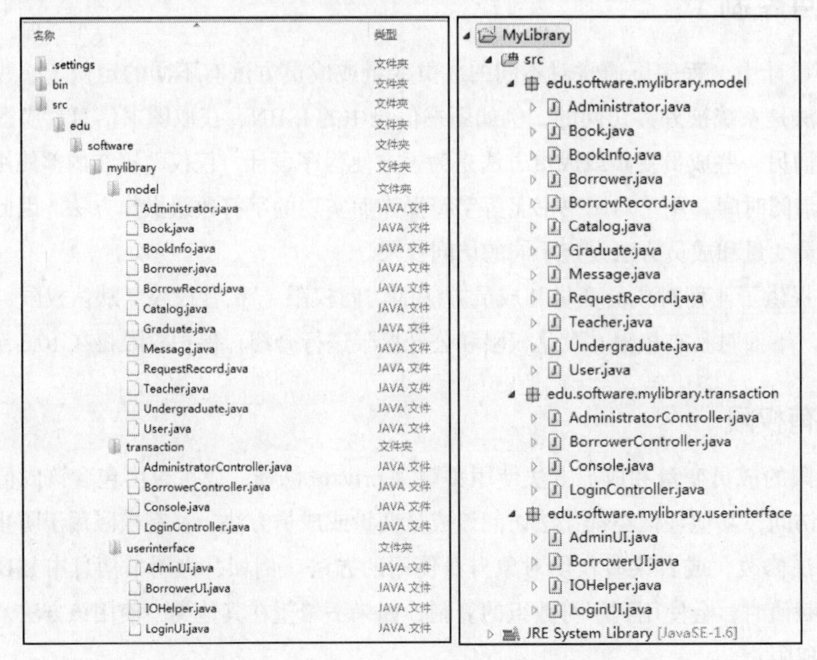

图 6-3 文件目录和项目目录的对照图

将类加入某个包中需要用关键字 package 将包的名字放在源文件的开头。package 语句必须是文件中除注释以外的第一句程序代码，位于该源文件中所有代码之前。事实上，Java 中所有的类都位于某个包中。当不显式指定类所属的包时，类将被置于没有名字的默认包中。

为了避免包名的冲突，Sun 公司建议将机构的因特网域名以逆序的形式作为包名，并在此基础上针对不同的项目建立不同的子包名。由于域名是独一无二的，因而可以保证包名不冲突。根据该方案，包名通常为小写字母；前缀通常是 com、edu、gov、mil、net、org 或 ISO 3166 标准指定的用于标识国家的英文双字符代码；后续部分由各个机构根据自己内部的命名规范来确定，包括用于区分部门、项目、机器、注册名等信息。

例如，假设本书中的示例是由域名为 software.edu 的机构开发，项目名称为 mylibrary，且 Catalog 类位于 model 的子包中。下面是将 Catalog 类加入包的示例：

```
package edu.software.mylibrary.model;
…
class Catalog {
   …
}
```

默认权限使得成员变量和成员方法只能被位于同一个包中的其他类访问，而对于不位于同一个包中的类则无法访问。这样，如果程序员对他人访问自己编写的类加以控制，同时不影响自己编写的各个类之间自由访问，则可以将这些类加入到同一个包中，并将希望被非自己编写的类访问的成员变量或成员方法设置为公有权限。

需要注意的是，所有没有显式指定所属包的类都位于同一个包中。这使得有些看似无关的类可以彼此访问默认权限的成员变量和成员方法。如果不希望出现这种情况，就需要为类指定所属的包。

6.3.3　公开权限

公开权限的成员变量和方法使用关键字 public 修饰，可以被所有类访问。公开权限用于对外提供的服务。例如，BookInfo 类中的 getAvailableBookNum 方法用于向其他类提供该图书信息对应的可借图书的本数，应当声明为公有权限：

```
class BookInfo {
   …
   public int getAvailableBookNum() {…}
   …
}
```

当需要访问位于不同包中某个类的公有权限的成员变量或成员方法时，一种方式是在创建该类的对象时添加完整的包名。例如，BorrowerController 类属于 edu.software.mylibrary.transaction 包中，需要使用位于 edu.software.mylibrary.model 包中 Catalog 类的公有权限 addBookInfo 方法：

```
package edu.mylibrary.transaction;
public class BorrowerController {
   …
   edu.software.mylibrary.model.Catalog catalog = new edu.software.mylibrary.
                                                   model.Catalog();
   catalog.addBookInfo(isbn, title, author, publisher, year, isRare);
   …
}
```

这种方式显然不利于程序的编写，而且会影响程序的可读性。更为便捷的方法是采用关键字 import 导入 Catalog 类：

```
package edu.mylibrary.transaction;
/* 导入 edu.software.mylibrary.model 包中的 Catalog 类 */
import edu.software.mylibrary.model.catalog;
…
public class BorrowerController {
   …
   Catalog catalog = new Catalog();
   catalog.addBookInfo(isbn, title, author, publisher, year, isRare);
   …
}
```

当需要导入某个包中的多个类时，可以采用 * 来代替具体的类名，这样就可以使用导入的包中所有的类：

```
package edu.mylibrary.transaction;
/* 导入 edu.software.mylibrary.model 包中所有的类 */
import edu.software.mylibrary.model.*;
…
public class BorrowerController {
   …
   Catalog catalog = new Catalog();
   catalog.addBookInfo(isbn, title, author, publisher, year, isRare);
   …
}
```

需要注意的是，与复制文件夹时通常会复制所有子文件夹中的文件不同，Java 中只允许每次通过 import 语句导入一个包的类。例如，下面的语句只导入 edu.software.mylibrary 包中的类，而不是同时导入 edu.software.mylibrary.transaction 包和 edu.software.mylibrary.model 包中的类。事实上，该语句没有导入任何 edu.software.mylibrary.transaction 包和 edu.software.mylibrary.model 包中的类。

```
import edu.software.mylibrary.*;
```

而且，import 语句中只允许有一个 *。试图通过下面的语句同时导入 edu.software.mylibrary.transaction 包和 edu.software.mylibrary.model 包中的类是非法的：

```
import edu.software.mylibrary.*.*;
```

正确的导入两个包中的类的方法是：

```
import edu.software.mylibrary.transaction.*;
import edu.software.mylibrary.model.*;
```

另一个关于包导入的问题是，导入的不同包中具有相同的类。例如，在计算图书归还时间时，需要用到 Date 类。而 java.util 包和 java.sql 包中都有 Date 类。此时，如果直接声明 Date 对象，则会出现错误：

```
import java.util.*;
import java.sql.*;
…
class Book {
   …
   Date returnDate;                         /* 错误 */
   …
}
```

一种解决方案是，增加一条特定的 import 语句来指定所使用的 Date 类。例如，使用的是 java.util 包中的 Date 类：

```
import java.util.*;
import java.sql.*;
import java.util.Date;
```

```
...
class Book {
   ...
   Date returnDate;                          /* 使用 java.util 包中的 Date 类 */
   ...
}
```

如果 java.util 和 java.sql 中的 Date 类都需要使用，则只能使用最初介绍的在每个 Date 类前面加上完整的包名的方式。

6.4 封装的作用

通过访问权限控制，可以实现类的封装。封装的一个作用是隐藏类的实现细节，将类对外提供服务的接口和内部的具体实现进行分离，这有助于在不影响对类使用的情况下修改类内部的实现。例如，在上面的示例中提到的用于获取某个图书信息对应的可借图书本数的 getAvailableBookNum 方法，它的实现可能是对 BookInfo 对象中的图书列表进行遍历，计算出可借图书的本数：

```
class BookInfo {
   private Book[] booklist;
   ...
   public int getAvailableBookNum() {
      int availableBookNum = 0;
      for (Book book : bookList) {
               if (book.isAvailable()) {
                   availableBookNum++;
               }
      }
      return availableBookNum;
   }
   ...
}
```

也可能 BookInfo 类中包含了两个成员变量 totalBookNum 和 borrowedBookNum，分别用于表示总图书本数和借出图书本数，则 getAvailableBookNum 方法的实现可以改写为：

```
class BookInfo {
   private int totalBookNum;
   private int borrowedBookNum;
   ...
   public int getAvailableBookNum() {
       return totalBookNum - borrowedBookNum;
   }
   ...
}
```

甚至可能 BookInfo 类中包含了表示可借图书本书的成员变量 availableBookNum，只需要直接返回该成员变量：

```
class BookInfo {
   private int availableBookNum;
   ...
   public int getAvailableBookNum() {
       return availableBookNum;
   }
   ...
}
```

上面的三种实现采用了不同的成员变量和成员方法，但由于类的封装性，不同的实现并不会影响 getAvailableBookNum 方法的使用。这使得程序员可以自主地修改程序，根据实际需要来改进程序的功能效率。这表明类的封装性有利于提高代码的可维护性。

类的封装性的另一个作用是控制对成员变量的访问，只允许使用者通过预设的方式来修改对象的状态。例如，图书信息中的 ISBN 不允许被修改，但允许在图书信息查找等方法中被读取，因此可以将成员变量 isbn 的访问权限设为私有权限，另添加一个读取 isbn 的公有权限方法：

```
class BookInfo {
    private char[] isbn;
    …
    public char[] getISBN() {
        return isbn;
    }
    …
}
```

通过上述方法，可以在不影响成员变量 isbn 读取的情况下，阻止其被修改。此外，对于允许修改的图书信息，例如年份，将相应的成员变量设为私有权限并通过公有权限的成员方法来访问也是有价值的：

```
class BookInfo {
    private int year;
    …
    public int getYear() {
        return year;
    }
    public boolean setYear(int year) {
        this.year = year;
        return true;
    }
    …
}
```

这种方式看似与将 year 设为公有权限没有区别，但在此基础上，可以通过对 setYear 方法的改进，来防止对成员变量 year 的非法赋值。假设馆藏图书最早的是 1900 年，最新的是今年出版的图书，setYear 方法可以改进为：

```
class BookInfo {
    private int year;
    …
    public boolean setYear(int year) {
    Calendar current = Calendar.getInstance();
        if ((year >= 1900) && (year <= current.get(Calendar.YEAR))) {/* 获取当前的
                                                                        年份 */
            this.year = year;
            return true;
            }
            return false;
    }
    …
}
```

由此可见，通过类的封装可以在对成员变量的访问中加入数据检查和控制逻辑，限制对成员变量不合理的操作。

6.5 对象初始化和清理 I

6.5.1 构造器

通过类的实例化来生成对象时，通常需要对成员变量进行初始化，以保证对象具有合理的状态。以 BookInfo 类为例，当创建一个图书信息时，应当具有正确的 ISBN、书名、作者、出版社等信息。构造器是实现对象的初始化的常用方法。Java 语言规定，构造器是与类具有相同名称、没有任何返回值的方法。因此，构造器的命名和声明形式与其他成员方法不完全一致。

如果在类的声明中没有显式地编写构造器，系统会提供一个默认构造器。所谓默认构造器，就是没有参数的构造器。根据 4.4.2 节成员变量初始化的默认值可知，系统为 BookInfo 类提供的默认构造器与下面的构造器具有相同的效果：

```
class BookInfo {
   char[] isbn;
   char[] title;
   char[] author;
   char[] publisher;
   int year;
   boolean isRare;

   public BookInfo() {
      isbn = null;
      title = null;
      author = null;
      publisher = null;
      year = 0;
      isRare = false;
   }
   …
}
```

显然，上面示例中的构造器并没有为 BookInfo 对象提供合理的状态，其作用只是为了在程序员没有编写构造器的情况下，为对象初始化提供可能。下面是根据用户录入的图书信息构建的 BookInfo 类构造器的示例：

```
class BookInfo {
   …
   public BookInfo(char[] isbn, char[] title, char[] author, char[] publisher,
                   int year, boolean isRare){
                    this.isbn = new char[isbn.length];
                    for (int i = 0; i < isbn.length; i++) {
                         this.isbn[i] = isbn[i];
                    }
                    this.title = new char[title.length];
                    for (int i = 0; i < title.length; i++) {
                         this.title[i] = title[i];
                    }
                    this.author = new char[author.length];
                    for (int i = 0; i < author.length; i++) {
                         this.author[i] = author[i];
                    }
                    this.publisher = new char[publisher.length];
                    for (int i = 0; i < publisher.length; i++) {
                         this.publisher[i] = publisher[i];
```

```
            }
            this.year = year;
            this.isRare = isRare;
        }
        ...
}
```

值得注意的是，如果类中显式声明了构造器，无论是不是默认构造器，编译器都不会自动创建默认构造器。例如在声明了上面的构造器后，再未经声明直接调用默认构造器声明BookInfo对象是非法的：

```
BookInfo bookInfo = new BookInfo();              /* 错误：BookInfo()没有被定义*/
```

在一些情况下，需要通过多种方式初始化对象。例如，在添加图书信息时，大多数图书的出版年份为今年，且不为珍本。因此，可以在保留上面示例中声明的构造器的基础上，通过方法重载，声明如下形式的构造器，以减少图书信息录入的工作量：

```
class BookInfo {
   ...
public BookInfo(char[] isbn, char[] title, char[] author, char[] publisher) {
   this.isbn = new char[isbn.length];
   for (int i = 0; i < isbn.length; i++) {
        this.isbn[i] = isbn[i];
   }
   this.title = new char[title.length];
   for (int i = 0; i < title.length; i++) {
        this.title[i] = title[i];
   }
   this.author = new char[author.length];
   for (int i = 0; i < author.length; i++) {
        this.author[i] = author[i];
   }
   this.publisher = new char[publisher.length];
   for (int i = 0; i < publisher.length; i++) {
        this.publisher[i] = publisher[i];
   }
   Calendar current = Calendar.getInstance();
   this.year = current.get(Calendar.YEAR);
   this.isRare = false;
 }
...
}
```

根据5.4节中方法重载的介绍，这两个构造器具有不同的参数列表，符合方法重载的要求。当存在构造器重载时，采用关键字this可以实现一个构造器对另一个构造器的调用，以减少公共的代码量。例如，默认出版年份为今年、图书不为珍本的构造器可以改写为：

```
class BookInfo {
   ...
   public BookInfo(char[] isbn, char[] title, char[] author, char[] publisher) {
          Calendar current = Calendar.getInstance();
          int year = current.get(Calendar.YEAR);
          this(isbn, title, author, publisher, year, false);
   }
   ...
}
```

上面的示例中通过关键字this调用了BookInfo(char[] isbn, char[] title, char[] author, char[] publisher, int year, boolean isRare)构造器。需要注意的是，虽然这里同样采用了this关键字，但与之前介绍的用this作为隐式参数、表示当前对象并不相同，是this关键字的另一种用法。

6.5.2　对象的初始化

当拥有了构造器后，就可以通过关键字 new 和调用构造器来为对象分配内存空间和初始化。下面是采用构造器初始化 BookInfo 对象的示例，在前面的示例中已经多次出现：

```
BookInfo bookInfo = new BookInfo(isbn, title, author,publisher, year, isRare);
```

在初始化对象时，成员变量被初始化的顺序如下：首先是依次对静态成员变量初始化，接着是依次对非静态成员变量初始化，最后是在构造器中初始化。如果在完成上述三个步骤后，成员变量没有被显式地初始化，那它将具有默认的初始值。这可以理解为，所有的成员变量都会在构造器执行之前被初始化为指定的值或默认值，在构造器中如果有对其赋值的语句将会再次对其赋值以完成初始化。为了解释上面的初始化顺序，下面的示例中对 BookInfo 类做了一些修改：

```
class BookInfo {
      char[] isbn = {'n', 'o', 't', 'h', 'i', 'n', 'g'};
      char[] title = {'n', 'o', 't', 'h', 'i', 'n', 'g'};
      char[] author = {'n', 'o', 't', 'h', 'i', 'n', 'g'};
      char[] publisher = {'n', 'o', 't', 'h', 'i', 'n', 'g'};
      int year = Calendar.getInstance().get(Calendar.YEAR);
      boolean isRare;
      …
      public BookInfo(char[] isbn, char[] title, char[] author, char[] publisher) {
          this.isbn = new char[isbn.length];
          for (int i = 0; i < isbn.length; i++) {
                this.isbn[i] = isbn[i];
          }
          this.title = new char[title.length];
          for (int i = 0; i < title.length; i++) {
                this.title[i] = title[i];
          }
          this.author = new char[author.length];
          for (int i = 0; i < author.length; i++) {
                this.author[i] = author[i];
          }
          this.publisher = new char[publisher.length];
          for (int i = 0; i < publisher.length; i++) {
                this.publisher[i] = publisher[i];
          }
    }

    public static void main(String[] args) {
        BookInfo bookInfo = new BookInfo({'1','2','3','4','5','6'},
                                {'J','a','v','a'}, {'T','o','m'},{'S','E'});
    }
}
```

运行上面的示例后，ISBN、书名、作者、出版社将会被改为 123456、Java、Tom、SE，而之前所声明的值为 nothing 的字符数组都会被丢弃；year 为之前被指定的值，即当前的年份；isRare 的值为默认值，即 false。由此可见，当某个成员变量在大多数情况下具有相同值时，可以通过在成员变量声明时对其赋值的方式来实现初始化。这种初始化方式在需要设定默认值等情形下会带来便利。下面是综合使用了对成员变量赋值和构造器重载的示例：

```
class BookInfo {
      char[] isbn;
      char[] title;
      char[] author;
```

```
        char[] publisher;
        int year = Calendar.getInstance().get(Calendar.YEAR);
        boolean isRare = false;
        …
        public BookInfo(char[] isbn, char[] title, char[] author, char[] publisher) {
            this.isbn = new char[isbn.length];
            for (int i = 0; i < isbn.length; i++) {
                this.isbn[i] = isbn[i];
            }
            this.title = new char[title.length];
            for (int i = 0; i < title.length; i++) {
                this.title[i] = title[i];
            }
            this.author = new char[author.length];
            for (int i = 0; i < author.length; i++) {
                this.author[i] = author[i];
            }
            this.publisher = new char[publisher.length];
            for (int i = 0; i < publisher.length; i++) {
                this.publisher[i] = publisher[i];
            }
        }

        public BookInfo(char[] isbn, char[] title, char[] author, char[] publisher,
                        int year, boolean isRare) {
            this(isbn, title, author, publisher);
            this.year = year;
            this.isRare = isRare;
        }
        …
    }
```

由于静态变量不依赖于具体的对象，因此即便在不创建对象的情况下，静态变量也会被初始化。此时，静态变量的初始化发生在第一次被调用时，根据静态变量的声明将静态变量设为指定值或默认值。无论是通过创建对象还是直接通过类名访问，通过声明静态变量时赋值进行初始化的语句只会执行一次。下面的示例表明，当第二次创建 Test 对象时，并没有再次对 iTest 初始化：

```
public class Test {
    static int iTest = 1;                    /* 该语句只会执行一次 */

    void changeValue() {
        iTest++;
    }

    public static void main(String[] args) {
        Test t1 = new Test();                /* 执行该语句后，iTest 的值为 1 */
        t1.changeValue();                    /* 执行该语句后，iTest 的值为 2 */
        Test t2 = new Test();                /* 执行该语句后，iTest 的值为 2 */
    }
}
```

需要区分的是，在上面的示例中，如果显式声明了默认构造器且其中对 iTest 进行赋值，那么依然会在创建 t2 时因为调用构造器对 iTest 赋值，iTest 的值可能会发生变化：

```
public class Test {
    static int iTest = 1;

    public Test() {
        iTest = 1;                           /* 每次创建对象时都会执行 */
```

```
}
   void changeValue() {
        iTest++;
   }

   public static void main(String[] args) {
          Test t1 = new Test();            /* 执行该语句后，iTest 的值为 1 */
          t1.changeValue();                /* 执行该语句后，iTest 的值为 2 */
          Test t2 = new Test();            /* 执行该语句后，iTest 的值为 1 */
   }
}
```

利用静态变量初始化的特性，可以实现某个类只能创建唯一的对象。这在程序设计中很多时候都会被用到。例如，Catalog 类表示所有图书信息的目录，应当具有唯一的对象，可以用以下的方式来实现：

```
class Catalog {
   private static Catalog catalog = new Catalog();

   private Catalog() {
          …
   }

   public static Catalog getInstance() {
          return catalog;
   }
}
```

在上面的示例中，Catalog 类包含了一个静态的 Catalog 对象 catalog，同时 Catalog 类的构造器被设为私有权限。因此，其他类无法通过构造器创建 Catalog 对象，只能通过 Catalog.getInstance 的方式来获取 catalog。Catalog 会在第一次被访问时初始化，并且只会被初始化一次。这种保证某个类只能创建唯一对象的实现方式在设计模式中称为“单例模式”。

6.5.3　垃圾回收器

根据 4.5.2 节的介绍，Java 中变量被分配内存时一部分位于栈中，如基本数据类型或引用类型的临时变量，而另一部分位于堆中，如创建的对象及对象的成员变量。位于栈中的变量在离开其作用域后会被自动撤销，而位于堆中的变量在离开其作用域后依然会占据内存。

当没有引用类型变量指向某个对象在堆中所占用的内存空间时，该对象将无法再被访问，Java 中将其视为垃圾。下面是一些产生垃圾的示例：

```
/* biTest 被赋值 null 后，不再有引用变量指向堆中的 BookInfo 对象 */
BookInfo biTest = new BookInfo(isbn, title, author,publisher, year, isRare);
biTest = null;

/* biTest2 指向与 biTest1 相同的 BookInfo 对象后，不再有引用变量指向堆中的 biTest2 初始化时所生成的 BookInfo 对象 */
BookInfo biTest1 = new BookInfo(isbn1, title1, author1,publisher1, year1,
                      isRare1);
BookInfo biTest2 = new BookInfo(isbn2, title2, author2,publisher2, year2,
                      isRare2);
biTest2 = bTest1;

/* 当 if(isbn != null) 对应的程序块介绍后，bookInfo 因为生存期结束而被撤销，不再有引用变量指向堆中所生成的 BookInfo 对象，所分配的空间将被作为垃圾回收 */
if (isbn != null) {
      BookInfo bookInfo = new BookInfo(isbn, title, author,publisher, year,
                      isRare);
```

```
        if (!bookInfoList.contains(bookInfo)) {
            System.out.println(bookInfo.toString());  /* 输出 bookInfo 的信息 */
        }
    }
```

如果变为垃圾的对象在堆中占用的内存空间不能被释放，会造成可用的内存越来越少。为了解决该问题，C++ 等语言中提供了与构造函数对应的析构器，用于清理对象，回收对象所占用的资源。析构函数要求程序员手动地释放内存空间，如果程序员忘记调用析构函数，所分配的对象空间将无法被回收，造成内存泄漏。这种缺陷很容易发生，且难以追踪。

为了避免这种现象，Java 中没有提供析构器，而是由垃圾回收器自动实现内存回收。当某个对象不被任何引用类型变量指向时，垃圾回收器就会自动将其所占用的内存空间回收后供新的对象使用。除了释放不再被引用的对象外，垃圾回收器还可以清除内存碎片。对象的创建和撤销会造成分配给对象的内存之间存在空闲的碎片，进行影响程序的效率。垃圾回收器可以将分配给对象的内存移到堆的一端，将可以分配给新的对象的内存集中起来。

垃圾回收器能够自动释放堆中的内存空间，减轻程序设计的负担，提高编程的效率。此外，垃圾回收器能够保护程序的完整性，是 Java 语言安全性策略的重要组成部分。但由于垃圾回收器需要追踪运行程序中所有的对象，判定其中不再被引用的对象并将其撤销，因此它会占用一定的资源开销。为了减小开销，通常是程序即将用完内存时，垃圾回收器才会起作用，这使得垃圾回收发生的时间始终是未知的。

为了促进垃圾回收的发生，Java 中提供了一个强行执行垃圾回收的方法：

```
System.gc();
```

但需要注意，Java 中调用该方法只是会发出一个垃圾回收的申请，并不保证每次调用后一定启动垃圾回收。何时真正执行垃圾回收依然是不确定的。

6.6 项目实践

1. 修改 5.6 节中编写的用户类（User）、管理员类（Administrator）、教师类（Teacher）、学生类（Student）。要求如下：
   - 所有类的成员变量和成员方法添加访问权限。
   - 所有类添加构造器。
   - 用户类添加 getInstance 方法，以保证只能创建一个 User 对象。（提示：采用单例模式。）
   - 将所有的类加入包 edu.software.scoremanage.model 中。
2. 编写管理员控制器类（AdministratorController）。要求如下：
   - 成员变量包括 User 对象，通过 User 类的 getInstance 方法初始化。
   - 成员方法包括通过 User 对象来查找、添加、删除、修改教师或学生。其中，查找和删除时需要提供教师或学生的编号，添加时需要提供教师或学生的基本信息，修改时只能修改用户名。
   - 位于包 edu.software.scoremanage.transaction 中。

6.7　习题

1. 简述静态变量（静态方法）和非静态变量（非静态方法）的不同。
2. 比较 Java 中的私有权限、默认权限、公开权限，并举例说明各自的适用性。
3. 简述包的概念和作用。
4. 简述封装的作用，并举例说明。
5. 简述对象初始化时，成员变量的初始化顺序，并举例说明。
6. 简述 Java 垃圾回收机制的优缺点。
7. 指出下面的程序中存在的错误：

```
package edu.software.test.a;
public class A {
    int iTest;
    public int iTestPublic;
    private int iTestPrivate;
    public void methodA() {
            iTest = 0;
            iTestPublic = 0;
            iTestPrivate = 0;
    }
}

package edu.software.test.a;
public class C {
    public void methodC() {
            A objectA = new A();
            objectA.iTest = 0;
            objectA.iTestPublic = 0;
            objectA.iTestPrivate = 0;
    }
}

package edu.software.test.b;
import edu.software.test.a.A;
public class E {
    public void methodE() {
            A objectA = new A();
            objectA.iTest = 0;
            objectA.iTestPublic = 0;
            objectA.iTestPrivate = 0;
    }
}
```

第 7 章

Java 简单类库的使用

在程序设计过程中，程序员除了可以自己开发代码外，还可以利用已有的代码。借助已有的代码，程序员不用每次都从头开始实现所需要的功能，而是直接使用已经定义好的、具有相同功能的代码，可以大大地提高程序设计的效率。Java 语言中提供了大量已经定义好的类，这些类根据功能的不同被划分为多个包，共同组成了 Java 类库。Java 类库可以大致分为基础类库和第三方类库。基础类库包含在 JDK 中，可以在程序中通过 import 语句导入后直接使用，不需要开发者关心类库文件存放的位置；而第三方类库不包含在 JDK 中，使用时需要开发者指定类库文件存放的位置才能使用。本章将对部分简单的 Java 基础类库进行介绍，包括数组、字符串、容器和输入 / 输出。

7.1 数组

数组是一种常用的数据结构，可以用于将相同类型的变量集中在一起，并通过统一的方式实现高效的访问。对数组的常用操作包括复制、查找等。在 5.6 节中，我们采用字符数组来表示图书信息中的 ISBN、书名、作者等信息，并对其操作进行了相应的实践。但实际程序设计中，通常会涉及元素为各种数据类型的数组。如果对每种数据类型的数组都定义相应的操作，则需要很大的工作量。为此，Java 类库在 java.util 包中提供了 Arrays 类，用以实现面向多种元素类型、功能更强大的数组操作。Arrays 类中包含了一系列公有权限的静态方法，可以通过类名直接访问，主要功能包括数组的复制、填充、生成字符串、比较、排序和查找。

1. 数组的复制

数组复制是很常用的数组操作，如使用参数列表中的数组变量对成员变量进行赋值。由于声明数组时生成的是数组的引用变量，直接赋值只是将两个数组的引用变量指向了同一个数组对象，对其中一个数组修改时会影响到另一个数组。解决该问题的一种方法是重新创建与原来数组相同长度的数组，并采用循环语句对每个元素复制。为了更方便地进行数组复制，Arrays 类中提供了 copyOf 方法，用于将一个数组中的值复制到另一个数组中。copyOf 方法的一般形式为：

```
type[] copyOf(type[] array, int length)
type[] copyOfRange(type[] array, int start, int end)
```

在上面的声明中，array 为被复制的数组，type 为数组元素的类型，length 为复制元素的个数，start 为复制时的起始下标（包含该下标处的值），end 为复制时的结束下标（不包含该下标处的值）。通过 copyOf 方法，可以返回与 array 类型相同的数组，其长度为 length 或 end-start。下面是在 BookInfo 对象的构造器中使用 copyOf 方法的示例：

```
class BookInfo {
      …
      public BookInfo(char[] isbn, char[] title, char[] author, char[] publisher,
      int year, boolean isRare){
             this.isbn = Arrays.copyOf(isbn, isbn.length);
             this.title = Arrays.copyOf(title, title.length);
             this.author = Arrays.copyOf(author, author.length);
             this.publisher = Arrays.copyOf(publisher, publisher.length);
             this.year = year;
             this.isRare = isRare;
      }
      …
}
```

2. 数组的填充

一些情况下需要将数组中所有的元素设为统一的值，为此 Arrays 类中提供了 fill 方法。fill 方法的一般形式为：

```
void fill(type[] array, type element)
```

在上面的声明中，element 为用于填充的元素。fill 方法可以用于对数组初始化。例如，使用数组 score 来表示所有学生的选课成绩，默认情况下学生未选课，即成绩为 -1。下面是采用 fill 方法对 score 数组初始化的示例：

```
class Score {
      float[][] score;
      public Score(int studentNum, int courseNum) {
            score = new float[studentNum][courseNum];
            for (int i = 0; i < studentNum; i++) {
                   Arrays.fill(score[i], -1.0f);
            }
      }
      …
}
```

3. 生成数组的字符串表示

Arrays 类中提供的 toString 方法，用于生成特定格式的、包含数组中元素的字符串（字符串的概念参见 7.2 节），以便于对数组信息进行输出。toString 方法的一般形式为：

```
String toString(type[] array)
```

toString 方法会返回一个字符串，其中将数组中的所有元素放置在括号中，并用逗号将各个元素隔开。需要注意，当将数组中的元素转换为字符串时，会使用每个元素的 toString 方法，具体内容参见 10.1.3 节。下面是将每个学生的成绩分别输出的示例：

```
class Score {
   …
   public void listScore() {
         int studentNum = score.length;
```

```
            for (int i = 0; i < studentNum; i++) {
                System.out.println(Arrays.toString(score[i]));
                /* 输出每个学生的成绩 */
            }
    }
    ...
}
```

4. 数组的比较

比较两个数组是否相同是常用的数组操作，如在查找图书信息时判断哪个图书信息的ISBN与输入的图书ISBN相同。然而，声明数组时形成的是引用类型变量，其中存储的是数组对象的地址。如果直接使用 == 对两个数组变量进行判断，即便它们拥有相同的元素，但如果指向的不是同一个数组对象，返回值依然为false。Arrays类中提供了equals方法，用于比较两个数组是否相同。equals方法的一般形式为：

```
boolean equals(type[] array1, type[] array2)
```

equals方法返回值为布尔型，如果两个数组拥有相同个数的元素且对应位置的元素相等，则返回true，否则返回false。equals方法只要求参数列表中两个数组的元素具有相同的类型，并没有限定元素是哪种类型。但如果元素是引用类型的，equals方法要求元素所对应的对象是可比较的。为了实现对象之间的比较，可以在该对象所对应的类中实现java.lang.Comparable接口或关联实现了Comparator接口的类，具体内容参见10.1.4节。下面是采用equals方法在Catalog类中根据图书ISBN查找图书信息的示例：

```
class Catalog {
    BookInfo[] bookInfoList;
    ...
    public BookInfo searchBookInfo(char[] isbn) {
            for (BookInfo bookInfo : bookInfoList) {
                if(Arrays.equals(isbn, bookInfo.getISBN())) { /* getISBN()用于
                                                                获取图书的ISBN */
                        return bookInfo;
                }
            }
            return null;
    }
    ...
}
```

5. 数组的排序

如果数组中的元素是可比较的，Arrays类还可以通过sort方法对数组中的元素排序。Sort方法的一般形式为：

```
void sort(type[] array)
void sort(type[] array, int start, int end)
```

sort方法会将数组中的元素按照升序排列。下面是对每个学生的成绩排序后输出的示例：

```
class Score {
    ...
    public void listSortedScore() {
            int studentNum = score.length;
            for (int i = 0; i < studentNum; i++) {
                    Arrays.sort(score[i]);
                    System.out.println(Arrays.toString(score[i]));
            }
    }
    ...
}
```

6. 数组中的查找

对于按升序序列排好的数组，可以采用 Arrays 类提供的 binarySearch 方法进行快速查找。binarySearch 方法采用了二分搜索算法，一般形式为：

```
int binarySearch(type[] array, type element)
int binarySearch(type[] array, int start, int end, type element)
```

binarySearch 的返回值为整型，如果数组中存在与 element 相等的元素，则返回该元素的下标；如果不存在与 element 相等的元素，则返回一个负数，该负数为第一个比 element 大的元素的下标的相反数再减去 1。下面是一个使用 binarySearch 的示例：

```
static void  binarySearchTest() {
   int index;
   int[] aTest1 = {1, 2, 3, 4, 5, 6};
   int[] aTest2 = {1, 3, 4, 5, 6, 7};
   index = Arrays.binarySearch(aTest1, 2);      /* 执行该语句后，index 的值为 1 */
   index = Arrays.binarySearch(aTest2, 2);      /* 执行该语句后，index 的值为 -2 */
   index = Arrays.binarySearch(aTest2, 8);      /* 执行该语句后，index 的值为 -7 */
}
```

在上面的示例中，在 aTest1 中查找 2 时，返回元素 2 的下标 1；在 aTest2 中查找 2 时，不存在元素 2，则返回第一个大于 2 的元素（即元素 3）的下标（下标为 1）的相反数再减 1；在 aTest 中查找 8 时，所有的元素都小于 8，则返回数组的长度（长度为 6）的相反数再减去 1。

需要注意，binarySearch 的适用条件是数组中的元素已经按照升序排列。如果数组没有排好序，采用 binarySearch 查找则会出现错误。例如，在下面的示例中将无法找到元素 2：

```
static void binarySearchTest() {
   int[] aTest = {1, 6, 4, 3, 5, 2};
   int index = Arrays.binarySearch(aTest, 2);    /* 执行该语句后，index 的值为 -2 */
}
```

出现上述结果的原因与 binarySearch 所采用的二分搜索算法有关，具体内容可以查阅相关资料，本书中将不再介绍。

7.2 字符串

程序设计中经常会需要使用一串字符来表示信息，如图书的 ISBN、书名、作者等。本书前面的示例中采用了字符数组。虽然可以使用 Arrays 类来简化对字符数组的操作，但与其他数组一样，字符数组的长度是固定的且只能根据下标来对其中的元素进行访问，在实际操作中并不太方便。为了更加方便地对一串字符进行操作，Java 中提供了 String 类来提供对字符串的操作，相关的方法包括字符串的拼接、搜索、更改大小写等。

7.2.1 String 类

String 对象的创建十分简单，可以采用双引号括起来的字符串对 String 直接赋值。例如，创建一个值为“Head First Java”的字符串：

```
String title = "Head First Java";
```

与字符数组不同，以上面的方法对字符串赋值时，不一定需要在声明的同时进行，下面的示例也是合法的：

```
String title;
title = "Head First Java";
```

String 对象也可以通过关键字 new 来创建。String 类提供了多种构造器。采用默认构造函数可以构建不包含字符的字符串：

```
String str = new String();
```

采用默认构造器时，相当于创建了下面的字符串：

```
String str = "";
```

这个字符串中不含有任何字符，长度为 0，但与 null 不同。

当需要创建有初始值的字符串时，String 类提供了由字符数组、String 对象或 StringBuffer 对象初始化字符串的构造器：

```
String(char[] cArray)
String(char[] cArray, int start, int end)
String(String str)
String(StringBuffer strbuff)
```

例如，图书书名原先采用字符数组表示，现改为用 String 对象表示，且规定长度不超过 10 个字符：

```
char[] cTitle = {'H', 'e', 'a', 'd', '', 'F', 'i', 'r', 's', 't', '', 'J', 'a',
                 'v', 'a'};
String sTitle = new String(cTitle, 0, 10);        /* sTitle 的值为 "Head First" */
```

需要注意，String 对象一旦创建后，内容将无法更改。任何更改字符串内容的操作，实质上都是产生一个新的 String 对象作为结果。在下面的示例中，字符串 s1 作为参数传递给 change 方法后，chang 方法复制生成了与字符串 s1 指向同一个内存区域的引用。如果允许修改 String 对象的话，执行完 += 操作后，s1 的值也应该会发生变化。但事实上，s1 的值并没有发生变化，这说明返回给 s2 的引用已经指向了新的内存区域：

```
public class StringTest {
    static String change(String s) {
            s += "world";           /* 在 s 后面加上 "world" */
            return s;
    }

    public static void main(String[] args) {
        String s1 = "hello";
        String s2 = change(s1);     /* 执行该语句后，s1 的值为 "hello"，s2 的值为
                                    "helloworld" */
    }
}
```

这种设定使得每次修改字符串时都需要创建新的 String 对象，会造成效率的降低。然而，这种设定却使得编译器可以让字符串共享，即让具有相同值的字符串指向同一个内存区域。这样当复制一个字符串变量时，新的字符串将和原先的字符串指向同一个区域，而不需要创建新的 String 对象。考虑到字符串的修改会远小于字符串复制，Java 的设计者认为这种设定会带来效率的提高。当然，并不是所有具有相同值的字符串都会共享内存区域，这在后面的示例中将会进行说明。

7.2.2 常用的字符串操作

String 类中提供了大量对字符串操作的方法，可以方便地对字符进行操作。

1. 字符串长度

在对字符串的操作中，很多情况下需要根据字符串所包含字符的个数来判断和处理。String 类中提供了 length 方法用于计算字符串的长度。下面是在设置图书 ISBN 时，通过长度判定图书 ISBN 是否正确的示例：

```
public boolean setISBN(String isbn) {
    if (isbn.length() == 13) {
            this.isbn = isbn;
            return true;
    }
    return false;
}
```

2. 字符串拼接

字符串拼接是指将多个已有的字符串按序合并，生成一个新的字符串。在使用字符数组表示字符串时，由于字符数组的长度是固定的，拼接等需要改变字符串长度的操作十分不方便。但 String 对象的拼接则十分简单。String 类中提供了 concat 方法，可以将原字符串和作为参数的字符串拼接生成新的字符串：

```
String concat(String str)
```

例如，当需要输出图书的名称时，可以将提示词与图书的名称拼接：

```
String outputStr = " 书名：";
String title = "Head First Java";
outputStr = outputString.concat(title);  /* outputString 的 值 为 " 书 名：Head First
                                            Java" */
```

另一种更为简单的字符串方法是直接使用“+”运算符对多个字符串进行拼接。例如，上例可以改写为：

```
String title = "Head First Java";
String outputString = "书名：" + title;
```

使用“+”运算符除了可以将多个字符串拼接，还可以将字符串和其他类型的数据拼接。在将字符串和其他类型的数据拼接时，其他类型的数据会被自动转换为字符串。例如，当需要输出图书的出版年份时：

```
int year = 2012;
String outputString = "年份：" + year;    /* outputString 的值为 " 年份：2012" */
```

上述例子中，其他数据类型转换为字符串时，实质上是调用了 String 类的 valueOf 方法。valueOf 方法可以用于所有的基本数据类型和引用类型。对于基本数据类型，valueOf 方法会返回一个包含了该类型数据的可读值的字符串；对于引用类型，如果该引用指向 null 则返回 “null”，如果该引用指向某个对象则调用该对象的 toString 方法。

3. 字符串提取

字符串提取是指从字符串中获取某个字符或子字符串。String 类提供了 charAt 方法用于提取字符串中指定下标的字符，其一般形式为：

```
char charAt(int index)
```

index 为指定的下标。和数组一样，字符串的下标为非负整数，从 0 开始计数。下面是提取图书书名的首字符作为对图书粗略分类标记的示例：

```
String title = "Head First Java";
char label = title.charAt(0);                /* label 的值为 'H' */
```

在有些情况下，提取单个字符不能满足需求。例如图书的数量过多，单凭首字符进行分类会造成某些分类过大。此时就需要使用 getChars 方法提取多个字符，其一般形式为：

```
void getChars(int start, int end, char[] targetArray, int targetIndex)
```

start 和 end 指定了字符提取的范围，将提取字符串中从 start 到 end 之间的所有字符；targetArray 指定了所提取字符存放的目标数组，注意目标数组应该保证能够容纳所提取的所有字符；targetIndex 指定了所提取字符在目标数组中存放时的起始下标。下面是提取图书书名的前 3 个字符作为粗分类标记的示例：

```
String title = "Head First Java";
char[] label = new char[3];
title.getChars(0, 3, label,0);              /* label 的值为 {'H','e','a'} */
```

考虑到某些输出环境中不支持 16 位的 Unicode 编码，例如大多数 Internet 协议和文本文件格式中采用的是 8 位 ASCII 编码，无法直接使用 getChars 方法，此时可使用 getBytes 方法作为替代。getBytes 方法将所提取的字符存放在 byte 类型的数组中，使用平台提供的默认的字符到字节的转换。

当需要提取整个字符串中的所有字符时，可以使用更为便捷的 toCharArray 方法，其一般形式为：

```
char[] toCharArray()
```

通过 toCharArray 方法，可以将 String 对象转换为字符数组。

除了从字符串中提取字符外，String 类还提供了 subString 方法用于直接提取子字符串，其一般形式为：

```
String substring(int start)
String substring(int start, int end)
```

下面是将图书书名的长度控制在 10 个字符以内的示例：

```
String title = "Head First Java";
if (title.length() > 10) {
   title= title.subString(0, 10);           /* title 的值为 "Head First" */
}
```

4. 字符串查找

字符串查找是指在字符串中搜索指定的字符或子字符串。String 类提供了 contains 方法解决该问题，其一般形式为：

```
boolean contains(char c)
boolean contains(String str)
```

下面是判断图书书名中是否包含“Java”的示例：

```
String title = "Head First Java";
String query = "Java";
boolean result = title.contains(query);          /* result 的值为 true */
```

在一些情况下，除了需要判定字符串中是否包含指定的字符串外，还对字符串的位置有一定的限制。String 类提供了 startsWith 方法和 endsWith 方法用于判断一个字符串是否以指定的字符串开始或结束，其一般形式为：

```
boolean startsWith(String str)
boolean endsWith(String str)
```

下面是判断借阅者是否姓“Li”的示例：

```
String name = "Wei Li";
```

```
boolean result = name.endsWith("Li");
```

除了判定字符串中是否包含指定的字符或子字符串外，String 类中还提供了 indexOf 方法和 lastIndexOf 方法用于查找字符或子字符串首次或最后一次出现的位置。如果字符串包含指定的字符或子字符串，则返回相应的位置；如果不包含，则返回 -1。其一般形式为：

```
int indexOf(String s, char c)
int indexOf(String s, String subs)
int lastIndexOf(String s, char c)
int lastIndexOf(String s, String subs)
```

例如，需要提取姓名为英文的借阅者的姓氏时，可以先查找空格的位置，并提取姓氏对应的字符串：

```
String lastName;
String name = "John Smith";
int index = lastIndexOf(name, ' ');
if (index != -1) {
   lastName = name.substring(index+1);
}
else {
   lastName = name;
}                                    /* 运行结果为 lastName 的值为 "Smith" */
```

5. 字符串比较

前面介绍中提到，String 对象的不可变是为了使得编译器可以让字符串共享，以便相同值的字符串指向同一个内存区域。如果真的如此，那么具有相同值的字符串引用变量中应该保存相同的地址，可以采用“==”来判断是否相等。但事实上，String 类中并不保证所有具有相同值的字符串指向同一个区域：

```
void stringCompare() {
   String s0 = "hello world";
   String s1 = "hello world";                   /* s0==s1 的值为 true */
   String s2 = "hello " + "world";              /* s0==s2 的值为 true */
   String s3 = new String("hello world");       /* s0==s3 的值为 false */
   String s4 = new String(s0);                  /* s0==s4 的值为 false */
   String s5 = new String("hello ") + "world";  /* s0==s5 的值为 false */
}
```

与其仔细地区分何时 String 对象会共享字符串，更为稳妥的比较字符串是否相等的方式是采用 String 类提供的 equals 方法，其一般形式为：

```
boolean equals(String str)
```

str 是被比较的字符串。在上面的示例中，如果采用 equals 方法比较 s0 和 s1 至 s5，返回值均为 true。

equals 方法中进行的比较是区分大小写的。而在有些情况下，由于输入时间或输入者的不同，大小写不同的字符串可能表示同样的事物，如“John Smith”和“john smith”可能表示同一个借阅者。equalsIgnoreCase 方法提供了忽略大小写的比较，其一般形式为：

```
boolean equalsIgnoreCase(String s)
```

当需要对两个字符串进行局部比较时，可以采用 regionMatches 方法，其一般形式为：

```
boolean regionMatches(int start, String str, int sStart, int numChars)
boolean regionMatches(boolean ignoreCase,int start, String str, int sStart,
                      int numChars)
```

str 是被比较的字符串，start 和 sStart 分别表示调用 regionMatches 方法的字符串和 str 中开始比较的下标；numChars 表示进行比较的子字符串的长度；ignoreCase 为 true 时表示比较过程中忽略大小写，否则表示不忽略大小写。

在排序等应用中，仅仅知道两个字符串是否相同是不够的，还需要知道字符串之间的顺序。我们按照字符串的字典序来规定字符串的大小。如果一个字符串“小于”另一个字符串，是指该字符串在字典中先出现；而一个字符串“大于”另一个字符串，是指该字符串在字典中后出现。String 类提供的 compareTo() 可以用于判断字符串的顺序，其一般形式为：

```
int compareTo(String str)
```

如果结果小于 0，则指调用 compareTo 方法的字符串小于 str；如果结果等于 0，则指调用 compareTo 方法的字符串与 str 相等；如果结果大于 0，则指调用 compareTo 方法的字符串大于 str。

与 equals 方法类似，compareTo 方法的比较中是区分大小写的。如果需要在比较过程中忽略大小写，可以使用 compareToIgnoreCase 方法，其一般形式为：

```
int compareToIgnoreCase(String str)
```

根据 7.1 节的介绍，当数组元素可以比较大小时，就可以对其排序。下面是对字符串数组排序的示例：

```
void sortStringArray() {
    String[] authorList = new String[]{"Tom", "Hello", "Jack", "John", "Eric"};
    Arrays.sort(authorList);                /* 执行该语句后，authorList 的值为 {"Eric",
                                               "Hello", "Jack", "John", "Tom"} */
}
```

6. 字符串替换

字符串替换是指将字符串中的某些字符替换成指定的字符。String 类提供的 replace 方法可以实现该功能，其一般形式为：

```
String replace(char original, char replacement)
```

original 是指需要被替换的字符，replacement 是指指定的新字符。

例如，在录入本学生借阅者的登录名时，不同工作人员分别采用了“u”和“U”作为开头，为了保持统一，现将所有的“u”替换成“U”：

```
borrower.setID(borrower.getID().replace('u', 'U'));
```

除了通用的 replace 方法外，String 类还提供了两种用于特殊情形的字符串替换方法。

trim 方法用于将字符串首部和尾部的空格替换为空字符，即将位于字符串首部和尾部的空格删除。trim 方法在处理用户输入的命令时，可以用于删除用户不经意间输入的任何前缀或后缀空格，其一般形式为：

```
String trim()
```

下面是采用 trim 去除空格的示例：

```
String title = "   Head First Java     ";
title = title.trim();                /* 执行该语句后，title 的值为 "Head First Java" */
```

另一种常见的字符串替换是将字符串中的大小写字母之间相互转换。String 类中提供的 toLowerCase 方法将字符串中所有大写字母替换为相对应的小写字母，toUpperCase 方法将字符串中所有的小写字母替换为大写字母。toLowerCase 方法和 toUpperCase 方法只会作用于字母，对于非字母字符不起作用，其一般形式为：

```
String toLowerCase()
String toUpperCase()
```

下面是将借阅者的登录名统一改为小写的示例：

```
String id1 = "MG1232001";
String id2 = "Mg1232002";
String id3 = "mg1232003";
id1 = id1.toLowerCase();              /* id1 的值为 "mg1232001" */
id2 = id2.toLowerCase();              /* id2 的值为 "mg1232002" */
id3 = id3.toLowerCase();              /* id3 的值为 "mg1232003" */
```

7.2.3 StringBuffer 类和 StringBuilder 类

由于 String 对象是不可变的，在频繁修改时使用 String 对象会变得效率低下，例如将多个部分拼接成字符串。为了应对频繁修改的情形，Java 中提供了 StringBuffer 类和 StringBuilder 类来实现可变的字符串。相比之下，StringBuffer 类可以采用多线程的方式添加或删除字符串，但效率略低一些；StringBuilder 类是在 JDK 1.5 中引入的，适用于在单线程下编辑字符串的情形，效率略高一些。

StringBuffer 类和 StringBuilder 类具有相同的操作接口。由于单线程下编辑字符串更为普遍，StringBuilder 对象更为常用。下面以 StringBuilder 类为例进行讲解。StringBuilder 对象的声明只能通过构造器来完成，直接用字符串常量赋值会出现错误。当声明 StringBuilder 对象时，系统会为其分配一定的容量，即所能容纳的最大字符数，默认情况下是 16 个字节：

```
StringBuilder str = new StringBuilder();         /*分配 16 个字节的空间 */
StringBuilder str = new StringBuilder(128);      /*分配 128 个字节的空间 */
StringBuilder str = new StringBuilder("Hello");  /*存放 "Hello" 后再分配 16 个字节空间 */
StringBuilder str = "Hello World";               /* 错误 */
```

在修改 StringBuilder 对象的过程中，如果 StringBuilder 对象的长度需要超过现有容量，StringBuilder 对象将会自动增加容量。需要注意 StringBuilder 对象长度和容量的区别，长度是指目前已经存放的字符数，容量是指可以容纳的最大字符数：

```
StringBuilder str = new StringBuilder("hello world");
System.out.println(str.length());          /* 输出 StringBuilder 对象长度，值为 11 */
System.out.println(str.capacity());        /* 输出 StringBuilder 对象容量，值为 27 */
```

StringBuilder 对象可以进行字符串的连接、提取、查找、比较、替换等操作。表 7-1 展示了 StringBuilder 对象的常用操作方法。

表 7-1　StringBuilder 对象的常用操作

方　法	应　用	方　法	应　用
length( )	获取字符串的长度	setCharAt( )	将指定下标的字符替换为 ch
setlength( )	设置字符串的长度	insert( )	在指定位置插入字符 ch，该位置原有字符及其后面的字符后移
capacity( )	获取字符串的容量	replace( )	替换指定位置的子字符串
ensureCapacity( )	设置字符串的容量	delete( )	删除子字符串
append( )	将 str 连接在该字符串末尾	deleteCharAt( )	删除指定位置的字符
charAt( )	获得指定下标的字符	reverse( )	反转字符串
substring( )	提取子字符串	toString( )	转换为 String 对象
getChars( )	将字符串的子字符串复制给指定数组		

实际上，Java 中在对 String 对象拼接时，也进行了一定的优化。将多个 String 对象拼接的时候，编译器会先自动生成一个 StringBuilder 对象，调用其 append 方法进行字符串连接，再调用 StringBuffer 对象的 toString 方法生成新的 String 对象。

7.3 容器

7.3.1 容器的概念

在程序设计中，很多情况下需要等到程序运行时才能确定创建对象的数量。这使得在编写程序时无法事先为这些对象的创建分配空间，并对其进行存储。对于这个问题，面向对象设计中的解决方案是：定义一种新的对象类型，该对象类型拥有对需要创建的对象的引用，并可以根据需要调整自身的容量。这种新的数据类型在 Java 中被称为“容器（container）”。

为了满足不同的应用场景，Java 类库提供了一系列的容器。Java 中的容器主要分为 Collection 和 Map 两种。Collection 中包含了一组相互独立的元素，可以进一步分为 List 和 Set 两种；Map 提供了一组键 – 值对，要求所有元素的键不得重复。具体的容器类型包括 ArrayList、LinkedList、HashSet、TreeSet、HashMap、TreeMap 等。

Java 中所有容器类对象的大小都是不固定的，在创建后可以根据需要改变大小。由于实现机制的不同，部分容器类中的元素是有序的，而部分容器类中的元素是无序的。元素的有序性是指容器中所包含元素的顺序不会发生变化，这对容器中元素会相互影响或者用户调用操作等情形具有重要的意义。此外，部分容器类的对象可以保证其元素的唯一性，例如 Set，这对只需要判断元素是否存在的情形十分适用。

7.3.2 ArrayList 类

ArrayList 是一种常用的容器类型，可以看作是对象引用的变长数组。在应用 ArrayList 时，通常先创建一个空的 ArrayList 对象，再根据需要增加或删除元素。

例如，原先表示所有图书信息列表时，需要先假设图书信息数量可能的最大值，声明一个 BookInfo 对象的数组。这会造成内存空间的浪费，并且当实际的图书信息数量超过了之前设定的最大值，需要通过较为复杂的操作来扩充数组的长度。如果使用 ArrayList 来表示所有的图书信息，就会相对简单。在初始状态下，声明不包含任何图书信息的列表：

```
ArrayList<BookInfo> bookInfoList = new ArrayList<BookInfo>();
```

当需要新增图书信息时，在 bookInfoList 中调用 add 方法增加一个元素，其一般形式为：

```
add(Object element)
```

下面是在图书信息列表中增加一个图书信息的示例：

```
BookInfo bookInfo = new BookInfo(isbn, title, author,publisher, year, isRare);
bookInfoList.add(bookInfo);
```

当需要删除某个指定的图书信息或指定位置的图书信息时，可以调用 remove 方法，其一般形式为：

```
remove(Object element)
remove(int index)
```

下面是从图书列表中删掉 isbn 为 9787508344980 的图书信息的示例：

```
String isbn = "9787508344980";
BookInfo bookInfo = bookInfoList.searchBookInfo(isbn);
bookInfoList.remove(bookInfo);
```

当 ArrayList 对象添加或删除元素时，ArrayList 能够动态地调整大小；但与在数组中添加或删除元素相比，ArrayList 中增删元素的操作时间较长，且会随着元素数量的增加而增长。因此，当可以预知 ArrayList 可能的大小时，可以预先为 ArrayList 对象分配一定的空间。在 ArrayList 对象初始化时，可以为其分配初始的容量：

```
new ArrayList <element type>(int initCapacity)
```

其中，element type 是指元素的类型；initCapacity 是分配的初始容量。

例如，假设图书信息的数量大约为 10 000 个，则可以采用下面的方法对图书信息列表初始化：

```
ArrayList<BookInfo> bookInfoList = new ArrayList<BookInfo>(10000);
```

当 ArrayList 对象中的元素个数达到或即将达到其容量时，也可以用 ensureCapacity 方法人工增加 ArrayList 对象的容量。ensureCapacity 方法可以通过一次性地增加 ArrayList 对象的容量来避免频繁的空间分配，以改善性能。ensureCapacity 方法的一般形式为：

```
void ensureCapacity(int additionalCapacity)
```

其中，additionalCapacity 是新添加的容量。

下面是对图书信息列表增加 100 个元素容量的示例：

```
bookInfoList.ensureCapacity(100);
```

如果希望减小 ArrayList 对象的容量，使得其正好能够容纳当前所有的元素，则可以用 trimToSize 方法，其一般形式为：

```
void trimToSize()
```

在对 ArrayList 对象中的元素进行操作时，经常需要判断 ArrayList 对象是否包含了某个指定的元素。为此，ArrayList 类提供了 contains 方法和 indexOf 方法对元素进行查找。

contains 方法用于判定 ArrayList 中是否包含指定的元素，其一般形式为：

```
boolean contains(Object element)
```

element 为指定的元素。如果包含该元素，则返回 true；否则，则返回 false。

indexOf 方法用于查找指定元素的位置，其一般形式为：

```
int indexOf(Object element)
```

element 为指定的元素。如果包含该元素，则返回元素的下标；否则，则返回 -1。

当确定了元素的下标后，可以通过 get 方法访问元素，其一般形式为：

```
get(int index)
```

index 是指定的元素下标，从 0 开始标号。ArrayList 对象在随机访问方面有很好的表现，且访问时间不会随着元素数量的增加而有明显增长。

此外，ArrayList 类还提供了 size 方法和 isEmpty 方法分别用于计算元素的个数和判定元素的对象是否为零。

例如，在借阅者借书时，通常需要判定其已经借阅的图书本数是否达到了允许借阅的上限：

```
Book book = bookInfo.getAvailableBook();          /* 根据图书信息获取 1 本可借的图书 */
```

```
if(borrowedList.size() < maxBorrowedNum) {           /* 已借阅数量小于允许借阅的最大数 */
   borrowedList.add(book);
}
```

很多情况下需要对 ArrayList 对象进行遍历操作，例如在图书信息列表中根据 ISBN 查找图书信息。ArrayList 对象的遍历和数组相似，可以通过 for 语句或者 foreach 语句实现。下面是查找图书信息的示例：

```
BookInfo bookInfo;
for (int k = 0; k < bookInfoNum; k++) {
     bookInfo = bookInfoList.get(k);
     if(isbnInput.equals(bookInfo.getISBN())) {
         return bookInfo;
     }
}
```

7.3.3 迭代器

除了可以使用 for 语句或 foreach 语句对 ArrayList 对象进行遍历外，还可以使用迭代器来遍历 ArrayList 对象。Java 中提供了 Iterator 类来实现迭代器。Iterator 类的常用方法包括：

```
hasNext()             /* 判定序列中是否还有元素 */
next()                /* 获得序列中的下一个元素，第 1 次调用会返回序列中的第 1 个元素 */
remove()              /* 将上一次返回的元素从迭代器中移除 */
```

下面是采用迭代器遍历图书信息列表来查找图书的示例：

```
public BookInfo searchBookInfo(String isbn) {
    BookInfo bookInfo;
    Iterator<BookInfo> iterator = bookInfoList.iterator();
    while(iterator.hasNext()) {
            bookInfo = iterator.next();
            if(isbn.equals(bookInfo.getISBN())) {
                           return bookInfo;
            }
    }
    return null;
}
```

7.4 输入和输出

7.4.1 流的概念

流（stream）是指任何可以产生数据的数据源对象或者接收数据的接收端对象。Java 中采用流来屏蔽实际数据处理中的细节，提供相同的行为方式，实现输入和输出。

Java 类库中的 I/O 类分为输入流和输出流两大类。根据数据源对象或接收端对象的不同，输入流和输出流又分为读写文件、读写对象等多种不同的类型。这些输入 / 输出流分别负责不同层面的工作，通常要将多个输入 / 输出流进行连接后使用。这种类库设计方式有助于通过输入 / 输出流之间不同的组合来达到最大的适应性，以满足不同场景下的输入 / 输出需求。

7.4.2 字节流和字符流

根据输入 / 输出数据类型的不同，Java 中的流可以分为字节流和字符流两大类。

字节流以字节为输入 / 输出的基本单位，用于读写单个字节或字节数组。Java 类库中字节流由 InputStream 类和 OutputStream 类派生，根据不同的数据源对象和接收端对象提供了多个类，例如 FileInputStream 类和 FileOutputStream 类用于对文件读写字节，ByteArrayInputStream 类和 ByteArrayOutputStream 类用于对内存缓冲区读写字节等。

字符流以字符为输入 / 输出的基本单位，用于读写单个字符或字符数组。Java 类库中字符流由 Reader 类和 Writer 类派生，根据不同的数据源对象和接收对象提供了多个类，例如 FileReader 类和 FileWriter 类用于对文件读写字符，CharArrayReader 类和 CharArrayWriter 类用于对内存缓冲区读写字符等。

需要注意，任何输入或输出在最底层的实现上都是以字节为单位。采用字符流是为了在 I/O 操作中更好地支持 Unicode 字符，有助于程序的国际化，并在某些应用场景下更加有效。但在面向字节的输入 / 输出应用场景中，字节流依然很有价值。Java 类库中提供了将字节流转换为字符流的类。InputStreamReader 类用于将 InputStream 对象转换为 Reader 对象，OutputStreamWriter 类用于将 OutputStream 对象转换为 Writer 对象。

7.4.3　文件的读写

对文件读写数据是一种常见的输入 / 输出方式，Java 中可以采用字节流或字符流来实现。

采用字节流对文件读写数据的一般形式为：

```
FileInputStream fis = new FileInputStream(filename);
fis.read();
FileOutputStream fos = new FileOutputStream(filename);
fos.write(s);                    /* s 为需要写入的字符串 */
```

采用字符流对文件读写数据与上面类似，其一般形式为：

```
FileReader fr = new FileReader(filename);
fr.read();
FileWriter fw = new FileWriter(filename);
fw.write(s);
```

当对文件的读写操作结束后，无论采用的是字节流还是字符流，都需要调用 close 方法来关闭文件，其一般形式为：

```
void close();
```

下面是将借阅者信息写入 Borrower.txt 文件进行保存的示例：

```
String record;
for(int i = 0; i < borrowerNum; i++) {
     record += borrowerList.get(i).toString() + '\n'; /* toString() 用于将借阅者信
                                                         息表示为字符串 */
}
FileWriter fw = new FileWriter("Borrower.txt");
fw.write(record);
fw.close();
```

下面是从 Borrower.txt 文件中读取借阅者信息的示例：

```
BufferedReader br = new BufferedReader(new FileReader("Borrower.txt"));
String borrowerInfo;
while((borrowerInfo = br.readline()) != null) {
   borrowerList.get(i).setInfo(borrowerInfo);    /* setInfo() 用于根据字符串对借阅者信
                                                    息赋值 */
```

```
    }
    br.close();
```

7.4.4 缓冲区的读写

直接对文件读写容易造成过多的磁盘访问，从而影响读写效率。为了提高读写速度，可以利用内存缓冲区对需要读写的文件进行缓冲，从而减少对磁盘的访问次数。

Java 类库中提供了 BufferedOutputSteam 类和 BufferedWriter 类用于与输出流进行连接，其一般形式为：

```
BufferedOutputStream bos = new BufferedOutputStream(fos);
BufferedWriter bw = new BufferedWriter(fw);
```

上面记录借阅者信息的例子可以改写为：

```
String record;
for(int i = 0; i < borrowerNum; i++) {
   record += borrowerList.get(i).toString() + '\n';
}
BufferedWriter bw = new BufferedWriter(new FileWriter("Borrower.txt"));
bw.write(record);
bw.close();
```

采用 BufferedOutputStream 对象和 BufferedWriter 对象时，会先将数据写入缓冲区，等缓冲区写满后再写入磁盘。如果需要强制将缓冲区内的数据立即写入，可以调用 flush 方法，其一般形式是：

```
void flush();
```

Java 中提供了 BufferedInputStream 类和 BufferedReader 类来与输入流进行连接，其一般形式为：

```
BufferedInputStream bis = new BufferedInputStream(fis);
BufferedReader br = new BufferedReader(fr);
```

采用 BufferedInputStream 对象和 BufferedReader 对象时，程序会将数据从磁盘读取到缓冲区，然后从缓冲区读取数据，直到缓冲区为空后再对磁盘进行操作。

在利用缓冲区读取文件时，通常采用 while 循环和 readline 方法来逐行进行，直到返回结果为 null 为止，此时表示已经到达了文件的结尾。

上面从 Borrower.txt 文件中读取借阅者信息的示例可以改写为：

```
BufferedReader br = new BufferedReader(new FileReader("Borrower.txt"));
String borrowerInfo;
while((borrowerInfo = br.readline()) != null) {
   borrowerList.get(i).setInfo(borrowerInfo);    /* setInfo() 用于根据字符串对借阅者
                                                    信息赋值 */
}
br.close();
```

7.4.5 对象的序列化读写

上面的示例中将对象信息转换为字符串进行记录，用于实现数据备份或网络传输。这种解决方案需要自行定义对象信息和字符串之间的转换方法，并且需要考虑不同机器和操作系统上数据表示细节的不同。

为了实现对象的存储和传输，Java 中提供了一种更为便捷的方式——对象序列化。它可以将对象自动转换为字节序列进行存储或传输，并通过解序列化将该字节序列完全恢复为原来的对象。Java 中实现对象序列化只需要相应的类实现 Serializable 接口（参见 10.1.4 节），而不需要做其他操作。JDK 中大部分的类都实现了序列化。

例如，当需要通过对象序列化来存储所有借阅者对象时，只需要对包含借阅者列表的 User 对象序列化，即在 User 类的声明中实现 Serializable 接口：

```
public class User implements Serializable {
    Administrator admin;
    ArrayList<Borrower> borrowerList;
    …
}
```

需要注意，在上面的示例中，User 类包含了对 Borrower 对象的引用。如果希望对 User 对象序列化，则 Borrower 类也需要实现 Serializable 接口，否则会报错。

```
public abstract class Borrower implements Serializable {
    String id;
    String name;
    int type;
    String password;
    int borrowDuration;
    int maxBorrowedNum;
    int maxRenewTimes;
    ArrayList<Borrow> borrowedList;
    ArrayList<Borrow> borrowHistory;
    …
}
```

而 Borrower 类中包含了 Borrow 对象的引用，因此 Borrow 类也需要实现 Serializable 接口。如果遇到某些对象成员变量无法被序列化，例如假设 Borrow 类是由他人声明的且无法修改，可以使用 transient 进行标记：

```
transient ArrayList<Borrow> borrowedList;
transientArrayList<Borrow> borrowHistory;
```

用 transient 标识的成员变量在序列化时会被忽略，并且在解序列化时会被赋值为 null。transient 也可以标识基本数据类型的成员变量，在解序列化时会被赋值为默认值。此外，transient 还可以用于标识不想被序列化的成员变量，如动态数据。

需要注意，当多个序列化的对象包含对相同对象的引用时，例如多个 Book 对象包含相同的 BookInfo 对象，序列化可以自动判定 BookInfo 对象是相同的，只存储其中 1 个 BookInfo 对象，并将其他引用复原成指向该对象。此外，静态变量是归每个类所有的，不会被序列化，在解序列化时维持类声明时的状态。

Java 提供了 ObjectOutputStream 类和 ObjectWriter 类将序列化的对象写入文件，其一般形式为：

```
ObjectOutputStream oos = new ObjectOutputStream(new FileOutputStream(filename));
ObjectWriter ow = new ObjectWriter(new FileWriter(filename));
```

下面是存储管理员和所有借阅者信息的示例：

```
ObjectOutputStream oos = new ObjectOutputStream(new FileOutputStream(dataFile));
os.writeObject(user);
os.close();
```

Java 提供了 ObjectInputStream 类和 ObjectReader 类从文件中解序列化对象，其一般形式为：

```
ObjectInputStream ois = new ObjectInputStream(new FileInputStream(filename));
ObjectReader or = new ObjectReader(new FileReader(filename));
```

下面是从文件中读取管理员和所有借阅者信息的示例：

```
ObjectInputStream os = new ObjectInputStream(new FileInputStream("D:/myLib/
dataFile.ser"));
user = (User) os.readObject();
os.close();
```

7.4.6　标准输入 / 输出

Java 中提供了三种标准输入 / 输出流：System.in、System.out 和 System.err，其中 System 是用于封装程序运行环境的类。这三种流被定义为 public 和 static 的，这表明它们可以通过 System 类直接调用。System.in 是标准输入流，是未经包装的 InputStream 流，在读取前需要对其进行包装；System.out 是标准输出流，已经被包装成 PrintStream 流；System.err 是标准错误流，已经被包装成 PrintStream 流。因此，System.in、System.out、System.err 都是字节流。

标准输入流通常是包装成 BufferedInputStream 对象或 BufferedReader 对象，采用 readLine 方法从键盘等设备读取数据；标准输出流可采用 print 方法或 println 方法来向显示设备输出数据，推荐包装成 PrintWriter 流。

下面是管理员或借阅者登录的示例：

```
System.out.println("请输入用户类型编号：1. 管理员，2. 借阅者");
int userType = Integer.parseInt(br.readLine().trim());  /* 输入用户类型 */
System.out.println("请输入 ID：");
String userId = br.readLine().trim();                    /* 输入用户 ID */
System.out.println("请输入密码：");
String password = br.readLine().trim();                  /* 输入密码 */
```

7.5　项目实践

1. 修改 6.6 节中编写的用户类（User）、管理员类（Administrator）、教师类（Teacher）、学生类（Student）。要求如下：
   - 所有类中采用字符数组表示的成员变量改为用字符串表示，并修改相关的成员方法。
   - 用户类中采用 ArrayList 表示教师列表和学生列表，修改查找、添加、删除、修改教师和学生对象的成员方法，其中要求使用迭代器对教师列表和学生列表遍历。
   - 用户类中增加 savaData 方法，用于以对象序列化方式将数据存储到本地文件；修改构造器，实现从本地文件中读取数据初始化。
   - 用户类中增加对管理员身份验证的成员方法。
2. 修改 6.6 节中编写的管理员控制器类（AdministratorController）。要求如下：
   - 修改参数为字符数组的成员方法，将相应的参数类型改为字符串。
   - 增加管理员登录的成员方法。
3. 编写管理员界面类（AdministratorUI）。要求如下：
   - 包含 main 方法，运行 main 方法后展示登录界面，提示管理员输入登录名和密码，并验证成功后进入管理员主界面。
   - 管理员主界面提供教师管理、学生管理、修改个人信息、退出登录 4 项操作，输入操作编号后进入相应的操作界面。

- 在教师管理界面中可以查找、添加、删除、修改教师信息。
- 在学生管理界面中可以查找、添加、删除、修改学生信息。
- 修改个人信息界面中可以修改管理员的用户名和密码。
- 退出登录时要求系统存储数据。
- 所有操作必须通过管理员控制器类进行，不得直接访问用户类、管理员类、教师类或学生类。
- 采用命令行方式界面。
- 位于包 edu.software.scoremanage.userinterface 中。

7.6 习题

1. 简述 Arrays 类提供的数组操作方法，并总结 Arrays 类的优点。
2. 简述将 String 对象设定为不可变的原因。
3. 简述 String 类和 StringBuilder 类的区别。
4. 比较 ArrayList 类和数组的区别。
5. 简述使用迭代器的优点。
6. 简述字节流和字符流的用途，并举例说明。
7. 简述对象序列化的优缺点。

第 8 章
软件工程工具与调试

早期软件开发没有专门的工具，随着软件开发复杂度越来越高，人们遇到了越来越多的困难，很多的精力被投入到软件开发以外。不方便的编辑器、编译器、调试器很容易就会消耗程序员大量时间，同时会让开发人员产生挫折感。"工欲善其事，必先利其器"，软件工程研究者研究、开发了各种可以提高软件工程工作效率，改善软件质量的工具，使得开发者逐步从一些机械、繁琐的工作中解脱出来，可以集中精力解决软件开发中更加本质的问题。

软件开发工具根据在不同软件开发生命周期阶段中起到的作用可以分为：

- 软件需求工具，用于描述系统的需求、需求建模和需求跟踪。
- 软件设计工具，用于描述软件设计。
- 软件构造工具，用于程序设计、编码和编译，主要是集成开发环境，提供程序语言的代码编辑器、代码生成器、预编译、编译、链接、集成、运行环境和调试器。
- 软件测试工具，用于对系统、子系统、模块或单元进行测试的工具。
- 软件开发支撑工具，包括软件配置管理工具、项目管理工具、软件工程工具等。

本章将根据个人级工程化软件开发的特点，介绍集成开发环境、版本控制工具和调试器。在后续章节中将有针对性地介绍一些其他工具。

8.1 集成开发环境

程序的编写过程一般包括代码编辑、编译、链接等任务，其中还会进行调试。早期程序员使用各种不同的软件工具来完成以上工作：使用文本编辑器编辑代码；使用编译器进行编译；使用链接器进行链接；使用其他独立工具进行调试、版本控制、部署、安装程序制作等工作。不同工具的界面和命令各不相同，学习内容众多，且各工具之间信息难以充分共享，这为软件开发带来了障碍。

从 20 世纪 70 年代中期开始，研究者开始将各种软件编程工具集成到一个应用程序中，提供一致的界面，并有效协同各个工具的使用，使得工具可以使用其他工具提供的信息，提高了软件开发人员的效率，该应用程序称之为集成开发环境（Integrated Development Environment，IDE）。

现在通常 IDE 具备以下功能：

- 编辑源代码
- 输入代码时进行代码语法检查，提供即时反馈给程序员
- 根据语法，高亮代码
- 编译、链接
- 调试
- 浏览代码结构图

一些 IDE 还提供一些更加复杂的功能：

- 输入代码时进行代码自动完成
- 自动创建类、方法和属性
- 可视化编程支持
- 自动化重复任务
- 集成源代码控制工具
- 集成 Web Server
- 集成测试工具
- 重构
- UML 支持

传统 IDE 多限于单一编程语言，但一些 IDE 可以支持多种语言，比如 Eclipse、NetBeans 等（它们有不同的插件可以支持 Java、C/C++、Pearl、Python、Ruby、PHP 等语言）。

不同计算平台对 IDE 的使用习惯有所不同。UNIX 平台仍然有很多程序员使用独立命令行编程工具，也有很多程序员使用 Emacs 和 Vim。微软 Windows 平台上很少有程序员使用命令行工具，大部分使用具有图形用户界面的 IDE，比如 Microsoft Visual Studio 等。苹果公司 Mac OS 平台上的常见 IDE 为 Xcode。另外，开源 IDE，例如 Eclipse 等，在各个平台上都可以使用。

Eclipse（http://www.eclipse.org/）是一个跨平台的支持多种编程语言的开源 IDE。Eclipse 源于 IBM 公司的商业项目 VisualAge IDE，于 2001 年 11 月开源。Eclipse 的设计目标除了满足用户对 IDE 的需求以外，还设计了灵活的插件（plugin）结构，程序员可以根据自己的需要来扩展功能。Eclipse 是当前使用广泛的 Java IDE 之一，本书建议使用者用 Eclipse 进行 Java 程序开发。

8.2　代码管理

在编写程序时，所有的开发人员都会遇到同样的问题：源代码放在什么位置？单元测试案例放在什么位置？项目依赖的库文件放在什么位置？将所有的源代码、测试代码和相关库文件放在一个目录下是初学者常犯的一个错误，良好的开发文件目录管理有助于减少开发中的混乱。良好的目录管理使得程序员能很容易理解项目中各种开发资源之间的关系，并且能够非常

容易定位到自己所需要的源代码或其他资源。如果所有软件项目都能遵循规范的目录管理模式，也会使得在不同项目间交换开发人员时容易适应新的环境。

一些软件工程工具约定了项目的目录结构，比如 Maven。表 8-1 介绍了 Maven 中的标准目录结构。

表 8-1 Mave 目录结构

目 录 名	目 的
项目目录	包括配置文件 pom.xml 和本表中其他所有子目录
src/mian/java	包括项目可交付的 Java 源代码
src/mian/resources	包括项目可交付的资源，例如属性文件等
src/test/java	包括项目中的测试类文件（例如 JUnit 和 TestNG 测试用例）
src/test/resources	包括测试所需的所有资源

Maven 约定了常用的目录结构，如果程序员没有特殊的需求，完全可以沿用这种结构。Maven 基于这种目录结构来进行软件的构建，程序员只要将自己的源代码和其他资源文件放入指定的目录中，Maven 会自动完成创建的大部分工作，极大地降低了程序员的工作量。

Ant 是另外一种非常常用的创建工具，它对项目的目录结构本身没有严格的规定，每个程序员可以较为自由地确定自己的目录，但一般程序员还是会遵循一些常规的目录使用习惯。

表 8-2 所示是一个使用 Ant 构建的软件目录结构，当然我们还有很多其他的命名方式。

表 8-2 Ant 常见目录结构

目 录 名	目 的
项目目录	包括配置文件 build.xml 和本表中其他所有子目录
src	包括项目源代码文件
test	包括项目测试代码
lib	包括项目中需要的库文件
dist	部署文件，可能为 JAR 或 WAR 文件等

以上结构相对比较简单，对于不太复杂的项目可以套用以上目录，当然在 src 目录下，我们还是需要根据软件的设计将多个类分布在合理的 package 中。

8.3 版本控制

在我们开发软件的时候，通常都要持续一段时间，不太可能在几个小时之内完成，那该如何备份我们的程序呢？难道我们要每天用一个压缩工具把代码打包成一个文件，然后命名为“代码 + 日期 .zip”吗？如果我们今天为了尝试一个新的算法而删除了旧的代码，而这次的修改并不成功，能否恢复上次的代码？这些都是个人级软件开发必须解决的问题。软件工程版本控制可以很好地解决以上问题，并且对团队合作开发提供了重要的支持。

随着软件规模越来越大，变更越来越频繁，软件版本控制（或源代码控制，英文常见为：revision control、version control 或 source control）问题将越来越重要。本节将介绍版本控制的概念和常用工具。

8.3.1　软件配置管理概述

软件配置管理，简称 SCM（Software Configuration Management），用于跟踪和控制软件变更。它应用于整个软件工程过程，通常由相应的工具、过程和方法学组成。软件版本控制是软件配置管理工作的一部分。

Roger Pressman 认为："SCM 是一组控制变更的行为，识别可能变更的工作产品，建立它们之间的关系，制定管理这些工作产品不同版本的机制，控制变更的提出、审查和报告。"

"软件配置管理计划标准"（IEEE 828-1998）关于 SCM 的论述如下："SCM 通过以下手段来提高软件的可靠性和质量：1）在整个软件的生命周期中提供标识和控制文档、源代码、接口定义和数据库等配置项的机制；2）提供满足需求、符合标准、适合项目管理及其他组织策略的软件开发和维护的方法学；3）为管理和产品发布提供支持信息，如基线的状态、变更控制、测试、发布、审计等。"

软件配置管理包括：版本控制、变更管理和过程支持。针对个人级别软件开发，本书重点关注版本控制。

8.3.2　版本控制概念

版本控制是软件配置管理的核心和基础，也是很多其他软件工程活动（比如集成）的必需条件。软件配置管理的其他功能大都须建立在版本控制功能之上。版本控制的对象是软件开发过程中涉及的计算机文件，包括最为重要的源代码，以及库文件、图形资源文件、计划文档、需求文档、设计文档、测试文档等可以存储为计算机文件的有关资源。

在没有使用版本控制系统之前，程序员经常面对的一个基础问题是程序的备份。原始的做法是在不同的时刻打包所有的软件开发文件，并复制存储。这样做很难保证进行及时、可靠的备份，也难以跟踪不同版本之间的区别，更加无法在团队内进行合作。使用版本控制系统后，在服务器以及每位程序员的机器上都有一个完整的开发文件集的备份，而且服务器通常还有专门的备份方法，有效地减少了文件丢失的风险。使用版本控制系统，开发者可以方便地回退到以往的任何一个版本，这将鼓励程序员进行新技术的尝试，当开发进入死胡同的时候，至少还可以回到以前的一个正常的开发状态。对于软件开发者，版本控制系统提供了一个可靠的备份和管理工作文件版本的机制。

近年来，软件开发越来越强调团队交流与合作，版本控制对于团队开发而言更加重要。如果没有版本控制，团队将没有办法进行有效合作，每个成员都无法知道自己是否是在团队的最新代码的基础上工作，也难以用方便的方式取得全部的最新代码，这非常容易造成不同开发者之间的编码冲突。例如团队的一个成员基于其他成员的代码进行了大量的开发，但是其他的成员一个月前就删除或改写了相应代码，这样他的工作将全部浪费，而且测试、调试的过程会非常复杂。如果团队使用版本控制系统，并且所有成员都及时检入、检出，就可以避免以上情况的发生。

常见版本控制系统（见图 8-1）由服务器和客户端组成。服务器使用项目"资源库"（repository）存储受版本控制的所有文件以及文件的完整修订历史。通常一个项目会在服务器上建立一个资源库，项目所需文件全部存储在该资源库中。该资源库具有独立的用户访问控制，确保具有授权的开发人员才可以进行相关操作。服务器在存储同一文件的变更时往往会采用“增量存储”的方式，即只保留文件相继版本之间的差异，这样可以更加有效地存储文件的多个版本。程序员使用客户端来使用版本控制系统，客户端最基本的功能包括文件或目录的检出（check out或更新update）和检入（check in或提交commit）。程序员在本地建立一个和服务器端资源库相对应的本地工作目录（或称为工作空间、工作拷贝），该目录通常只保存资源库中文件的最新版本（有时也称为快照，snapshot或mainline）。检出操作从项目资源库中将文件的最新修订版本复制到本地工作目录。版本控制软件会检查本地工作目录中文件有无更新，如果有更新，检入操作将本地工作文件作为新的版本复制回资源库。

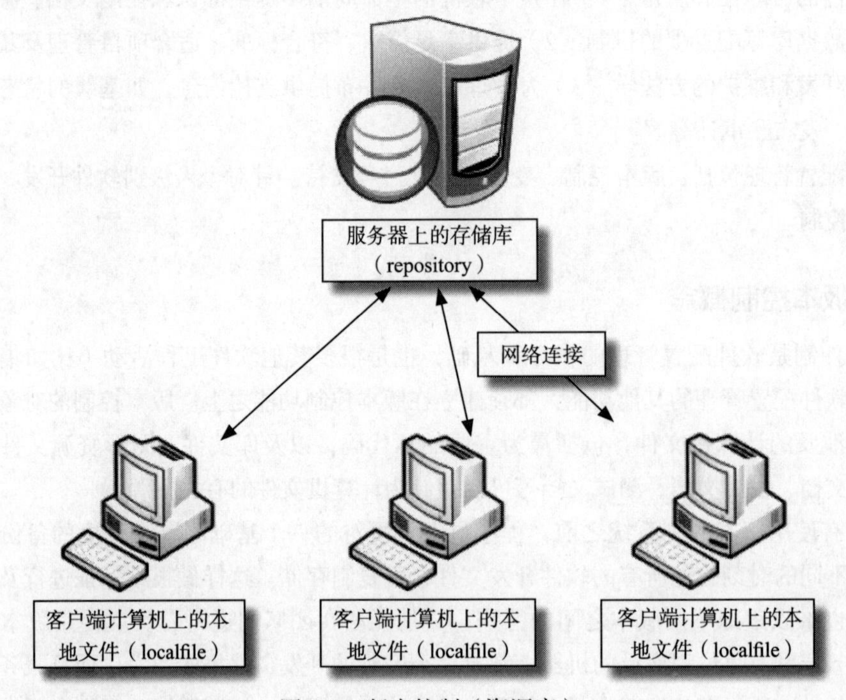

图 8-1 版本控制（资源库）

在版本控制系统中，对一个文件的修改通常用数字或字母表示，例如，初始的文件被标识为“版本1”，然后第一次的修改被标识为“版本2”，后继的修改也会按照同样的方法进行标识。每个版本都会和时间戳（timestamp）以及修改的用户相关联。程序员可以对同一个文件的每个版本进行比较，回退到任何一个已经标识的版本，或者对于某些文件类型进行合并。

对于大型软件项目而言，经常会出现不同程序员同时编辑一个文件的现象。如果两个程序员同时改动一个文件，而没有相应的存取权限管理，很可能会覆盖彼此的工作。版本控制系统通常有两种方式进行存取权限管理：文件锁（file locking）和版本合并（version merging）。

最简单的防止并行修改文件的方法就是使用文件锁机制。当一位程序员检出一个文件时，服务器会为该文件加锁，其他程序员可以读该文件，但不能修改该文件，直到该程序员将新的文件版本检入（或取消该次检出）。这种做法可以避免同时修改同一文件的问题，但是如果某位程序员检出一个文件时间过长，会影响到其他人员的工作。其他程序员可能会绕过文件锁机制在本地进行文件修改，这将造成更加严重的问题。

当前的大部分版本控制系统都允许多个程序员在同一时间编辑同一文件。第一位程序员修改后检入时总是成功的。系统会提供相应的工具供其他程序员将他们的修改合并到系统资源库中去，并保留所有程序员所作的修改。这样的合并对文件类型有所要求，通常只有文本文件才可以进行合并，并且在合并时可能需要程序员人工介入。对于类似图形文件的合并，一般版本控制系统并不支持，除非有特殊的插件。

多数版本控制系统文件将提交操作看作是一个原子操作。原子操作意味着即使操作被打断，系统也会维持在一个一致的状态，即一个原子操作或者全部做完，或者完全没有做，不会出现部分执行的现象。版本控制系统中的检入操作一般是原子操作，它告诉版本控制系统程序员决定对文件进行一组改动，并将改动发布给所有用户。并不是所有版本控制系统都支持该功能，例如 CVS 不支持原子提交。

除了检入、检出操作外，一般版本控制系统还会提供如下功能。

1. 标签

标签（label、baseline、tag）用于标识项目快照，即为某一时刻项目的所有文件指定一个标签，是用于标识文件集的编号方案。标签常用来标识项目的发行版本、分支或里程碑。用户也可以方便地将整个项目按照标签进行恢复或检出。在正式讨论配置管理时一般使用基线（baseline）一词。

2. 冲突

当两名或更多开发人员对同一文件的本地工作文件进行修订，并将这些更改提交到资源库时，他们的工作可能会发生冲突（conflict）。在这种情况下，版本控制将检测冲突，并要求某个人先解决该冲突，然后再提交更改。

3. 分支

在某个时刻，版本控制系统下的文件集可以进行分支（branch）操作，以后两份文件集可以进行完全独立的开发。通常创建分支来尝试新功能或特定软件产品版本，同时不影响开发的主分支。

4. 导出

导出（export）指从资源库中取得文件，它和检出操作类似，但导出会创建一个干净的目录结构包含所有文件，但不包含通常工作目录中保存的用于版本控制的元文件（meta file）。

版本控制不仅仅是一个软件开发工具，同时它也对软件开发者提出了相应要求。软件开发人员应当养成使用版本控制系统的习惯：在开始一个新的软件开发活动之前应进行一次检出，确保新的工作基于团队最新的软件版本，避免在旧的软件版本上工作造成混乱；在完成了一部分工作并确认正确后进行检入，将自己的工作同步给团队其他成员。开发人员应当提高使用版本控制系统进行检入、检出的频率，现代软件开发过程通常建议每天至少进行一次检入。

8.3.3　常用版本控制工具

1. 开源版本控制工具

开放源码的版本控制工具有很多，如 Concurrent Versions System（CVS）、Subversion（SVN）、

Vesta、Revision Control System（RCS）、Source Code Control System（SCCS）等。比较常用的两个工具是CVS和SVN。CVS是Dick Grune在1984年～1985年基于RCS开发的一个客户—服务器架构的版本控制软件，长久以来一直是免费版本控制软件的主要选择。SVN的一个重要开发目标是修正CVS中广为人知的缺点，提供一个新的版本控制软件。现在，对于中小规模团队，SVN是一个比较好的开源版本控制工具，本书建议程序员在个人级软件开发中使用SVN，具体信息请参考：http://subversion.apache.org/。SVN常用客户端工具为TortoiseSVN，可通过访问http://tortoisesvn.net/得到。图8-2显示了TortoiseSVN的常见功能。

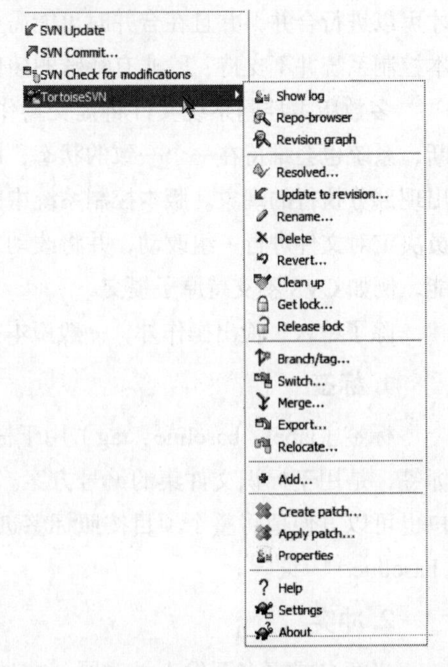

图8-2 SVN客户端TortoiseSVN常见功能

2. 成熟的商业工具

商业工具提供了比开源版本控制工具更多的，尤其是和软件配置管理有关的功能。IBM公司的Rational ClearCase是一款重量级的软件配置管理软件，为大中型软件开发企业提供了版本控制、工作空间管理、平行开发支持以及版本审计，可以为拥有上千开发者的大型项目提供全面配置管理支持。

8.4 基本调试技术

8.4.1 概述

调试（debugging）就是理解系统的行为，发现隐错（bug）的根源并去除它的过程，是软件开发中的重要活动之一。

什么是软件bug？软件bug有时也称为错误、缺陷、问题、故障、失效等（有些文献严格区分这些词的用法，在本书中暂不做严格区分），用于描述软件系统产生了非预期的行为。大部分的软件bug来源于编程人员在源代码编写和设计时的缺陷。最早计算机系统出现的错误并没有被称为bug，Admiral Grace Hopper女士于20世纪40年代在Mark Ⅱ计算机上进行编程工作时发明了“bug”这个术语。第一个“bug”实际上是一只飞蛾，这个飞蛾飞到了Mark Ⅱ计算机的一个中继器上，导致了系统故障。在飞蛾被移除后，她使用“debugging”描述了该工作。从此以后，程序员用“bug”来描述计算机错误，“debugging”描述移除“bug”的过程。

bug对于软件质量的影响显而易见，没有人愿意使用充满bug的软件。在历史上，因为软件bug而导致的事故有很多，甚至某些事故中有人付出了生命的代价。Therac-25是一个计算机控制的放射治疗仪器，设计人员依靠软件来保证系统的安全。Therac-25在1982年后进入市场，在1985年到1987年间共发生了6起过量放射事故，共有3人因此死亡。根据后期的调查，在Therac-25中发现了两个bug：一个逻辑bug使得操作员在改变了机器状态后没有更新机器参数；当一个8位参数溢出归0后，系统跳过了安全检查。

调试与测试不同，测试的主要工作在于发现 bug，而调试的目的是去除 bug。调试会占用软件开发人员大量的时间，对于某些项目调试可能占到开发工作量的 50% 以上，并且我们很难事先估计调试花费的时间。因此，除了软件质量外，调试工作对于软件开发的效率、估算和计划都有重要的影响。

8.4.2　调试基本过程

调试包括隔离、定位和改正 bug。发现 bug（并理解）可能是一件非常困难的事情，有可能消耗大量的时间，甚至远远超过改正 bug 的时间。一个完整的软件调试过程由以下几个步骤组成：

1）重现 bug。重现测试或其他方式发现的问题。初学者常遇到的 bug 是逻辑错误导致的程序运行时异常。例如：无穷循环、无指针错误、除零错误等。有些 bug 比较容易重现，但有些 bug 取决于一些相对不确定的条件，可能会有时出现，有时不出现，这样的 bug 是比较难以重现的，比如和多线程同步有关的一些 bug。

2）定位 bug。对 bug 提出尽可能多的假设，并通过各种调试工具和方法确认 bug 可能出现的区域。这往往是一个非常复杂的过程，1）中所重现的 bug 往往是程序的外部特征，而这个 bug 是一个系统行为，它有可能是因为硬件系统或其他和本软件系统相互配合的硬件和软件造成的问题。所以，调试人员需要先确认 bug 的原因是在本软件系统，才能够进行调试工作。在进行调试时，程序员要分析软件的内部构造，使用各种调试工具和方法来逐步缩小可疑代码区域，寻找错误的根源。下节将介绍基本的软件调试操作。

3）改正 bug。在改正 bug 之前需要理解问题的本质，并理解整个程序。bug 是系统非预期的行为，那么在寻找 bug 的时候必须正确理解系统的行为，这样才能改正 bug。调试程序时，要避免引入新的 bug。通常在修正了 bug 后进行回归测试，在验证修改后，将新的代码与旧的代码进行集成并提交到版本控制系统（见 8.3 节）。

8.4.3　基本调试操作

要修正 bug，程序员需要找到引发 bug 的代码；为了找到有问题的代码行，需要分析可疑代码段的上下文及其相关的值、变量和方法。

初学者基本的调试操作可能就是使用类似 System.out.println() 的语句来输出所需要观察的值，但这种方法对于大规模的程序而言不太现实：一是因为调试过程中可能的输出值太多，难以在屏幕上找到需要的值；二是这会对源程序进行修改，程序员必须保证在调试完成后恢复所有的代码，非常容易引入新的 bug。现代 IDE 一般都会自带一个图形用户界面的调试器帮助程序员进行程序调试。下面将描述调试器提供的常见操作。

1. 断点

程序员可以在某些语句上设置断点（breakpoint），程序在执行到断点处时会暂停。这时，可以通过观察窗口来观察在该时刻程序中变量的值，检查程序的运行情况。断点是最常使用的调试手段之一。添加断点的方法与具体调试器有关。除了直接在 IDE 中的语句上设定断点外，也可以设定断点的条件，比如当某个条件语句为真时，断点才会成立，这称为条件断点。

断点会帮助程序员暂停程序，这时可以使用变量观察窗口来检查当前变量的值，或输入一个表达式求值。很多调试器还会提供动态改变变量值的功能。当程序员发现程序在执行的过程中代码停在了断点处，但是某个变量的值不正确，可以在调试器中修改变量值以保证代码继续走正确的流程；或者有一个条件分支总是无法执行，可以在调试时改一下条件，执行分支代码。图 8-3 所示为 Eclipse 中断点的表现形式。

```
if ((idInput.equals("")) && (passwordInput.equals(""))) {
    loginView.outputLoginResult(-1);
}
```

图 8-3　Eclipse 中断点的表现形式

观察点提供了一种可指定的暂停代码的方式，但它并不像断点一样在指定的代码行停止，而是在指定的变量值发生变化时使程序暂停。因为观察点需要被设定在一个指定变量上，所以它们不能在代码编辑器中被设置，而只能在调试期间的变量视图中设置。和断点不同，观察点只存在调试期间中。图 8-4 所示为 Eclipse 中观察点的表现形式。

图 8-4　Eclipse 中观察点的表现形式

2. 调试中语句运行控制

调试中常见的程序运行控制包括：

- Step Into：跳入，进入某个方法中。
- Step Over：单步跳过突出显示的代码行并执行同一个方法中的下一行（或者它在调用当前方法的方法中继续）。
- Step Return：单步跳出正在执行的方法。
- Resume：继续执行程序。

从断点开始一次处理一条语句称为单步执行，单步命令执行当前的源代码行，然后再次将程序暂停。这有助于程序员细致观察程序执行流程，了解程序是否有指令执行问题，配合检查变量值，程序员可以详细调试可疑代码。程序员经常使用单步来确定程序的控制流程是否做了预期做的事情，比如验证条件语句是否设置了正确的条件，或者循环语句是否执行了正确的重复次数。在需要查看调用方法内部情况时，可以使用 Step Into，这时控制流程将转入被调用方法，可以观察其内部的情况。可以使用 Resume 执行程序到下一个断点或正常将程序执行下去。图 8-5 所示为 Eclipse 调试菜单。

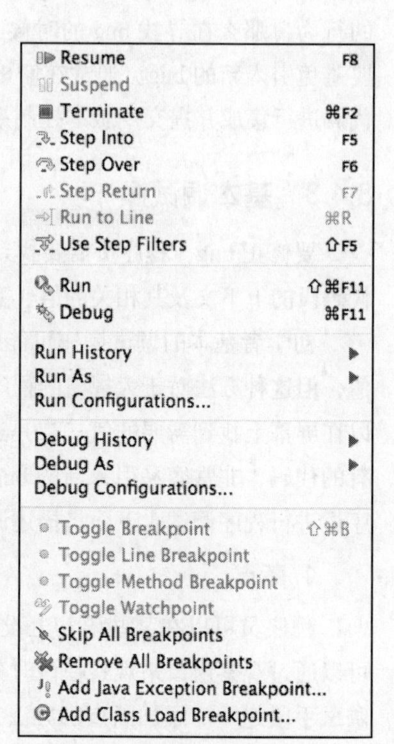

图 8-5　Eclipse 调试菜单

一旦调试器到达一个断点，它会临时暂停程序的执行，并等待下一条命令。在这一点上，可以利用程序运行控制详细观察程序的执行，这是检查程序逻辑的重要方法。同时，可以使用变量检查窗口检查程序变量的值是否有异常，如果发现和预想的值不同，则应怀疑程序执行到此时出现了 bug。bug 不一定是当前行代码造成的，但非常有可能与当前函数调用栈中的函数有密切关系，应当按照函数调用次序逐层向上审查相关代码，判断是否有错误发生。

8.4.4　调试示例

以下以一个整数数组冒泡排序的调试过程为例，说明简单调试的方法。

冒泡排序（bubble sort）是一种简单的排序算法。它重复地遍历要排序的数组，一次比较两个元素，如果它们的顺序错误就把它们交换过来。重复地遍历数组进行比较，直到没有需要交换的元素，也就是说该数组已经排序完成。这个算法的名字由来是因为越大（或小）的元素会经由交换慢慢“浮”到数组的顶端。基本算法（从小到大排序）如下：

- 比较相邻的元素。如果第一个比第二个大，就交换它们两个。
- 对每一对相邻元素做同样的工作，从开始第一对到结尾的最后一对。在这个时刻，最后的元素应该会是最大的数。
- 针对所有的元素重复以上的步骤，最后一个元素除外。
- 持续每次对越来越少的元素重复上面的步骤，直到没有任何一对数字需要比较。

一个初步的含有 bug 的实现如下，我们对其进行调试。

```
import java.lang.System;
public class BubbleSort {
    public static void main (String args[]){
    int[] sortableArray = {9,8,7,6,5,4,3,1};
    System.out.println("Before Bubble Sort");
    print Int Array(sortableArray);
    bubbleSort(sortableArray);
    System.out.println();
    System.out.println("After Bubble Sort");
    printIntArray(sortableArray);
}

//按照从小到大顺序排序一个整数数组
public static void bubbleSort (intinputArray []){
    intcurrentLength = inputArray.length;
      while (currentLength > 1){
        for (int i = 0; i < currentLength; i++) {
          if (inputArray[i] > inputArray[i+1]){
          int temp = inputArray[i+1];
          inputArray[i+1] = inputArray[i];
          inputArray[i] = temp;
          }
        currentLength--;
        }
     }
}

public static void printIntArray(int[] array){
   for (int i = 0;i < array.length;i++){
        System.out.print(array[i]+" ");
     }
   }
}
```

运行结果：

```
Before Bubble Sort
9 8 7 6 5 4 3 1
After Bubble Sort
6 7 8 5 9 4 3 1
```

运行结果明显和我们期望的从小到大的排序结果不相符，需要进行调试。

使用断点，设置在 while 语句开始处。使用 debug 运行，程序运行到断点处会停止，同时会打开变量观察窗口，这时可以看到数组中每个值以及 currentLength 值，如图 8-6 所示。

然后，我们使用 Step Over 逐条执行程序。当语句执行到 currentLength 时，我们可以看到，数组中第一个和第二个的值已经进行了交换，这是正确的行为，如图 8-7 所示。

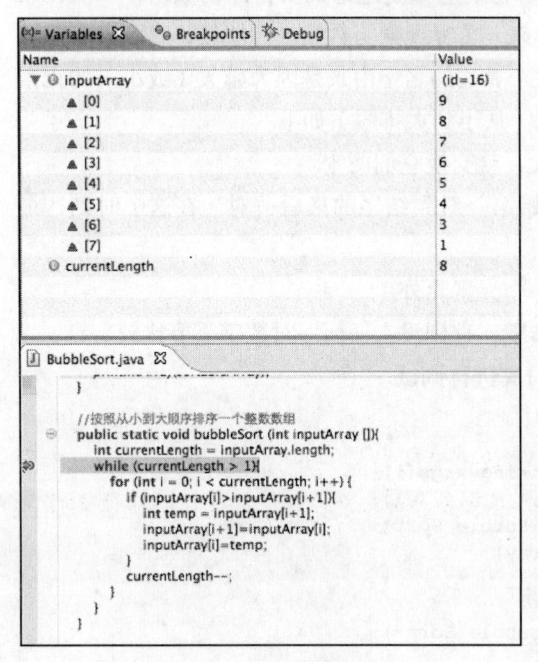

图 8-6　调试 1

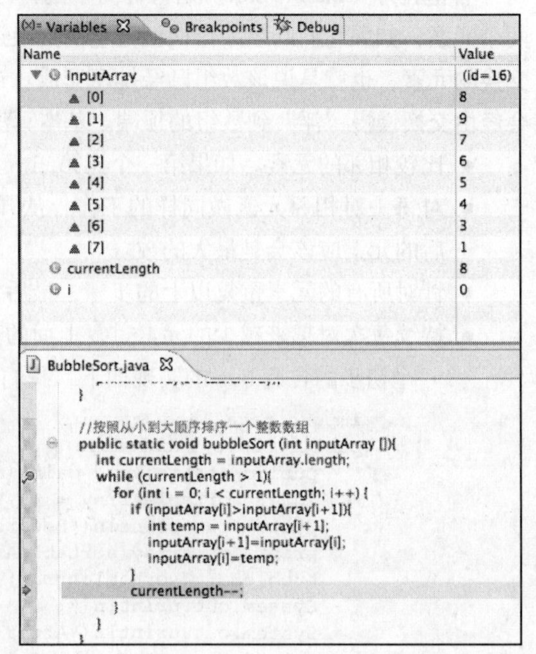

图 8-7　调试 2

向前再走一步，如图 8-8 所示。

我们发现，currentLength 的值变为 7，程序执行语句跳转到了 for 语句，而按照冒泡排序的算法，我们需要遍历一次数组后才会减少 currentLength。这时可以确认 currentLength 语句出现了问题，我们思考一下算法本身，它应该在 for 语句外。

修正了这个错误后，我们再次执行程序，得到以下运行结果：

```
Before Bubble Sort
9 8 7 6 5 4 3 1 Exception in thread "main" java.lang.ArrayIndexOutOfBoundsException: 8
at BubbleSort.bubbleSort(BubbleSort.java:18)
at BubbleSort.main(BubbleSort.java:7)
```

这个错误提示我们在第 18 行出现了一个数组越界的异常。第 20 行代码为：

```
if (inputArray[i] > inputArray[i+1]){
```

我们在这一行设置一个断点，运行程序。

在跟踪 i 值的过程中，我们可以看到 i 的值由 0 逐步变为 1、2、3 等值，一直到 7，如图 8-9 所示。

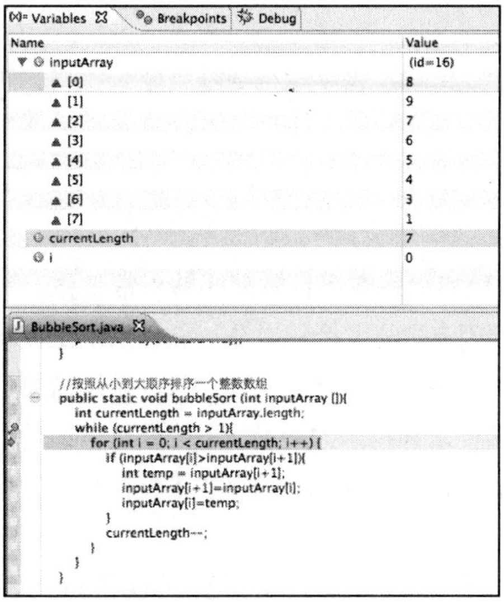

图 8-8　调试 3

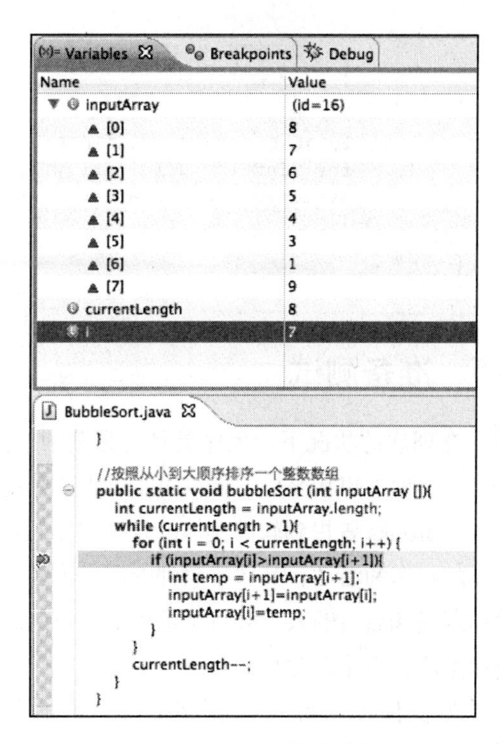

图 8-9　调试 4

这时执行程序出现异常。当我们检查为什么 i=7 时程序会发生异常时，发现在 for 语句中 i 的最大值是 currentLength−1，这时 input[i] 是数组的最后一个元素，而在 if 语句中引用了 inputArray[i+1]，所以出现了数组引用越界的异常。思考算法后，我们将 for 语句中的 i<currentLength 改为 i<currentLength−1。

再运行程序，可以得到正确的结果。

完整代码如下：

```
import java.lang.System;
public class BubbleSort {
     public static void main (String args[]){
     int[] sortableArray = {9,8,7,6,5,4,3,1};
     System.out.println("Before Bubble Sort");
     printIntArray(sortableArray);
     bubbleSort(sortableArray);
     System.out.println();
     System.out.println("After Bubble Sort");
     printIntArray(sortableArray);
}
     //按照从小到大顺序排序一个整数数组
     public static void bubbleSort (int inputArray []){
          int currentLength = inputArray.length;
          while (currentLength > 1){
               for (int i = 0; i < currentLength-1; i++) {
                    if (inputArray[i]>inputArray[i+1]){
                    int temp = inputArray[i+1];
                    inputArray[i+1]= inputArray[i];
                    inputArray[i]= temp;
                    }
               }
```

```
                currentLength--;
            }
        }

        public static void printIntArray(int[] array){
            for (int i = 0;i < array.length;i++){
            System.out.print(array[i]+" ");
            }
        }
    }
```

8.5　准备测试

在理想的状况下，程序员具有完美的技能，编写的程序在运行时都能够正常工作。不幸的是，这种理想状况是不存在的。造成这种现象的原因有这样几个：首先，软件系统是极端复杂的，Brooks 曾提到软件实体的复杂程度超过了人类制造的所有其他实体，软件系统需要处理大量的状态和活动；其次，软件的需求也随着用户的要求和技术的发展而不停变更；最后，项目的规模和参与的人员数目也会增加项目的复杂性。因此，软件 bug 的存在不仅仅是与软件伴随而生的，也是在意料之中的。

为了保证软件行为能够符合人们的预期结果，软件开发人员需要对软件进行验证（verification）和确认（validation）工作。

- 验证：确定某个工作阶段是否正确完成的过程，在每个工作阶段结束时进行，验证我们是否正确地构建了软件（软件是否符合软件规格说明书）。
- 确认：在产品交付用户之前进行的深入、细致的评估，它的目的是确定整个产品是否满足用户期望，我们是否构建了正确的软件（软件是否是用户需要的）。

在产业界，验证和确认这两个词有时会互换使用。软件测试可以认为是验证和确认软件产品的过程。

如何进行测试？一般来说，就是使用不同的输入组合进行试验（模拟在真实的情况下软件将要遇到的问题），对程序的输出结果进行正确性检查。1983 年，IEEE 提出了软件工程标准术语，软件测试定义为：

“使用人工和自动手段来运行或测试某个系统的过程，其目的在于检验它是否满足规定的需求或是弄清预期结果与实际结果之间的差别。”

测试是为了发现程序中的错误而执行程序的过程。基本的测试方法模拟软件的运行给出一个输入，观察它的输出，如果和预期一致则认为测试通过。测试用例（test case）是为某个特殊目标而编制的一组测试输入、执行条件以及预期结果，以便测试某个程序是否正确工作。使用测试用例，是给程序一个输入，将程序的输出与预想的输出进行比较，如果相同则程序运行正确，否则程序有错误。

简单的测试即设定一个输入，确定正确的输出，然后以此输入执行程序，得到一个结果，如果结果和预设的输出一致则认为通过了测试，否则发现了错误。选择输入时除了正常的输入外，还应考虑到输入范围的边界条件。测试可以手工进行，也可以是一个可以自动化执行的程序。

8.6　项目实践

1. 访问 Eclipse 网站 (http://www.eclipse.org/)，下载、安装 Eclipse，并学习、熟悉其创建项目、编写代码、编译、运行等使用方法。尝试完整地在 Eclipse 中编写一个“HelloWorld”程序。
2. 在 Eclipse 中创建学生成绩管理系统项目，建议命名为“ScoreManagement”，并将在前面章节中完成的项目实践内容引入到本项目中。
3. 针对 ScoreManagement，参考本章 Ant 脚本的例子，编写一个适用于本项目的 Ant 脚本（可以不包含发布、测试），并尝试运行。
4. 打开 Eclipse 调试菜单，尝试使用调试器提供的断点、单步执行等调试功能调试你写的程序，并思考调试器带来的好处。
5. 请尝试配置并使用一个持续集成服务器。可以使用 Hundson (http://hudson-ci.org/) 或 CruiseControl (http://cruisecontrol.sourceforge.net/)。
6. 使用 PSP 时间记录模板，记录本部分项目实践时间。如果有可能建议使用电子表格（Excel）记录，方便将来统计。

8.7　习题

1. 检查你曾经完成的项目中的目录结构，思考是否需要改变。
2. 持续集成的好处有哪些？如果你以前集成的频率不够高的话，是什么原因阻碍你进行高频率的集成？
3. 集成是需要工作量的，请思考为什么现在大部分软件工程实践者都同意频繁地集成反而会降低工作量。
4. 软件测试中验证和确认有什么区别？

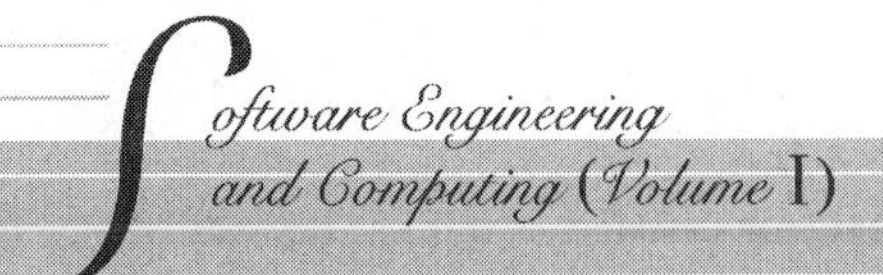

第三部分

类协作的设计与实现

本部分在迭代一的基础上围绕使用工程化方法设计和实现具有多个类的系统展开，介绍面向对象的继承和多态的概念及相应语法实现，强调使用UML来描述面向对象分析和设计，并较为详细地介绍集成和单元测试的工程实践。

迭代二

程序设计语言实现	类的复用：异常处理。（第10章）
面向对象软件工程	软件需求（用例图、用例文本描述）：软件设计（类图、顺序图）。（第9章）
计算系统示例	简单图书管理系统（复杂类层次结构设计与实现）。（第10章）
软件开发活动	编码规范；代码管理；版本控制；调试；集成；单元测试。（第10章和第11章）
软件工程工具	IDE；版本控制工具；自动化构建工具Ant；单元测试工具JUnit。（第10章和第11章）

本部分共包括3章，各章主要内容如下：

第9章协作行为分析和设计：学习用例文本的写法；理解基本的类的协作关系；学习使用用例图、类图、顺序图来表示类和类的关系。

第10章协作行为的实现：介绍如何通过类的复用和异常处理来实现类的协作，通过多个类的协作来共同完成更大的职责。类的复用部分介绍聚合、组合、内部类、继承、接口等常用的类的复用方式和多态机制，并讨论与类的复用相关的对象初始化和清理以及访问控制问题。异常处理部分从异常的概念入手，介绍异常的抛出、捕获和处理，以及如何使用Java中的标准异常和自定义异常。

第11章集成与测试：介绍使用Ant进行简单集成操作；使用JUnit进行单元测试。

第9章 协作行为分析和设计

面向对象分析和设计中如何分析类与类之间的关系、设计它们之间的职责与合作以共同完成软件功能，是软件设计的核心问题。软件很难可视化，软件开发者大部分情况下是针对代码进行思考的，而代码包含了大量的实现细节，这妨碍了人们进行策略性软件设计思考，同时也妨碍了软件设计人员之间进行有效的交流与合作。UML是软件工程研究者针对这个问题给出的一个解决方案，它使用可视化的方法辅助我们在更高的抽象层次上对软件系统进行分析和设计。根据个人级工程化软件开发的需要，本章着重介绍用例图、类图和顺序图。

在绘制UML图时，可以使用纸笔，也可以使用一些软件工程工具。UML工具有很多，常见的有Enterprise Architect、ArgoUML、Dia、StarUML、Visio、OmniGraffle等。

9.1 类的协作

面向对象的软件系统通过对象之间的互动来完成整个软件的功能。每个对象都具有一些数据以及处理这些数据的逻辑。我们可以认为它们在某种程度上具有一定的决策能力，能够了解并处理一些事情，能够与其他对象协作完成共同的目的。面向对象系统中包含了大量的对象，它们都是具有一定责任的角色，都为整个系统贡献自己的力量。

在面向对象的软件系统中，我们使用对象来模拟现实世界，解决现实世界的问题。通常情况下，我们会将现实世界中的事物模拟成对象，并不会将现实世界的内容照搬到软件系统中来。我们将真实世界中的对象按照系统的需要设计成易于管理的对象，还可能创建出真实世界中不存在的新对象（比如有时我们根据设计需要，会将一个命令或行为封装成一个对象）。每个对象在系统中都扮演着特定的角色。我们根据软件满足现实的需要，而不是对现实世界的模拟程度来决定设计哪些对象以及对象之间的交互关系。

对象具有行为，并且能够交互、联合在一起工作，可以组成非常复杂的系统。对于面向对象风格的软件系统，我们可以从如下的角度来理解：

软件＝一组相互作用的对象

对象＝一个或多个角色的实现

角色 = 一组相关的责任

责任 = 执行一项任务或掌握某种信息的义务

协作 = 对象或角色（或两者）之间的互动

很多事物都可以成为系统中的对象，比如：问题域中的事物（信号、建筑物、汽车、报表等）、和系统交互的实体（人、设备、其他软件等）、系统中人的角色（系统管理员、普通用户等）、与系统有关的组织（公司、团队、小组等）、地点（车间、办公室等）。除了以上常见的现实中的事物可以转换成为对象外，行为也可以成为对象。比如我们可以将电视遥控器所要执行的一个命令封装成一个对象，这种情况比较少见，但有时是系统软件设计所必需的。

我们可以从角色、责任、协作的角度来考虑类和对象的设计。

对象角色（role）是对象责任（responsibility）的体现，责任是指对象持有、维护特定数据并基于该数据进行操作的能力。因此，要求对象有明确的角色就是要求对象在应用中维护一定的数据并对其进行操作，简单地说就是要拥有状态和行为。

状态是对象的特征描述，一般可以认为是类的成员变量。对象的行为通常是针对状态的操作，一般表示为类的方法。如果状态发生了变化，那么对象的行为往往也会随之变化。

综合上面的论述，对象是对现实世界中事物的抽象，在应用中履行特定的职责。对象具有标识、状态和行为。

协作是对象之间的相互请求，一般表现为对象之间的方法调用。独立的对象能够完成的责任是有限的，面向对象系统需要通过对象之间的相互协作来完成复杂的任务。如图 9-1 所示，每个对象都有自己的数据，但数据通常都是隐藏起来的，部分的方法是公开的，这些方法之间可以产生复杂的调用关系。当使用几个对象共同完成某个责任时，我们需要细致地安排每个对象的责任，并且设计它们的相互协作方式。一个设计良好的软件应当保证变化的局部化，即在发生变化时，软件所需的变动最小。变动的影响局部化是好的软件设计的一个重要目标。数据与对该数据的操作往往是一同变化的，因此，将数据以及对数据的操作封装在一起是面向对象设计的核心原则。

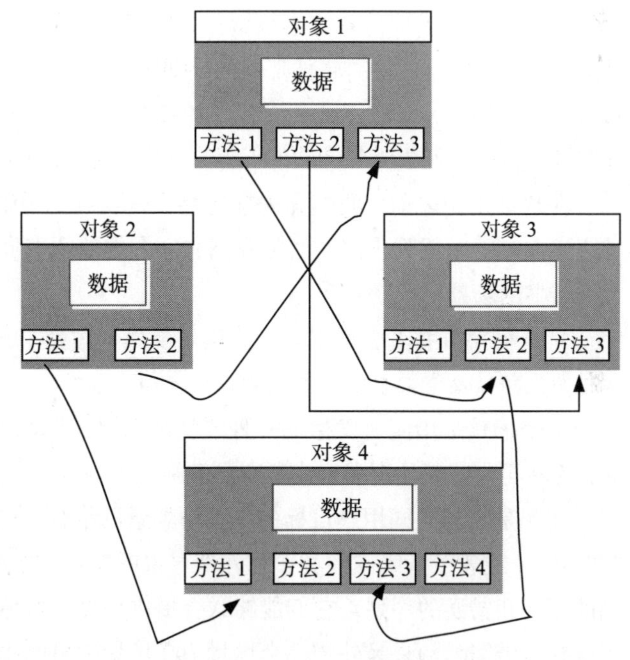

图 9-1　面向对象程序设计

在结构化程序设计（如图 9-2 所示）中，数据和处理数据的算法是分开的，代码放在完全不同的函数或者过程中。理想状态下，输入

图 9-2　结构化程序设计

数据通过函数和过程从而得到输出，数据放在与函数和过程不同的地方，并由这些函数和过程来操作、管理。

很多时候，结构化程序设计往往偏好由一个参与者进行大量逻辑的处理，而其他很多参与者仅仅提供数据，采用的是集中式控制的风格。而面向对象则倾向于使用很多有较小方法的小对象，每个对象可以自治地完成一些功能，这样可以使变动的影响局部化，从而提高软件的可维护性。

初学者要注意，面向对象程序设计、结构化程序设计都是软件设计的方法，它们和具体的程序设计语言没有直接联系。通常面向对象程序设计语言较好地支持面向对象设计机制，便于编写面向对象风格的程序。但是，程序员可以用大部分面向对象程序设计语言来编写结构化程序，比如使用 Java 来编写完全结构化的程序。此外也可以使用结构化程序设计语言来编写面向对象风格的程序，比如使用 C 语言来完成封装、继承等功能。但这样往往会给程序设计带来很多不便。

9.2 用例文本描述

如何确定一个软件系统应该做什么？怎样和不同的人去交流你的决定？这是非常复杂的问题，而且非常难回答。软件工程的早期阶段，大家通过不正式的方法交流对系统的看法来获取对需求的理解，没有正式的文档。1992 年，Jacobson 在 Objectory 方法中提出使用用例来表述需求，很快用例成为各种软件工程方法中表述需求的一个重要方法。

在定义用例之前，我们先来描述什么是场景。场景（scenario）是用来描述一个用户和系统之间交互的一系列步骤。假定我们有一个虚拟图书借阅系统（借书行为在系统中模拟），有一个借书的场景：

用户根据图书名查询图书，确认需要借阅的图书是否有库存，确定借阅。系统检查用户的借阅配额以及借阅权限，并立刻确认借阅。

这个场景是借阅时发生的一种成功的情况，但也许用户借阅的图书已经达到可借阅的上限，无法再借阅新的图书；或者需要借阅的图书已经没有库存了。这些都是新的场景。

用例是具有共同用户目标的一系列场景的集合。UML [Rumbaugh，2004] 将用例定义为：“在系统（或者子系统或者类）和外部对象的交互当中所执行的行为序列的描述，包括各种不同的序列和错误的序列，它们能够联合提供一种有价值的服务。”在上面的例子中，已经用完了所有的借阅配额是另外的一个场景，在场景中可能出现的分支情况都会形成一个新的场景。通常，我们可以发现一个正常的没有意外的场景，也会发现一些判断条件无法达到而产生一些其他分支场景。换句话说，用例是所有与用户某一目标相关的成功和失败场景的集合，它用来记录系统的功能需求。UML 中使用用例来获取系统的功能需求，而不是所有的系统需求，尤其是非功能性需求，比如性能目标、安全性设计等。用例是从用户的角度来描述系统要做的事情，一般不应该涉及系统怎样实现该功能，也不应该包含系统与用户之间的交互界面描述，比如屏幕的布局、文字显示、按钮设置等内容。

表 9-1 给出一个简单的用例文本描述的模板。

表 9-1　简单的用例描述模板

项　目	内容描述
名称	对用例内容的精确描述，体现了用例所描述的任务
参与者	描述系统的参与者和每个参与者的目标
正常流程	在常见和符合预期的条件下，系统与外界的行为交互序列
扩展流程	用例中可能发生的其他场景
特殊需求	和用例相关的其他特殊需求，尤其是非功能性需求

在描述用例时，我们通常使用一个列表来描述主要的成功场景的步骤，同时将其他分支场景作为该场景的扩展，如图 9-3 所示。

名　称	借阅图书
参与者	用户，目标是能够借阅到自己需要的图书
正常流程	1. 用户查询图书，并确定需借阅的图书。 2. 系统检查用户的借阅配额是否使用完。 3. 系统确认需借阅的图书是否有库存。 4. 系统检查用户借阅的图书是否是珍本，用户是否有借阅珍本图书的权限。 5. 系统授权借阅。 6. 用户借阅。 7. 系统向用户表明借阅成功。
扩展流程	2a：用户借阅图书已经达到最大限额。 　　2a1: 系统提示用户归还图书后借阅。 3a: 没有库存。 　　3a1：如果用户是教师，系统提示可以要求借阅该书的用户在 7 天内归还该图书。 　　3a2：如果用户不是教师，系统提示无法借阅。 4a: 是珍本图书，并且用户没有借阅珍本图书权限。 　　4a1：系统拒绝借阅，并给出原因。
特殊需求	给出的提示信息应当足够清晰，告诉借阅者借阅成功或不成功的原因。

图 9-3　图书借阅用例文本

图 9-3 中主要成功场景是用例成功路径的描述。在完成 7 个步骤后，系统成功完成了该场景。扩展部分定义了用例的其他路径，通常情况下，扩展部分用于错误处理，但是也可以使用扩展部分描述其他的成功路径，用例的每条路径即为场景。从 1 到 7 的序列代表了主要成功场景，1、2、2a、2a1 代表了其他场景。

在描述用例时，可以有多种形式和内容，通常并没有严格的规定，但某个团队在某个项目中应该保持一致的约定。比如，我们可以在用例前加入前置条件，表明本用例只有在前置条件成立时才可以执行；也可以加入主要使用者、最低保证、成功保证等内容。我们可以在用例文本描述中加入任何有助于理解和交流用例的内容。一个开发团队在使用用例时可以考虑设定一个团队共同接受的用例模板。

使用用例的另外一个重要问题是如何分解用例。比如例子中的第 3 步没有库存，有些人认为是该用例的一个场景，有些人认为是一个新的用例。很多时候，这种决定并没有完全的正确与错误的区分，开发人员可以在保证理解和交流的前提下自行决定使用方式。

关于在用例文本描述中的细节描述程度建议由用例交流和理解中的风险来决定，如果开发人员觉得这个用例的风险较大，就应该在用例中包含更多的细节。在迭代式开发中，我们往往会在开始实现这个用例的迭代周期中细化一个用例。遵循“最后责任时刻”（last responsible moment）的原则，团队等到开始实现该用例时才写下具体的细节。

不同人使用用例的大小也不同，有人提出一个 10 人年的项目中可以包含 12 个左右的用例，当然这些用例是基础用例，它们可能包含很多的场景。但也有人提出一个 10 人年的项目可以包含 100 个左右的用例。当然，用户可以根据自己的需要决定用例的大小。

9.3 用例图

Jacobson 于 1994 年提出使用用例图来可视化地描述用例，现在用例图是 UML 的一个组成部分。

图 9-4 是图书借阅系统的用例图。

角色表示一个与系统进行交互的用户，角色可以是人，也可以是一个系统。图 9-4 中有 3 个角色：管理员、学生和教师。系统用户中可能有很多的学生，但对图书借阅系统而言，他们是同一个角色。同样，一个用户可能担任不同的角色，例如一位图书馆的教师可能既是教师又是管理员角色。当我们考虑系统时，应该尽可能考虑角色而不是具体的用户或头衔。一个角色可以执行很多个用例，同样，一个用例也可能有很多个角色。

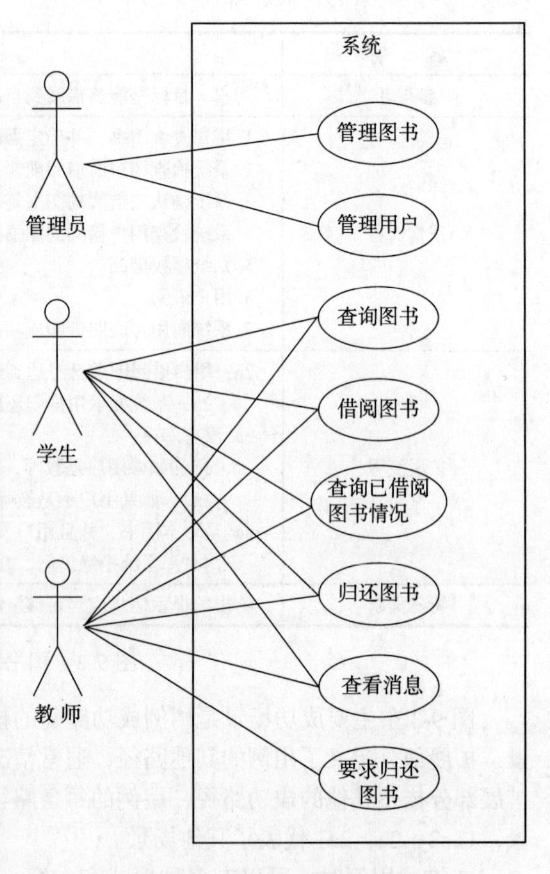

图 9-4 图书借阅系统用例图

在构造用例图时，有些人会画出一个用例所有相关的外部用户和系统，有些人选择仅仅显示用例的发起者，也有些人选择画出能够从用例中获得价值的角色。

角色在 UML 用例图中用类似人形的图标表示，如图 9-4 左侧的管理员、学生和教师三个角色。用例在 UML 用例图中用一个椭圆表示，如图 9-4 右侧的“管理图书”、“管理用户”等。图 9-4 中右侧系统方框表明了系统边界，用来表明我们关注的系统部分。

用例是一种需求获取的重要方法，用来组织需求、估算、计划、软件设计和测试。在软件开发中，用例的获取往往是最早进行的工作。详细的用例描述应当在一个迭代周期开始时进行，当然在项目的进行中如果发现了新的用例，也应当尽快添加到需求中去。

当我们面对一个很大的复杂系统时，有时候难以分析清楚系统功能需求，也难以得到系统的用例，这时先分析系统中的角色列表往往会容易一些。当确认了系统角色（这时可能多数是具体的用户）后先从最重要的角色开始分析他们的用例，从而捕获到相对完整的系统用例。例如：在图书借阅系统中，我们可以先分析出系统的用户有本科生、研究生、教师、管理员。其中，本科生和研究生使用系统时仅仅有借阅配额的差异，在考虑用例时可以归为一种角色，他们的用例包括：查询图书、借阅图书、查询已借阅图书情况、归还图书、查看消息。而教师涉及的用例除了以上列出的外，还有要求归还图书。

9.4　类图

类图是使用最为广泛的一种 UML 图，我们在第 3 章初步描述了简单的类图的组成方式。类图描述了系统中各种对象的类型，以及它们之间的各种静态关系。同时类图也描述了一个类的属性和操作，以及和它有关联的对象的连接方式。

类图中的特性（property）表示类的结构特征，可以类似理解为程序设计语言的类中的成员变量。特性在 UML 类图中有两种差别很大的表示法：属性（attribute）表示法和关联（association）表示法。图 9-5 和图 9-6 表示了 Book 类的两种表示特性的方法，它们差别很大，但是是等效的。

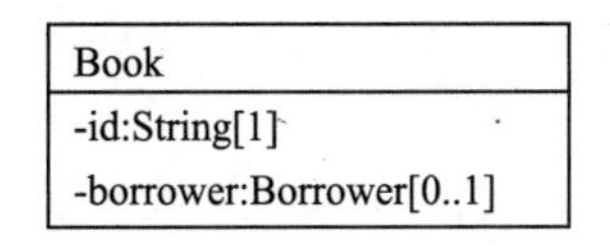

图 9-5　属性表示法 Book 类的属性

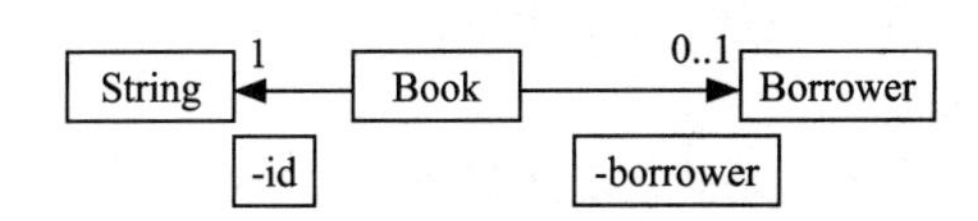

图 9-6　关联表示法 Book 类的属性

属性表示法用类图矩形中的一行文字来表示类的一个属性，其语法如下：

```
可见性名称：类型多重性 = 默认值 { 属性字符串 }
visibility name: type multiplicity= default {property-string}
```

举例如下：

```
-name: String [1] = "Untitled" {readOnly}
```

在整个表示法中，“名称”是必需的，其他内容可以根据使用情况省略。

1）可见性（visibility）可以使用 public (+)、private (-)、protected (#)。

2）名称通常为类定义中的属性名称。

3）类型限制在属性中放入的数据类型，通常为类定义中的属性类型。

4）多重性表示可能会有多少个对象存在。

- 1（一次续借的发起者只能是一个用户）。
- 0..1（某本图书当前可能有借阅者，也可能没有）。
- *（某本书可能没有在馆图书，也可能有很多，没有上限）。

5）默认值表明的系统创建对象时，如果没有特别指明，我们就将此值指定给该属性。

6）{ 属性字符串 } 允许使用者指明一些额外属性，例子中指明用户不能修改该属性值。

属性的另外一种表示方式是使用关联。关联用连接两个类图的实线来表示，箭头由来源指向目标类图。属性的名称出现在关联的目标端，同时加上它的多重性。关联的目标端所连接的类别就是这个属性的类型。

在使用类图时，开发者可以使用属性表示法，也可以使用关联表示法。一般来说，建议对重要的类（比如 Book、Catalog、BookInfo）使用关联表示法，而对不那么重要的类如一些值类型（日期、字符串）使用属性表示法。

类图中的操作（operation）指类可以完成的动作，通常相当于类定义当中的方法。通常开发者在类图中忽略 getXXX()、setXXX() 等方法。

在 UML 中，其表示语法为：

```
可见性名称（参数列表）：返回值类型 { 属性字符串 }
visibility name (parameter-list): return-type {property-string}
```

- 可见性可以是 public（+）、private（-）、protected（#）。
- 名称是一个字符串。
- 参数列表是方法的参数列表。

- 返回值类型是方法返回值的类型。
- 属性字符串代表可以使用的一些性质（比如可以使用 {query} 表示仅读取值，不会修改）。

参数列表中的参数表示方法和属性类似。其语法如下：

```
方向性名称：类型 = 默认值
direction name: type = default value
```

名称、类型和默认值都和属性表示中一致。

方向性代表参数是用来输入（in）、输出（out）或既输入又输出（inout）。如果没有特别给出，默认为 in。例如：+borrowBook(bookinfo: BookInfo):Message。

几乎没有类可以单独存在，大部分类都以某种方式相互协作，理解类与类之间的关系至关重要。除了关联（association）以外，常见的还有以下关系：泛化（generalization）、依赖（dependency）。

泛化关系：某些类之间存在一般元素和特殊元素间的关系，特殊元素是一般元素的一个子类型，描述了一种“is-a-kind-of”的关系。比如说麻鸭是鸭子的一个子类型；而鸭子是动物的一个子类型。泛化关系在编程中一般体现为继承关系，子类继承父类的所有特性。UML 中使用带三角箭头的实线表示泛化关系，箭头指向父类，如图 9-7 所示。

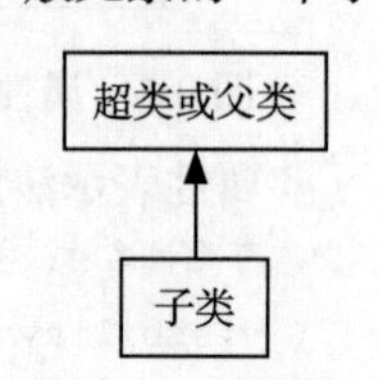

图 9-7 泛化关系

在图书借阅系统中，本科生、研究生和老师作为三种不同类型的借阅者，这三个类（Undergraduate、Graduate 与 Teacher）与借阅者类（Borrower）之间存在泛化关系，类图如图 9-8 所示。

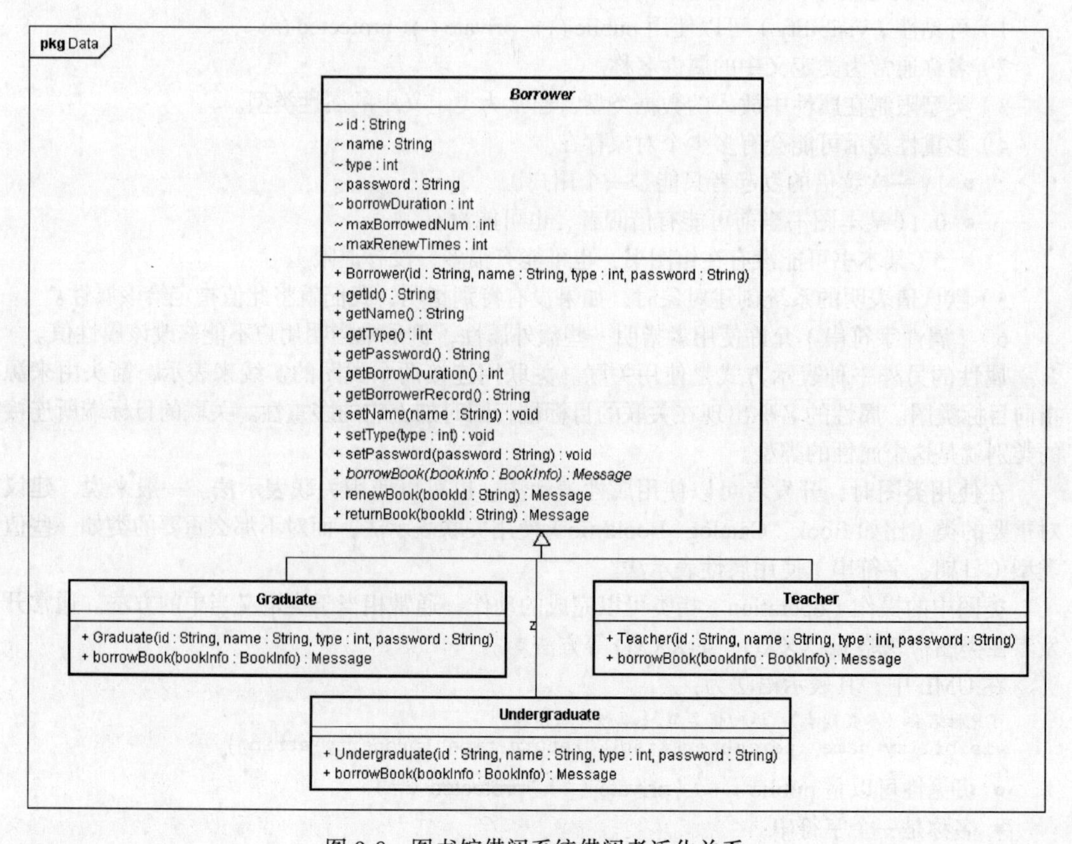

图 9-8 图书馆借阅系统借阅者泛化关系

依赖关系：一种使用关系，表现为一样事物的改变会影响到使用它的其他事物。可以是：一个类把消息发送给另外的类；一个类以另外一个类作为其数据部分；一个类使用另外一个类作为操作参数。在编程实践中，依赖关系经常表现为局部变量、方法参数或者对静态方法的调用等。在 UML 中使用带箭头的虚线指向被使用者，如图 9-9 所示。

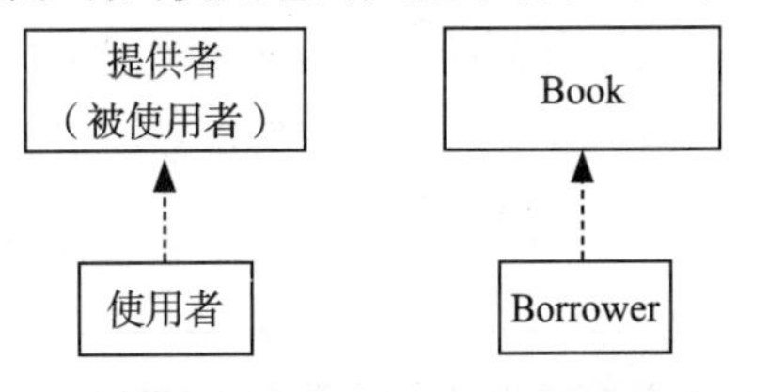

图 9-9　依赖关系　图 9-10　图书馆借阅系统中的依赖关系

图 9-10 所示为图书馆借阅系统中的依赖关系。

图 9-11 给出图书借阅系统中与教师请求图书直接相关的类的类图。

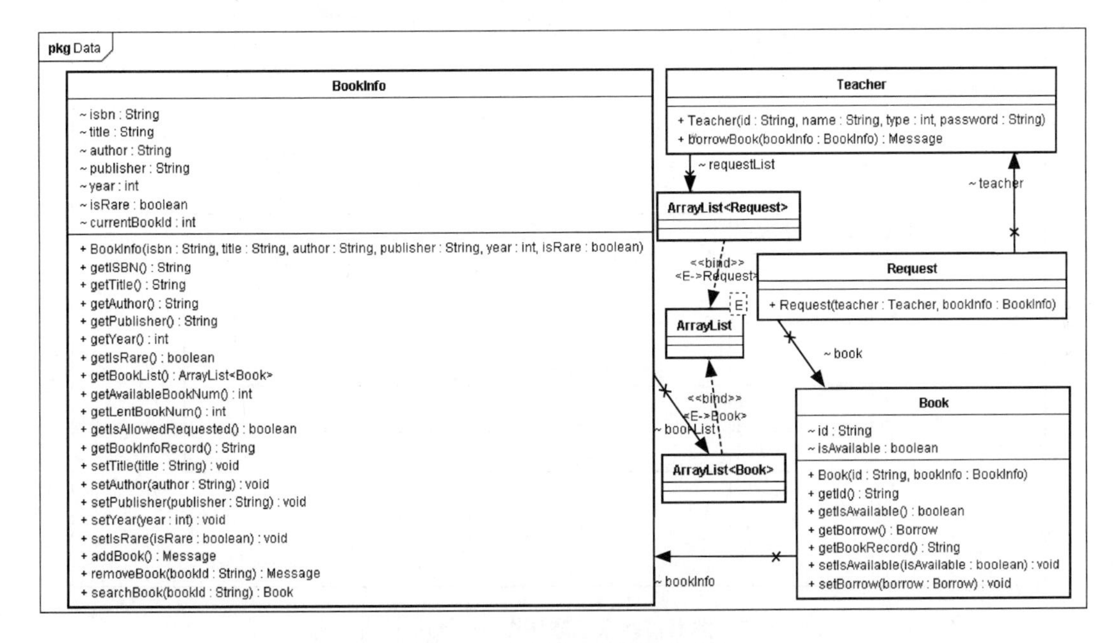

图 9-11　图书借阅系统部分类图

请求图书类（Request）中包含对应的请求教师（Teacher）和所请求图书（Book）的成员变量，构成关联关系。另外，书的具体信息保存在 BookInfo 类的对象中，因此，图书（Book）类中包含了该类对象的成员变量。同时，请求类（Request）、图书类（Book）以及图书信息类（BookInfo）又都实现了 Serializable 接口。

9.5　顺序图

当我们使用 UML 描述一个系统时，用例图可以用来描述系统需要做什么，类图可以描述组成系统结构各个部分的各种类型。但是单凭上面两个模型还无法描述系统实际将如何运行，这时我们就需要 UML 的另外一类建模图——交互图（interaction diagram），为系统各个组成部分之间重要的运行时交互进行建模，并且形成模型逻辑视图的一部分。UML 中的顺序图（sequence diagram）、通信图和时序图都属于交互图，其中顺序图的使用最为广泛，也最清晰易懂。本节将配合一些例子来介绍 UML 中顺序图的基础知识，包括顺序图的各个组成部分和不同的片段类型。

为了开始讨论，我们先考察一个简单的例子。在图书借阅系统中，管理员可以对读者进行管理，其中列举读者信息是一个重要的组成部分。先获取借阅者列表，而后再获取每个借阅者的详细借阅信息。图 9-12 是一个顺序图，它表明该案例的一种实现。

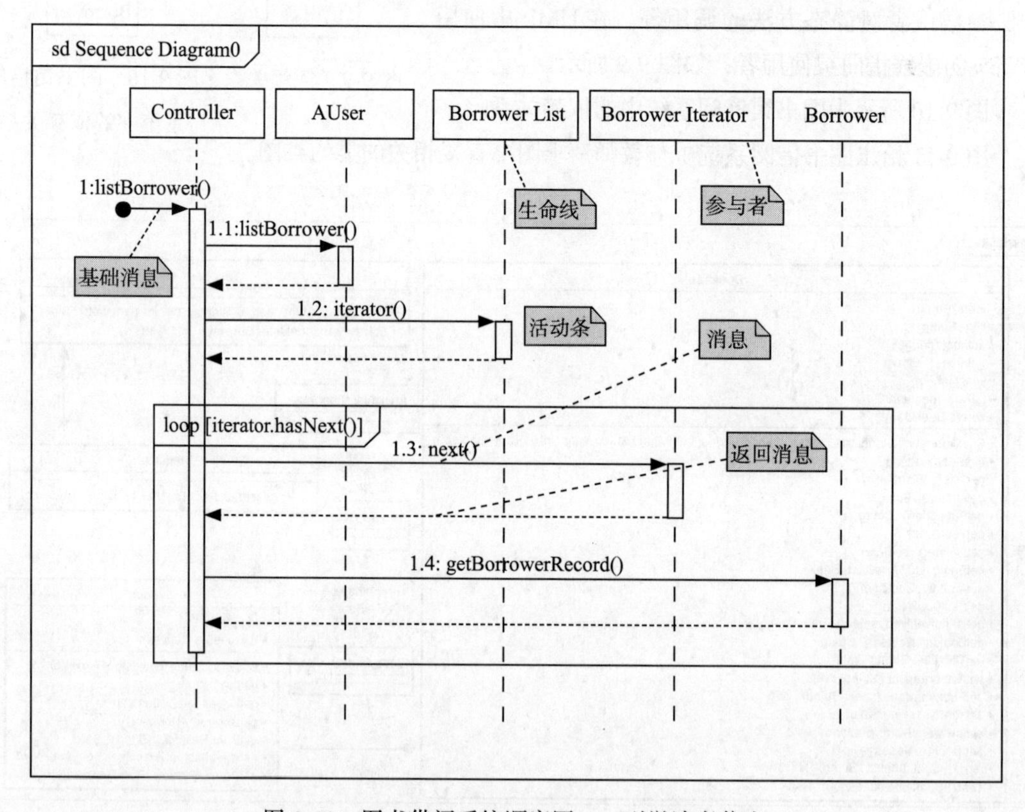

图 9-12 图书借阅系统顺序图——列举读者信息

顺序图通过每名参与者下方的垂线（生命线）以及各个消息依次向下的顺序来表明它们之间的交互。顺序图是非常直观的，我们几乎不需要对图进行过多的注释就可以看出以上过程。顺序图中一般包含下列组成部分。

（1）参与者与生命线

顺序图由一组参与者（系统内彼此交互的各个组成部分）组成。每个参与者都有一个相对应的生命线（图 9-12 中垂直而下的虚线）。参与者的生命线用于规定该组成部分在此顺序的某些时间点存在，并且只有在该组成部分于此顺序期间被创建且（或）删除时才会引起关注。参与者的命名可以使用 name:Class，我们可以使用一个容易识别的对象名称，也可以使用一个类名，但在使用类名时前面的“:”是不能省略的。

（2）事件、信号与消息

参与者交互的最小划分是事件，同时事件由信号（signal）和消息（message）所组成。信号和消息实际上是同一个概念的不同名称：系统设计者通常使用“信号”，而软件设计者更习惯于使用“消息”。下面我们统一使用“消息”一词。在交互图中消息可以分为 5 种：

1）嵌套消息：当来自一个传送参与者的消息导致一个或者多个消息被接收参与者发送出去时，那么衍生的消息被称作是嵌套于触发消息内的。如图 9-12，消息 1.1 和 1.2 就是消息 1 的两个嵌套消息。

2）同步消息：消息调用者在继续它的工作之前等待消息的返回，则称为同步消息，用实心箭头——►表示。

3）异步消息：消息调用者在消息发送给接收者之后不等待返回消息就继续工作，则称为异步消息，用线条箭头——>表示。

4）返回消息：显示活动的控制流返回给传递原始消息的参与者。返回消息是可选择的表示方法，当顺序图太过杂乱、易于混淆时，不必为每个活动条使用返回消息。因为任何以同步消息调用的活动条都有一个隐含的返回消息。

5）参与者的创建与销毁消息：参与者不一定在顺序图的整个交互期间存活，所以顺序图提供了可以根据传递进来的消息创建和销毁特定参与者的功能。

这 5 种类型的消息在顺序图中以不同的消息箭头表示，每种类型自身都含有不同的含义。

（3）活动条

当消息被传递给参与者时，它触发或调用接收的参与者完成某个操作。此时，接收的参与者应该是活动的。为了显示参与者是否处在活动的状态（正在做某事），可以使用一个活动条，如图 9-12 和图 9-13 中所示。

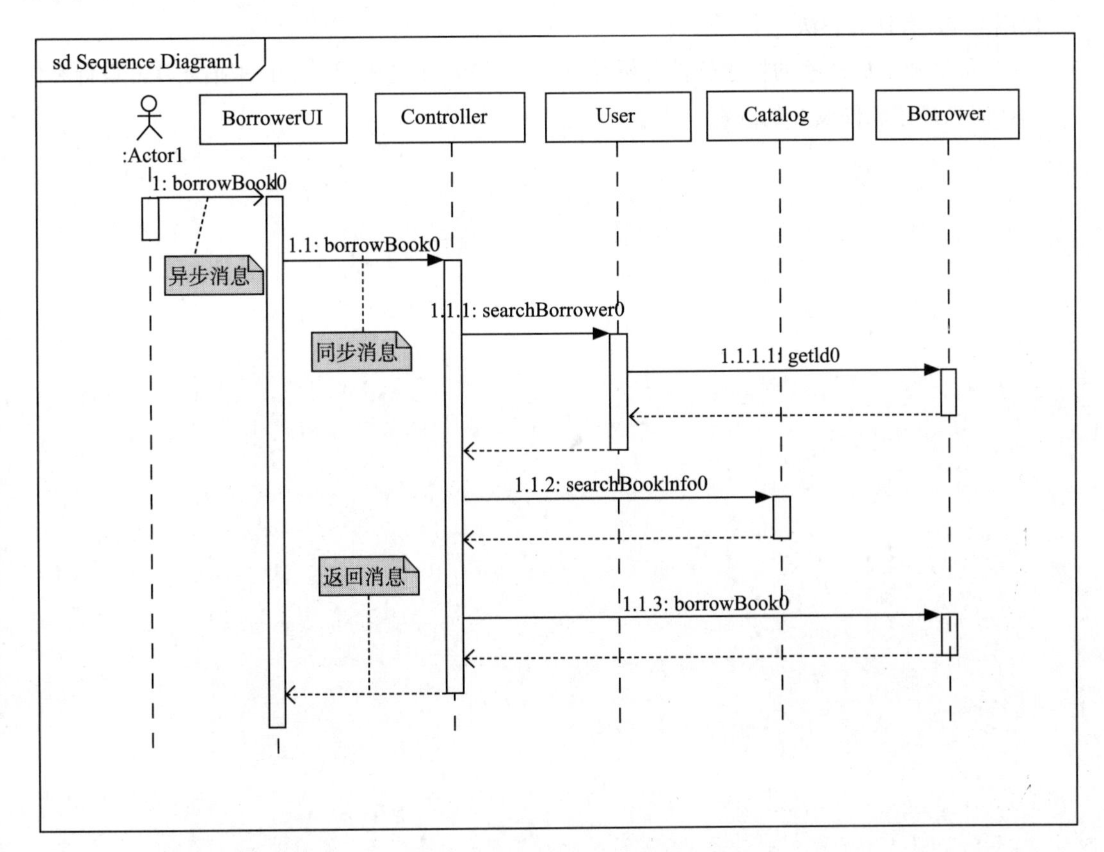

图 9-13　借阅人借书顺序图

顺序图可以清晰地指明参与者之间的调用关系，但是并不擅于表示循环、条件分支等算法细节，这些内容更适合使用活动图或代码本身表示。

9.6　项目实践

1．给出学生成绩管理系统中学生进行成绩核查的用例文本描述。
2．设计完成学生成绩管理系统中教师、学生的设计类图。
3．设计完成学生成绩管理系统中课程的设计类图。
4．给出学生成绩管理系统中学生进行成绩核查的顺序图。
5．使用 PSP 时间记录模板，记录本部分项目实践时间。如果有可能，建议使用电子表格（Excel）记录，以方便将来统计。

9.7　习题

1．如果以前学习过结构化程序设计思想，请对比结构化程序设计风格和面向对象设计风格之间的差异。
2．使用 UML 图有多种方式，可以是草稿的方式，也可以比较规范，你对在软件开发中如何使用 UML 有什么看法？
3．UML 是一种更加抽象的描述软件分析和设计的工具，体会使用 UML 来描述软件设计和使用代码来描述软件设计的区别。

第 10 章

协作行为的实现

通过实现类的协作行为，多个类可以共同完成比单个类更大的职责。类的复用和异常处理是两种常见的协作行为。类的复用是指在程序设计中利用已有的类来创建新的类。类的复用可以在不破坏已有代码的情况下改进其功能，充分利用已有的高质量代码，提高了代码的可扩展性并节省了开发时间；同时，类的复用避免了简单的代码复制，有助于提高代码的可维护性。异常处理主要用于在程序运行阶段解决编译过程中没有发现的问题，例如需要使用的对象没有初始化。出现异常时，如果当前环境下不能处理该异常，则需要将异常抛出，由可以解决该异常的环境捕获并进行处理。

本章的内容大致分为两部分。类的复用部分首先介绍几种常见的类的复用方式，包括聚合、组合、内部类、继承、接口，然后讲解面向对象程序设计中与类的复用紧密相关的重要特性——多态，最后在存在类的复用的前提下，对初始化和清理对象、访问控制进行更深入的分析。异常处理部分从异常的概念入手，讲解 Java 中异常处理的流程，包括异常的抛出、捕获和处理，并介绍 Java 中的标准异常和如何自定义异常。

10.1 类的复用

10.1.1 聚合和组合

1. 聚合

聚合（aggregation）是指在新类中采用已有类的对象作为其成员变量，并增加其他的成员变量来表示其属性。例如，在 Book 类的声明中，采用了 BookInfo 类的对象作为其成员变量，并添加了 id、isBorrowed 等成员变量来标识图书的编号、是否可借等属性：

```
public class Book {
   private String id;
   private BookInfo bookInfo;
   private boolean isBorrowed;
   …
}
```

聚合反映了一种“has-a”的整体–部分关系，但整体和部分是可分的。作为整体的对象和作为部分的对象具有各自独立的生命期，当作为整体的对象消亡时，作为部分的对象依然可以存在。例如，当某个 Book 对象消亡时，相应的 BookInfo 对象依然可以存在并具有意义。此外，在使用聚合时，同一个对象的不同引用可能被多个对象作为成员变量。例如，同一个 BookInfo 对象可能用于创建多个 Book 对象，每个 Book 对象都包含了该 BookInfo 对象的引用。图 10-1 展示了 Book 类、BookInfo 类及 Book 对象和 BookInfo 对象之间关系的示例。

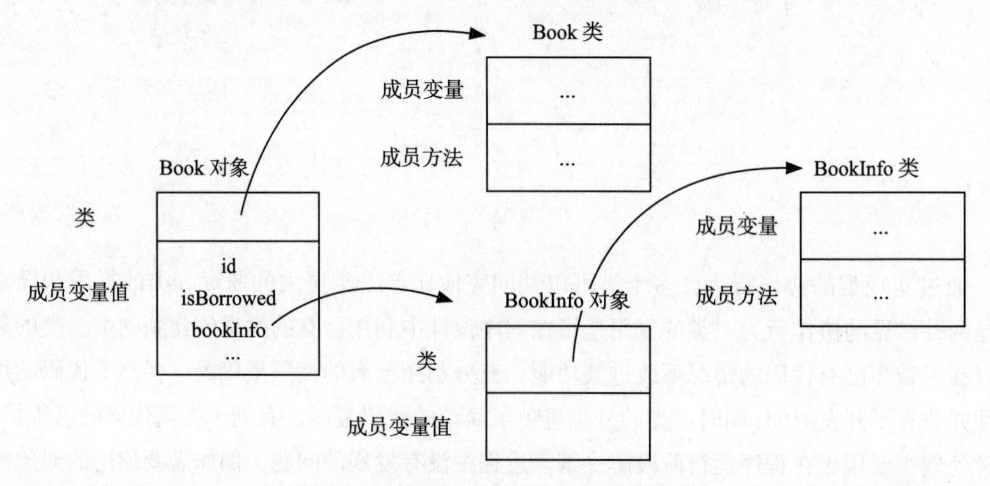

图 10-1　聚合中类和对象关系的示例

2. 组合

组合（composition）是一种在形式上与聚合类似的复用方式，也是在新类中采用已有类的对象作为其成员变量，并可以增加其他的成员变量。但与聚合不同，组合反映了一种“contains-a”的整体–部分关系，部分必须依赖于整体而存在，整体与部分不可分开。作为部分的对象通常与作为整体的对象同时创建或在其后创建，并且会在作为整体的对象消亡之前消亡或与作为整体的对象一同消亡。此外，组合中作为部分的对象通常只能属于一个整体对象。例如，人和大脑的关系就是组合。人在出生时拥有了大脑，在去世时大脑也随之死亡，在整个生命过程中，大脑都是依赖于人而存在的，脱离了人的大脑就没有意义了。下面是表示人和大脑组合关系的示例：

```
class Person {
   private Brain brain;
   …
   public Person() {
          brain = new Brain();
          …
   }
   …
   }

class Brain {
    public Brain() {…}
    …
}
```

10.1.2　内部类

1. 内部类的概念

内部类（inner class）是指定义在另一个类内部的类。包含了内部类的类称为外围类（surrounding class）。与聚合和组合不同，内部类与外围类之间不存在 is-a 或 contains 的关系，它具有独立的命名空间，因此内部类中的成员变量和成员方法允许与外围类中的相同。内部类在生成 .class 文件时，文件的命名规则为"外围类标识符 +$+ 内部类标识符"，因此不同外围类中定义的内部类允许具有相同的标识符。内部类可以用于将逻辑相关的类组织在一起，并通过设置内部类的访问权限来实现访问控制。

由于内部类处于外围类的内部，内部类可以访问外围类的成员变量，包括私有成员变量。这可以为程序设计带来很大的方便。例如，在图形用户界面编程中，通常会在窗口上放置一些按钮，点击每个按钮会发生处理和结果展示过程。在 Java 程序中，按钮点击后发生的处理和结果展示过程需要写成类。此时，采用内部类来描述每个按钮点击后发生的处理和结果展示过程，可以在内部类中访问界面中的组件。下面的示例中用内部类 ButtonListen 来描述点击按钮后查询图书信息并将查询结果显示在文本区中的过程。虽然文本区 testArea 在外围类 MyFrame 中被声明为私有权限的成员变量，但 ButtonListener 类依然可以访问 textArea。

```
Public class MyFrame {
   …
   private JTextArea textArea;                              /* 显示结果的文本区 */
   …
   class ButtonListener implements ActionListener {         /* 点击按钮后产生的结果 */
         public void actionPerformed(ActionEvent event) {
                …
                textArea.setText(searchResult);
                …
         }
   }
}
```

2. 内部类的权限

与普通的类一样，内部类的访问权限可以设为公有权限、默认权限和私有权限。当内部类的访问权限为公有权限或默认权限时，内部类可以和外围类一样被访问；当内部类的访问权限为私有权限时，内部类仅可以被外围类访问。因此，当需要声明一个辅助的类但又不希望它被外界访问时，可以将其声明为私有权限的内部类。需要注意，当内部类可以被外界访问时，内部类对象的创建并不依赖于外围类对象的创建。

10.1.3　继承

1. 继承的概念

继承（inheritance）是指利用已有类的形式，并添加新的成员变量和 / 或方法来构建新的类。继承反映了一种"is-a"的关系，用于描述层次式的客观世界，先声明一个具有共同属性的类，再以此为基础派生出具有特殊属性的类。在继承中，被继承的类称为"父类"或"超类"，继承的类称为"子类"或"派生类"。从某种意义上看，继承是替代代码复制的另一种解决方案，即继承原则上可以通过代码复制来实现。但通过继承机制来达到复制代码的效果，可以在改变一个类的同时影响到另一个类，在代码编写和修改上都会取得很好的效果。但我们建议，在没有“is-a”的关系时，尽量避免使用继承。

下面是一个继承的示例。借阅者分为本科生、研究生、教师3种类型，其所对应的类既具有一定的共性，又具有各自的特殊属性。因此，可以先声明Borrower类作为父类，定义所有借阅者的共同属性；再声明Undergraduate类、Graduate类和Teacher类作为子类继承Borrower类，并在其中分别定义各自的特殊属性。

Java语言中采用extends关键字来声明继承，其一般形式为：

```
class ChildClass extends ParentClass {
    …
}
```

下面是Borrower类和Undergraduate类、Graduate类、Teacher类声明的示例：

```
public class Borrower {
    String id;
    String name;
    String password;
    int borrowDuration;
    int maxBorrowedNum;
    int maxRenewTimes;
    ArrayList<Borrow> borrowedList;
    …
}
public class Undergraduate extends Borrower {
    …
}
public class Graduate extends Borrower {
    …
}
public class Teacher extends Borrower {
    ArrayList<Request>requestList;
    …
}
```

在使用继承时，一个重要的问题是允许一个类从几个类继承，即一个类允许有多少个父类。从直观感觉上，当允许从多个父类继承时，子类可以拥有更多的特性。然而，多重继承会带来一系列的问题，并且没有简单的解决方案。图10-2展示了多重继承中难以解决的菱形继承问题。当B类和C类都继承了A类，对于A类中的成员变量a，B类和C类中都具有其副本。此时，如果允许D类同时继承B类和C类，则D类中将难以确定a的副本是应当继承自B类还是C类。

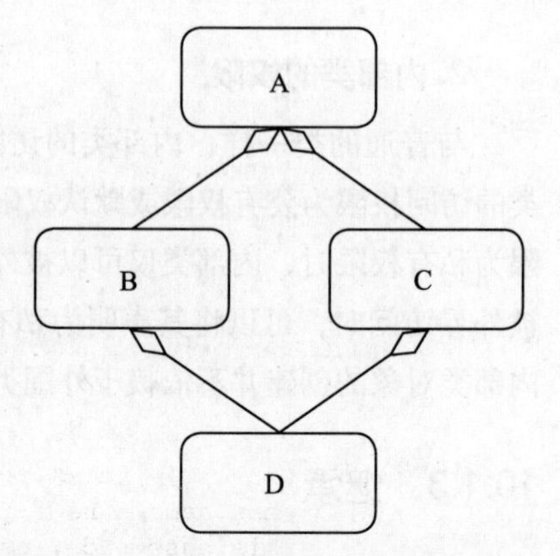

图10-2　多重继承中命名冲突的示例

为了避免这些问题，Java中只允许单继承，即每个子类只允许继承一个父类，但一个父类可以被多个子类继承。

2. 继承的权限

在继承的使用中，子类相当于一个特殊的父类对象，可以访问父类中的成员变量和成员方法。对于父类中公有权限的成员变量和成员方法，所有子类均可以进行访问；对于父类中默认权限的成员变量和成员方法，与父类位于同一个包内的子类可以进行访问；对于父类中私有权限的成员变量和成员方法，任何子类中都无法直接访问。

由于在代码复用时，子类可能位于其他包中，为了保证父类中的某些成员变量和方法能够被继承，一种简单的策略是在父类声明时将这些成员变量和方法设为公有权限。但这种策略会造成父类信息过度公开，无法对用户的操作进行屏蔽。为了解决这个矛盾，Java 中提供了 protected 关键字，用于修饰可以被所有子类和包中的其他类访问的成员变量和成员方法。

例如，Borrower 类作为 Teacher 类、Graduate 类和 Undergraduate 类的父类，其成员变量都定义为 protected，这样即便位于不同的包中，Teacher 类、Graduate 类和 Undergraduate 类也可以访问这些 Borrower 类的成员变量。

```
Public class Borrower {
   protected int id;
   protected String name;
   protected String password;
   protected int maxBorrowedNum;
   protected int maxRenewTimes;
   protected ArrayList<Borrow> borrowedList;
   …
}
```

与继承相关的另一个权限问题是如何判定一个类是否可以被继承。在默认情况下，所有类都是可以被继承的。为了防止出现安全问题，Java 中提供了 final 关键字来避免指定的类被继承。下面是将 Undergraduate 类声明为无法被继承的示例：

```
public final class Undergraduate extends Borrower {
   …
}
```

3. 成员变量和方法的继承

子类可以直接访问父类中声明为公有权限和保护权限的成员变量和成员方法，即便这些成员变量和方法并没有在子类的声明中出现。

例如，Teacher 类的声明中没有包含 id、name、password、maxBorrowedNum 等成员变量，但在 Teacher 类的构造器中可以直接使用这些 Borrower 类中的成员变量。

```
Public class Borrower {
   String id;
   String name;
   String password;
   int borrowDuration;
   int maxBorrowedNum;
   int maxRenewTimes;

   public Borrower(String id, String name, int type, String password) {
          this.id = id;
          this.name = name;
          this.password = password;
          borrowDuration = 30;
   }
   …
}

public class Teacher extends Borrower {
   ArrayList<Request> requestList;

   public Teacher(int id, String name, String password) {
```

```
            this.id = id;
            this.name = name;
            this.password = password;
            borrowDuration = 30;
            maxBorrowedNum = 20;
            maxRenewTimes = 2;
        }
        ...
}
```

子类中也可以调用父类中的成员方法，实现与父类方法中相同的操作。例如，Borrower 类的构造器中定义了如何对 id、name、password、borrowDuration 赋值，则在 Teacher 类的构造器中可以通过 super 关键字来调用 Borrower 类的构造器，从而实现对这些成员变量的赋值。

```
Public class Teacher extends Borrower {
    ArrayList<Request> requestList;

    public Teacher(String id, String name, int type, String password) {
            super(id, name, type, password);
            maxBorrowedNum = 20;
            maxRenewTimes = 2;
            requestList = new ArrayList<Request>();
    }
    ...
}
```

图 10-3 展示了 Teacher 类和 Borrower 类及 Teacher 对象之间的关系。对于 Borrower 类中非私有权限的成员变量，Teacher 类中拥有其副本，并在生成的 Teacher 对象中会有相应的值。当通过 Teacher 对象使用某个成员方法时，会先在 Teacher 类中查找该方法，如果 Teacher 类中不包含该方法，则会到 Borrower 类中查找该方法。

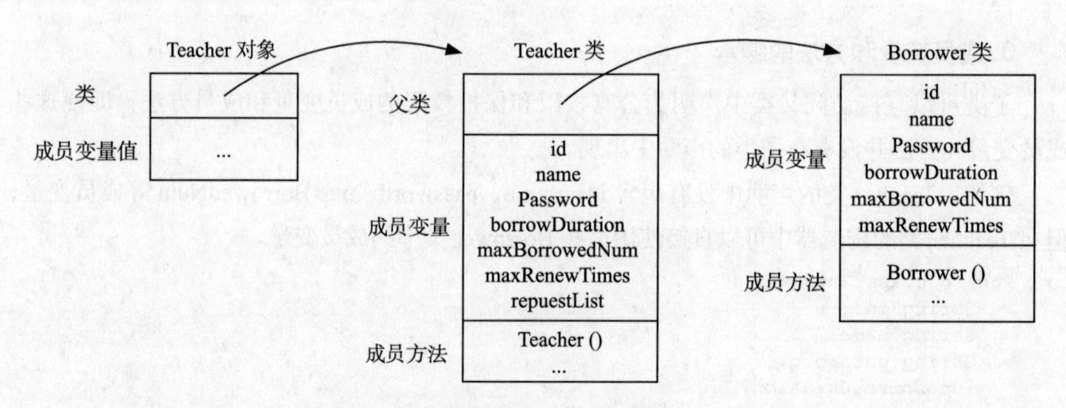

图 10-3 成员变量和成员方法继承的示例

除了直接使用父类的成员方法外，子类还可以对父类进行扩展。一种扩展方式是在子类中增加一些新的成员变量和成员方法，提供父类不具备的功能。

例如，教师可以请求当前借空的图书，因此需要在 Teacher 类中增加 Borrower 类中没有的成员变量：

```
public class Teacher extends Borrower {
    ArrayList<Request> requestList;
    ...
}
```

另一种扩展方式是对父类中的成员方法进行改写（overriding），从而改变父类的行为。

Java 中允许在子类中声明与父类中标识符相同的成员方法，来“覆盖”父类中对应的成员方法。当子类成员调用该标识符的方法时，会自动调用子类中声明的方法而非父类中声明的方法。

例如，Teacher 类、Graduate 类和 Undergraduate 类在图书借阅中有不同的判定和约束，因此在父类 Borrower 类中不定义具体的借阅图书方法，而在 Teacher 类、Graduate 类和 Undergraduate 类中重新实现。下面是在 Undergraduate 类中重新实现借阅图书方法的示例：

```
public class Borrower {
   …
   public Message borrowBook(BookInfo bookInfo) {
          return Message.BORROW_BOOK_FAIL;
   }
   …
}

public class Undergraduate extends Borrower {
   …
   public Message borrowBook(BookInfo bookInfo) {
          if(borrowedList.size() == maxBorrowedNum) {
              return Message.MAX_BORROWED_NUM;
          }
          if(bookInfo.isRare) {
              return Message.RARE_BOOK_FORBIDDEN;
          }
          if(bookInfo.getAvailableBookNum() == 0) {
              return Message.BOOK_NOT_AVAILABLE;
          }
          borrowedList.add(new Borrow(this, bookInfo));
          return Message.BORROW_BOOK_SUCCESS;
   }
   …
}
```

图 10-4 展示了上面示例中 Borrower 类和 Undergraduate 类及 Undergraduate 对象之间的关系。当通过 Undergraduate 对象使用 borrowBook 方法时，会先在 Undergraduate 类中查找 borrowBook 方法。由于 Undergraduate 类中已经对 borrowBook 方法进行了改写，因此会直接使用 Undergraduate 类中的方法，而不会使用 Borrower 类中的 borrowBook 方法。

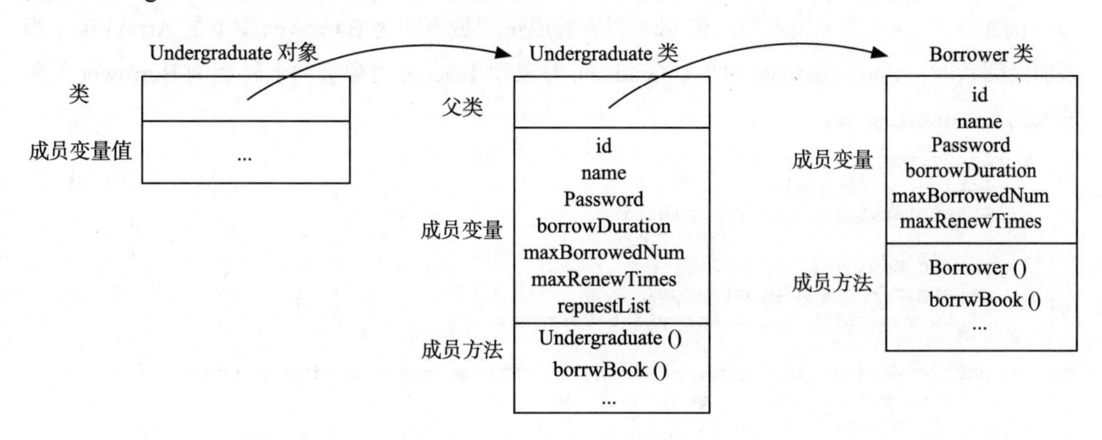

图 10-4 继承中方法改写的示例

防止某个成员方法被子类覆盖的途径是用 final 关键字对该方法进行修饰。这样可以确保在继承中该方法行为不会发生改变。需要注意，采用 final 关键字修饰的类的成员方法可以用 final 修饰，但由于用 final 修饰的类禁止被继承，所以其中所有成员方法都不可能被覆盖。此外，类中的 private 方法都是隐式地被 final 关键字所修饰，虽然允许采用 final 关键字修饰，但实质上不具有额外的意义。在子类中声明与父类私有权限成员方法具有相同名称的成员方法时不会引起错误，但在子类中新声明的成员方法只是与父类中相应的私有权限的成员方法具有相同名称，并不会对父类中的方法进行覆盖。

当父类中的成员变量和方法被子类覆盖后，如果希望在子类的对象中访问这些成员变量和成员方法，可以使用 super 关键字。需要注意，使用 super 时访问的是该子类直接继承的父类中的成员变量或成员方法。如果父类所继承的类中具有相同标识符的成员变量或成员方法，采用 super 无法访问。

4. 抽象类

在某些情况下，声明父类只是为了定义所有子类共有的属性，用于派生子类，而不希望创建父类的对象。此时可以采用 abstract 关键字修饰父类，将父类定义为“抽象类”。

例如，Borrower 类是用于表示所有类型借阅者的共有属性，而现实世界中的每位借阅者必然为 Undergraduate 对象、Graduate 对象或 Teacher 对象中的一种，并不需要创建 Borrower 对象。因此，可以将 Borrower 类定义为抽象类：

```
public abstract class Borrower {
        String id;
        String name;
        String password;
        int borrowDuration;
        int maxBorrowedNum;
        int maxRenewTimes;
...
}
```

虽然抽象类不能被实例化，即无法创建抽象类的对象，但可以定义一个抽象类的成员变量用于引用继承该抽象类的非抽象子类的对象。这种将子类对象引用转换为父类对象引用的行为称为“向上转型”。

例如，在 User 类中表示所有借阅者列表的成员变量声明为 Borrower 类型的 ArrayList。当添加借阅者时，Undergraduate 对象、Graduate 对象和 Teacher 对象会向上转型为 Borrower 对象加入到 borrowerList 中：

```
public class User {
    Adminstrator admin;
    ArrayList<Borrower> borrowerList;

    public User() {
        admin = new Adminstrator();
        borrowerList = new ArrayList<Borrower>();
    }
    public Message addBorrower(String id, String name, String password) {
        Borrower borrower = searchBorrower(id);
        if (borrower != null) {
            return Message.BORROWER_EXIST;
        }
        switch(type) {
            case 1: borrowerList.add(new Undergraduate(id, name, password));
```

```
break;
                case 2: borrowerList.add(new Graduate(id, name, password)); break;
                case 3: borrowerList.add(new Teacher(id, name, password)); break;
            }
            return Message.ADD_BORROWER_SUCCESS;
        }
        ...
    }
```

在抽象类中，可以将每个子类都具有不同行为、需要在子类中实现的成员方法用 abstract 关键字修饰，声明为“抽象方法”。抽象方法在父类中不需要提供方法的实现。例如，Borrower 类的每个子类的图书借阅行为是不同的，需要在 Undergraduate 类、Graduate 类和 Teacher 类中分别实现。在此前的示例中，Borrower 类中为了保证返回值为 Message 类型，声明了返回值为 Message.BORROW_BOOK_FAIL。更好的实现方式是将 Borrower 类的 borrowBook 方法声明为抽象方法：

```
public abstract class Borrower {
    ...
    public abstract Message borrowBook(BookInfo bookInfo);
    ...
}
```

需要注意，一个类如果包含了抽象方法，这个类必须被声明为抽象类。因此，如果子类中没有实现父类中所有的抽象方法，子类也必须被声明为抽象类；只有子类实现了父类中所有的抽象方法，才可以不被声明为抽象类，创建相应的对象。但抽象类中并不一定需要包含抽象方法，例如所有子类都具有相同行为的方法，有时将父类声明为抽象类只是为了防止其被实例化。

5. 继承与序列化

进行序列化时，如果父类实现了 Serializable 接口，子类将可以自动地实现序列化。解序列化时，与创建子类对象时会创建其父类对象类似，读取并加载子类对象的信息时会读取并加载父类对象的信息。如果父类没有实现 Serializable 接口，即父类对象没有被序列化，Java 虚拟机会调用父类的无参数构造器重新创建父类对象，子类对象中继承自父类的成员变量将会被设为调用无参数构造器后重新初始化的值。如果父类中没有声明无参数构造器，则程序会出错。

下面是对继承 Borrower 类的 Teacher 类对象进行序列化读写的示例。当对 Teacher 对象序列化写入再读出后，由于 Borrower 类没有被序列化，所以 Teacher 对象中继承自父类的成员变量被重新初始化：

```
public abstract class Borrower {
    String id;
    String name;
    String password;

    /* 无参数构造器 */
    public Borrower() {
        id = "no_id";
        name = "no_name";
        password = "no_password";
    }

    public Borrower(String id, String name, String password) {
```

```
        this.id = id;
        this.name = name;
        this.password = password;
    }
}

import java.io.*;
public class Teacher extends Borrower implements Serializable {
    int requestNumber;

    public Teacher(String id, String name, String password, int requestNumber) {
        super(id, name, password);
        this.requestNumber = requestNumber;
    }

    public String toString() {
        String teacherInfo;
        teacherInfo = id + " " + name + " " + password + " " + requestNumber;
        return teacherInfo;
    }
}

import java.io.*;
public class SerializableTest {
    public static void main(String[] args) {
        Teacher teacher = new Teacher("T032001", "Wei Li", "52996", 5);
        System.out.println(teacher.toString());/* 结果是: T032001 Wei Li 52996 5 */
        File dataFile = new File("D:/myLibrary/test.ser");
        try {
        if(!dataFile.exists()) {
            dataFile.createNewFile();
            }
            ObjectOutputStream oos = new ObjectOutputStream(new
                                        FileOutputStream(dataFile));

            oos.writeObject(teacher);
            oos.close();
            ObjectInputStreamois=new ObjectInputStream(new
                                FileInputStream(dataFile));
            teacher = (Teacher) ois.readObject();
            ois.close();
        }
        catch(Exception e) {
            System.out.println(e);
        }
        System.out.println(teacher.toString());    /* 结果是: no_id no_name no_
                                                      password 5 */
    }
}
```

6. Object 类

Object 类是 Java 中所有的类的祖先，每个类都继承了 Object 类或其子类。即便很多类在声明时并没有显式地继承 Object 类，但这些类实际上都隐含地继承了 Object 对象。

Object 类不是抽象类，可以创建 Object 类型的对象。由于所有的类都直接或间接地继承于 Object 类，Object 类中的方法可以被所有对象所调用。Object 类中常用的方法包括：

```
clone()                                  /* 创建并返回当前对象的副本 */
equals(Object object)                    /* 判断该对象是否与指定的对象相等 */
getClass()                               /* 返回对象运行时所对应的类 */
hashCode()                               /* 返回对象的哈希码值 */
toString()                               /* 返回对象的字符串表示 */
```

在 Object 类的实现中，equals 方法是通过判断两个对象是否指向同一块内存区域，与很多情况下需要判断对象内容是否相等并不相符，因此很多类中都对 equals 方法进行了改写。toString() 包含类名和对象的内存位置，很多类中也对 toString 方法进行了改写，用于反映对象的基本信息。

下面是简化后的 Graduate 类示例。可以发现，虽然 Graduate 类没有显式地继承 Object 类，但依然可以调用 equals 方法和 toString 方法。但由于 Object 类中 equals 方法和 toString 方法的实现方式，两个基本信息相同的 Graduate 对象并没有被判定为相同，且不能通过 toString 方法输出 Graduate 对象的基本信息：

```
public class Graduate {
    String id;
    String name;
    String password;

    public Graduate(String id, String name, String password) {
        this.id = id;
        this.name = name;
        this.password = password;
    }

    public static void main(String[] args) {
        Graduate graduate1 = new Graduate("G032001", "Wei Li", "52996");
        Graduate graduate2 = new Graduate("G032001", "Wei Li", "52996");
        System.out.println(graduate1.equals(graduate2)); /* 结果为：false */
        System.out.println(graduate1.toString());        /* 结果为：Graduate@cdb06e */
        System.out.println(graduate2.toString());        /* 结果为：Graduate@1fa1bb6 */
    }
}
```

显然，上面的运行结果并不能满足实际要求，需要在 Graduate 类中对 toString 方法和 equals 方法重写。假设判定 Graduate 对象相等的依据是登录名、用户名和密码均相等，而输出 Graduate 对象时希望以“登录名：***；用户名：***；密码：***”的形式。下面是在 Graduate 类中重写 toString 和 equals 方法的示例：

```
public class Graduate {
    /* 成员变量的声明和构造器与上面的方法相同 */
    …
    public String getID() {
        return id;
    }

    public String getName() {
        return name;
    }

    public String getPassword() {
        return password;
    }

    public String toString() {
        return "登录名：" + id + "；用户名：" + name + "；密码：" + password;
    }

    public boolean equals(Graduate g) {
        if ((id.equals(g.getID())) && (name.equals(g.getName())) &&
            (password.equals(g.getPassword()))) {
```

```
            return true;
        }
        return false;
    }
    /* main方法与上面的示例相同 */
    …
}
```

运行上面的示例时，使用equals方法比较graduate1与graduate2的结果为true，通过toString方法输出graduate1与graduate2的信息的结果均为“登录名：G032001；用户名：Wei Li；密码：52996”。

需要注意，出于效率等方面的考虑，Java并不是完全面向对象的语言。Java中的int、boolean、char等基本数据类型并没有继承Object类，它们无法调用Object类中声明的方法。

10.1.4 接口

1. 接口的概念

为了实现外部定义与内部实现的彻底分离，达到“相同接口，多种实现”的目的，Java中提供了“接口”（interface）。接口可以看作是完全抽象的类，通过关键字interface声明，其一般形式为：

```
interface InterfaceName() {}
```

在接口的声明中，不允许提供任何成员方法的具体实现。

2. 接口的实现

接口的实现通过implements关键字来完成，实现接口时可以声明新的成员变量和成员方法。与类的继承只允许单继承不同，Java中允许一个类实现多个接口，各个接口之间通过逗号分开，这意味着在Java中可以通过接口来实现多继承。下面是声明接口的一般形式：

```
class ClassName implements InterfaceName1, InterfaceName2, … {}
```

需要注意，由于接口中的成员方法可以看作是抽象方法，当实现接口时，接口中所有的成员方法都需要被实现。

本书7.1节介绍数组比较时提到，如果对两个对象进行比较，可以通过在该对象所对应的类中实现java.lang.Comparable接口来完成。假设Graduate对象根据登录名来排序，下面是在简化的Graduate类中实现Comparable接口的示例：

```
class Graduate implements Comparable {
    String id;
    String name;
    String password;

    public String getID() {
        return id;
    }

    public int compareTo(Object object) {
        Graduate g = (Graduate) object;
        return id. compareTo(g.getID());
    }
}
```

实现Comparable接口后，两个Graduate对象可以比较大小，Graduate对象的数组可以比较和排序。

当实现多个接口时，不同接口中可能包含相同名称的成员方法。如果这些成员方法具有不同的返回类型和参数列表，则会造成错误。在实现多个接口时，需要避免这种情况的发生。

继承和实现接口可以同时使用。Chocolate 类表示一种食物，需要作为 Food 类的子类，但它同时也可以作为礼物，所以通过继承 Food 类和实现 Gift 接口来同时获得两者的成员变量和方法；与此类似，Ross 类继承了 Flower 类并实现 Gift 接口。虽然 Chocolate 类和 Ross 类继承自不同的类，但它们都可以实现 Gift 接口：

```
public interface Gift {
   public abstract void send();
   public abstract void receive();
   …
}

class Food {
   String color;
   String taste;
   public void eat() {…}
   public abstract void create();
   …
}

class Flower {
   String color;
   String smell;
   int petalNumber;
   public abstract void plant();
   public void pick() {…}
   …
}

public class Chocolate extends Food implements Gift {
   public void create() { … }
   public void send() {…}
   public void receive() {…}
   …
}

public class Ross extends Flower implements Gift {
   public void plant() { … }
   public void send() {…}
   public void receive() {…}
   …
}
```

图 10-5 展示了上面示例中类和接口之间的关系。

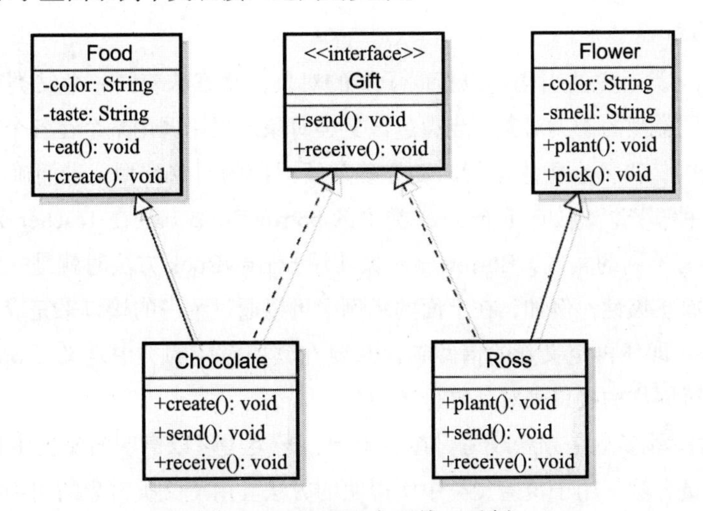

图 10-5　继承和实现接口示例

3. 接口的权限

接口的访问权限可以为公有权限或默认访问权限，分别用 public 关键字修饰或不采用任何修饰符。与类的访问权限相似，当访问权限为公有权限时，接口可以在任何地方被访问；当访问权限为默认访问权限时，接口可以在包内被访问。

为了保证接口可以被实现，接口中的成员方法默认为公有权限，即便是没有采用 public 关键字修饰。由于接口中无法提供方法的实现，所声明的成员变量的值不能在方法中赋值，所以接口中所声明的成员变量默认都是 final 和 static 的，需要在声明时赋值。

4. 接口的继承和嵌套

接口可以通过继承来添加新的代码和功能，关键字为 extends。与类的继承不同，接口的继承中允许存在多个父接口，中间以逗号隔开。通过继承多个接口，可以实现接口的组合。

接口还可以嵌套在类或其他接口的内部。嵌套在其他接口中的接口默认是公有权限的，不能声明为私有权限。而嵌套在类中的接口的访问权限可以声明为公有权限、默认权限或私有权限。声明为私有权限的嵌套接口只能在类的内部被实现。

10.1.5　多态

1. 多态的概念

多态（polymorphism）是指多个成员变量或成员方法采用相同的标识符，并且在使用该标识符时确定实际应该使用哪个成员变量或成员方法。多态实现了“做什么”和“怎么做”的相互分离，即使用接口和内部实现的相互分离。这不仅有利于减少代码量和提高可读性，还可以提高程序的可扩展性。

多态通过动态绑定（dynamic binding）来实现。绑定是指在调用过程中将一个标识符与相应的成员变量或成员方法建立联系。在程序运行前确定联系的称为静态绑定，在程序执行过程中确定联系的称为动态绑定。其中，动态绑定机制随编程语言的不同而有所不同。Java 中除了 private、static 和 final 标识的成员变量和方法外，所有的成员变量和方法都是动态绑定的。

2. 继承中的多态

在继承中，父类对象的引用可以指向子类的对象，这意味着同一个父类对象的引用在不同时刻会指向不同类型的子类对象。当通过该父类对象的引用调用某个在各个子类中具有不同实现的成员方法时，需要在程序运行时动态确定所对应的对象类型，进而确定所调用的成员方法，所以是一种多态。例如，Borrower 类中的 borrowBook 方法在 Teacher 类、Graduate 类、Undergraduate 类有不同的实现，Borrower 对象使用 borrowBook 方法时就是一种多态。这种机制使得程序更具有扩展性。例如，在上面的示例中可以通过统一的接口来完成不同类型借阅者的借阅图书操作。即便再定义新的借阅者，只要在其所对应的类中定义了 borrowBook 方法，那么依然可以通过同样的接口来对其进行访问。

继承中的另一种多态是方法改写。在继承中，子类中可以声明与父类中具有相同标识符和参数列表的成员方法，用于覆盖父类中所声明的方法。由于父类对象的引用可能会指向子类对象，如果调用父类中被改写的方法，就需要在程序运行时确定是调用父类的方法还是某个子类的方法，因此也是一种多态。需要注意，父类中的私有权限的成员方法无法被子类所改写。即便子类中声明的成员方法和父类中的某个私有权限的成员方法具有相同的标识符和参数列表，也只是一个新的方法，并不存在方法改写。

继承中父类和子类形成了一个从抽象到具体的层次。通过多态机制，父类对象的引用可以指向子类对象，子类可以根据需要改写父类的成员方法。这使得允许通过父类这一通用接口来访问不同的子类实现，实现使用接口与内部实现的分离。

下面是对 Borrower 类及其子类进行测试的示例：

```
public abstract class Borrower {
   String id;
   String name;
   String password;
   int borrowDuration;
   int maxBorrowedNum;
   int maxRenewTimes;

   public Borrower(String id, String name, String password) {
          this.id = id;
          this.name = name;
          this.password = password;
          borrowDuration = 30;
   }

   /* Borrower 类的 borrowBook 方法 */
   public abstract Message borrowBook(BookInfo bookinfo);
   ……
}


public class Undergraduate extends Borrower{
   public Undergraduate(String id, String name, String password) {
          super(id, name, password);
          maxBorrowedNum = 10;
          maxRenewTimes = 1;
   }

   /* Undergraduate 类的 borrowBook 方法 */
   public Message borrowBook(BookInfo bookInfo) {
          if(borrowedList.size() == maxBorrowedNum) {
                 return Message.MAX_BORROWED_NUM;
          }
          if(bookInfo.isRare) {
                 return Message.RARE_BOOK_FORBIDDEN;
          }
          if(bookInfo.getAvailableBookNum() == 0) {
                 return Message.BOOK_NOT_AVAILABLE;
          }
          borrowedList.add(new Borrow(this, bookInfo));
          return Message.BORROW_BOOK_SUCCESS;
   }
}


public class Graduate extends Borrower {
   public Graduate(String id, String name, String password) {
          super(id, name, password);
```

```
            maxBorrowedNum = 10;
            maxRenewTimes = 1;
        }

        /* Graduate 类的 borrowBook 方法 */
        public Message borrowBook(BookInfo bookInfo) {
            if(borrowedList.size() == maxBorrowedNum) {
                return Message.MAX_BORROWED_NUM;
            }
            if(bookInfo.getAvailableBookNum() == 0) {
                return Message.BOOK_NOT_AVAILABLE;
            }
            borrowedList.add(new Borrow(this, bookInfo));
            return Message.BORROW_BOOK_SUCCESS;
        }
    }

    public class Teacher extends Borrower {
        ArrayList<Request> requestList;

        public Teacher(String id, String name, String password) {
            super(id, name, password);
            maxBorrowedNum = 20;
            maxRenewTimes = 2;
            requestList = new ArrayList<Request>();
        }

        /* Teacher 类的 borrowBook 方法 */
        public Message borrowBook(BookInfo bookInfo) {
            if(borrowedList.size() == maxBorrowedNum) {
                return Message.MAX_BORROWED_NUM;
            }
            if(bookInfo.getAvailableBookNum() == 0) {
                if(bookInfo.getIsAllowedRequested()) {
                    Request request = new Request(this, bookInfo);
                    requestList.add(request);
                    return Message.REQUEST_BOOK_SUCCESS;
                }
                else {
                    return Message.BOOK_NOT_AVAILABLE;
                }
            }
            borrowedList.add(new Borrow(this, bookInfo));
            return Message.BORROW_BOOK_SUCCESS;
        }

        /* Teacher 类的 borrowBook 方法 */
        public Message requestBook(BookInfo bookInfo) {
            ArrayList<Book> bookList = bookInfo.getBookList();
            Book book;
            Borrow toRequest;
            Borrow borrow = null;
            long borrowTime;
            long longestBorrowTime = 0;
            Iterator<Book> iterator = bookList.iterator();
            while(iterator.hasNext()) {
                book = iterator.next();
                borrow = book.getBorrow();
                if(borrow.getBorrower().getType() < 3) {
                    borrowTime = borrow.getBorrowDate().getTime();
                    if(borrowTime > longestBorrowTime) {
```

```
                            longestBorrowTime = borrowTime;
                            toRequest = borrow;
                        }
                    }
                }
                borrow.requestBook();
        }
    }

public class BorrowerTest {
    public static void main(String[] args) {
            BorrowerTest borrowerTest = new BorrowerTest();
            BookInfo bookInfo = new BookInfo();
            borrowerTest.testUndergraduate(bookInfo);
            borrowerTest.testGraduate(bookInfo);
            borrowerTest.testTeacher1(bookInfo);
            borrowerTest.testTeacher2(bookInfo);        /* 错误 */
            borrowerTest.testTeacher3(bookInfo);
}

public void testUndergraduate(BookInfo bookInfo) {
    Borrower borrower = new Undergraduate("B032001", "Wei Li", "52996");
    borrower.borrowBook(bookInfo);         /* 调用 Undergraduate 的 borrowBook 方法 */
}

public void testGraduate(BookInfo bookInfo) {
    Borrower borrower = new Graduate("M032001", "Wei Li", "52996");
    borrower.borrowBook(bookInfo);         /* 调用 Graduate 的 borrowBook 方法 */
}

public void testTeacher1(BookInfo bookInfo) {
    Borrower borrower = new Teacher("T032001", "Wei Li", "52996");
    borrower.borrowBook(bookInfo);         /* 调用 Teacher 的 borrowBook 方法 */
}

public void testTeacher2(BookInfo bookInfo) {
    Borrower borrower = new Teacher("T032001", "Wei Li", "52996");
    borrower.requestBook(bookInfo);        /* 错误 */
}

public void testTeacher3(BookInfo bookInfo) {
    Borrower borrower = new Teacher("T032001", "Wei Li", "52996");
    Teacher teacher = (Teacher) borrower;
    teacher.requestBook(bookInfo);         /* 调用 Teacher 的 requestBook 方法 */
    }
}
```

在上面的示例中，testUndergraduate 方法、testGraduate 方法、testTeacher1 方法、testTeacher2 方法、testTeacher3 方法中均声明了父类 Borrower 对象的引用，并分别指向子类 Undergraduate、Graduate、Teacher 的对象。通过父类对象引用可以调用父类中声明的方法，例如 Borrower 对象可以调用 borrowerBook 方法；此时会根据父类对象所引用的子类对象来自动调用子类中的实现，例如 testUndergraduate 方法中调用了 Undergraduate 类中实现的 borrowBook 方法、testGraduate 方法中调用了 Graduate 类中实现的 borrowBook 方法、testTeacher1 方法中调用了 Teacher 类中实现的 borrowBook 方法。而通过父类对象引用无法调用子类中声明的方法，即便其所指向的是子类对象，例如 testTeacher2 方法中 borrower 虽然指向 Teacher 对象，但调用 Teacher 类中声明的 requestBook 方法时依然会报错。要使用 Teacher 类中声明的方法，只能通过 Teacher 对象来调用，例如 testTeacher3 方法中将 borrower 强制类型转换为 Teacher 对象后，就可以调用 Teacher 类中声明的 requestBook 方法。由此可见，引用类型决定了可以调用的方法，而实际指向的对象决定了所调用方法的实现。

10.2　对象初始化和清理Ⅱ

在组合的使用中，类的声明中包含了一个或多个其他类的对象作为成员变量。在初始化所声明类的对象时，需要依次调用成员变量所对应类的构造器。

在继承的使用中，子类在不显式声明的情况下可以拥有父类的非私有成员。在初始化子类对象时，会先调用父类对象的默认构造器。

下面是一个包含组合和继承的程序示例：

```
public class Borrower {
   public Borrower() {
          System.out.println("Borrower constructor.");
   }
}
public class Teacher extends Borrower {
   public Teacher() {
          System.out.println("Teacher constructor.");
   }
}
public class Graduate extends Borrower {
   public Graduate() {
          System.out.println("Graduate constructor.");
   }
}
public class Test {
   Teacher teacher;
   Graduate graduate;
   public Test() {
          teacher = new Teacher();
          graduate = new Graduate();
          System.out.println("Test constructor.");
}
   public static void main(String[] args) {
          Test test = new Test();
   }
}
```

上述程序的执行结果为：

```
/* 根据声明顺序，先调用 Teacher 的构造器 */
Borrower constructor.                         /* 先调用父类 Borrower 的构造器 */
Teacher constructor.                          /* 调用子类 Teacher 的构造器 */
/* 根据声明顺序，后调用 Graduate 的构造器 */
Borrower constructor.                         /* 先调用父类 Borrower 的构造器 */
Graduate constructor.                         /* 调用子类的 Graduate 的构造器 */
/* 输出语句 */
Test constructor.
```

10.3　访问控制Ⅱ

保护权限的成员变量和方法使用关键字 protected 修饰，可以被同一个包中的其他类或子类访问。被同一个包中的其他类访问的情形与默认权限相同；被子类访问即被继承该类的类访问。

根据 6.3 节的介绍，Java 中的访问权限分为私有权限、默认权限、保护权限、公有权限 4 种。私有权限的成员变量和成员方法只能被该类的其他成员变量和成员方法访问；默认权限的成员变量和成员方法可以被同一个包内的所有类的成员变量和成员方法访问；保护权限的成员变量和成员方法可以被同一个包内的其他类以及该类的子类的成员变量和成员方法访问；公有权限的成员变量和成员方法可以被所有类的成员变量和成员方法访问。

Java 程序中类之间的关系可以分为 4 种：相同包中的子类、相同包中的非子类、不同包中的子类、既不在相同包又不在相同子类中的类。表 10-1 展示了 4 种权限的成员变量和成员方法对于不同类关系下的其他成员变量和成员方法的访问控制。

表 10-1　不同类关系下的访问权限

	私有权限	默认权限	保护权限	公有权限
同一个类中可见	是	是	是	是
同一个包中对子类可见	否	是	是	是
同一个包中对非子类可见	否	是	是	是
不同包中对子类可见	否	否	是	是
不同包中对非子类可见	否	否	否	是

下面是一个访问权限的示例。B 类为 A 类的内部类，C 类、D 类和 A 类共同位于 edu.test.a 包中，E 类和 F 类位于 edu.test.b 包中，D 类和 F 类为 A 类的子类：

```
package edu.test.a;
public class A {
   int iTest;
   public int iTestPublic;
   protected int iTestProtected;
   private int iTestPrivate;

   public void methodA() {
      iTest = 0;
      iTestPublic = 0;
      iTestProtected = 0;
      iTestPrivate = 0;
   }

   public class B {
      public void methodB() {
         iTest = 0;
         iTestPublic = 0;
         iTestProtected = 0;
         iTestPrivate = 0;
         }
      }
}

package edu.test.a;
public class C {
   public void methodC() {
      A objectA = new A();
      objectA.iTest = 0;
```

```
            objectA.iTestPublic = 0;
            objectA.iTestProtected = 0;
            objectA.iTestPrivate = 0;                              /* 错误 */
        }
    }

    package edu.test.a;
    public class D extends A {
        public void methodD() {
            iTest = 0;
            iTestPublic = 0;
            iTestProtected = 0;
            iTestPrivate = 0;                                      /* 错误 */
        }
    }

    package edu.test.b;
    import edu.test.a.A;
    public class E {
        public void methodE() {
            A objectA = new A();
            objectA.iTest = 0;                                     /* 错误 */
            objectA.iTestPublic = 0;
            objectA.iTestProtected = 0;                            /* 错误 */
            objectA.iTestPrivate = 0;                              /* 错误 */
        }
    }

    package edu.test.b;
    import edu.test.a.A;

    public class F extends A {
        public void methodF() {
            iTest = 0;                                             /* 错误 */
            iTestPublic = 0;
            iTestProtected = 0;
            iTestPrivate = 0;                                      /* 错误 */
        }
    }
```

10.4 异常处理

10.4.1 异常的概念

到目前为止，本书关于程序设计的描述中总认为程序和所使用的数据是理想的，只要符合语法规定并认真编写，程序就能够正常运行并获得期望的结果。但在真实的程序设计中，总是会遇到各种各样的问题。发现问题最好的时期是在编译阶段，即程序运行之前。但在排除和修正一部分错误后，仍会有不少问题被遗留到程序运行阶段，如访问没有初始化的 BookInfo 对象或是在遍历图书列表的数组时出现下标越界。

这些在程序运行过程中出现的不能正常执行的情况称为异常（exception）。异常可以被硬件或者软件发现，并需要进行特殊的处理。程序语言提供的相应特殊处理机制称为“异常处理”（exception handling）。当出现异常时，不同的程序设计语言会将异常提出（raise）或者抛出（throw），并根据异常类型的不同交由相应的异常处理程序。

采用异常处理机制的好处是使得错误处理代码变得更有条理。异常处理避免了在多个地方检查和处理相同的错误或非同寻常的情形，可以在减少代码量的同时将行为描述和异常处理的代码相分离，增强了代码的可读性。此外，异常处理允许从当前的环境中跳出将问题提交给上一级别的环境，通过编译器强制执行，可以用于解决在当前环境下无法获得必要信息来解决的问题，并且允许多个不同的程序单位使用同一个异常处理程序，大大降低了程序的复杂性和开发费用。

Java 中的异常可能是由虚拟机检测到错误条件所引起，或是由程序中的 throw 语句产生。Java 中处理异常时允许选择是将异常抛出还是由当前的运行环境捕获并处理。当抛出异常后，程序运行遇到的问题将会在其他地方得到处理，而当前的运行环境则不需要再处理该问题。

10.4.2　异常的抛出

Java 中异常的抛出可以在成员方法的首部声明，也可以在程序中声明。

在成员方法首部抛出异常时，通过关键字 throws 声明方法中所有可能发生的已检查异常，多个异常之间通过逗号隔开，其一般形式为：

```
Type methodname(parameter list) throws exception 1, exception 2, …, exception n {}
```

下面是载入存储数据的示例，其中抛出了文件不存在的异常：

```
public void loadData() throws FileNotFoundException(){
    User user = new User();
    Catalog catalog = new Catalog();

    File dataFile = new File("D:/myLibrary/dataFile.ser");
    ObjectInputStream os = new ObjectInputStream(new FileInputStream(dataFile));
    user = (User) os.readObject();
    catalog = (Catalog) os.readObject();
    os.close();
}
```

在程序运行中抛出异常时，通过关键字 throw 声明可能发生的异常，其一般形式为：

```
throw new Exception();
```

抛出异常的条件可以通过 if 语句实现，当满足特定条件时则抛出异常；也可以作为异常的参数传入。一旦抛出异常后，首先会在堆中创建异常对象；接着当前的执行路径被终止，并从当前环境中弹出异常对象的引用；然后异常处理机制接管程序，并在新的环境中处理。方法体中的代码将不被执行，所抛出的异常则一层层向上级传递，直到能够处理该异常。

下面是在程序运行中，通过 if 语句判定后抛出文件不存在异常的示例：

```
public void loadData()throws FileNotFoundException(){
    User user = new User();
    Catalog catalog = new Catalog();

    File dataFile = new File("D:/myLibrary/dataFile.ser");
    if(!dataFile.exists()) {
        throw new FileNotFoundException();
    }
    ObjectInputStream os = new ObjectInputStream(new FileInputStream(dataFile));
    user = (User) os.readObject();
    catalog = (Catalog) os.readObject();
    os.close();
}
```

10.4.3 异常的捕获和处理

当方法内抛出异常或者调用的其他方法抛出异常时，该方法将在抛出异常后结束。如果希望该方法能够继续执行，可以在方法内设置特殊的块来捕获异常，并对所捕获的异常进行处理。下面是异常捕获和处理的一般形式：

```
try {
    /* 被检测的程序块 */
}
catch(ExceptionType1 ep1) {
    /* 对第 1 类异常进行处理的程序块 */
}
…
catch(ExceptionTypeN epN){
    /* 对第 N 类异常进行处理的程序块 */
}
finally {
    /* 在 try 区域块结束时执行的程序块 */
}
```

其中，try 用于包含需要监控的、可能产生异常的块；catch 用于捕获异常并用合理的方法进行处理；finally 用于放置任何在方法返回前必须被执行的代码。

采用异常捕获和处理机制可以在检测错误时，不需要在每次方法调用后都添加错误检查的代码，而是将所有被检测的代码都放在 try 区域内，并将对异常的处理集中在 catch 区域。并且即便在 try 区域中对同一类异常捕获多次，也只需要在 catch 区域写一段处理程序，实现了异常捕获和处理的分离。

下面是登录方法的示例，其中有多次输入操作被包含在 try 区域内。虽然这些输入操作都可能会发生异常，但只需要在 catch 区域做同样的处理：

```
public void loginMainUI() {
    int userType = 0;
    String userId = "";
    String password = "";
    try {
        BufferedReader br = new BufferedReader(new InputStreamReader(System.in));
        while(true) {
            System.out.println("请输入用户类型编号：1. 管理员，2. 借阅者");
            userType = Integer.parseInt(br.readLine().trim());
            if((userType != 1) && (userType != 2)) {          /* 用户类型错误 */
                System.out.println("用户类型不正确。");
                continue;
            }
            System.out.println("请输入登录名：");
            userId = br.readLine().trim();
            System.out.println("请输入密码：");
            password = br.readLine().trim();
            if(userType == 1) {                          /* 用户类型为管理员 */
                Message message = adminController.adminLogin(userId, password);
                if(message.equals(Message.ADMIN_LOGIN_SUCCESS)) {
                    AdminUI adminUI = new AdminUI(adminController, this);
                    adminUI.adminMainUI();
                    break;
                }
```

```
                if(message.equals(Message.ADMIN_LOGIN_FAIL)) {
                    messageDisplay.displayMessage(message);
                    continue;
                }
            }
            if(userType == 2) {                          /* 用户类型为借阅者 */
                Message message=borrowerController.borrowerLogin(userId,
                password);
                if(message.equals(Message.BORROWER_LOGIN_SUCCESS)) {
                    BorrowerUI borrowerUI=new BorrowerUI(borrowerController,
                    this);
                    borrowerUI.notificationUI();
                    break;
                }
                if(message.equals(Message.BORROWER_LOGIN_FAIL)) {
                    messageDisplay.displayMessage(message);
                    continue;
                }
            }
        }
    } catch(IOException e) {
        System.out.println(e);
        System.exit(0);
    }
}
```

当采用多个 catch 捕获异常时，需要先捕获范围较小的异常，后捕获范围较大的异常。因为当 try 包含的程序块出现异常时，Java 虚拟机会按照顺序依次查找能够处理该异常的 catch 块，并进入第一个能够处理该异常的 catch 块，而忽略后面的 catch 块。因此，如果将捕获范围较大的异常的 catch 块放在前面时，会造成后面的 catch 块无法被访问，从而引发错误。下面是一个捕获异常顺序不正确的示例，因为位于捕获 Exception 异常后面的捕获 IOException 异常无法被访问：

```
try {
    …
} catch(Exception e) {
    …
}
catch(IOException ioe) {
    …
}
```

10.4.4　Java 标准异常

Java 中所有异常类型都是 Throwable 类的子类，Throwable 类是 Object 类的子类。Throwable 类又派生出两个不同的子类：Exception 类用于用户程序可能捕捉的异常情况，或用来创建自定义的异常类型；Error 类作用于表示与运行时系统本身有关、无法被程序控制的异常，如堆栈溢出等。其中，Exception 类的子类 RuntimeException 类包含了数组下标越界等在程序编写中可以避免的错误。Java 语言规范将派生于 RuntimeException 类或 Error 类的所有异常称为“未检查异常”（unchecked exception），其他异常称为“已检查异常”（checked exception）。

图 10-6 展示了 Java 中异常类之间的关系。采用对象描述异常的好处是可以利用异常对象来将携带信息交给异常处理程序。

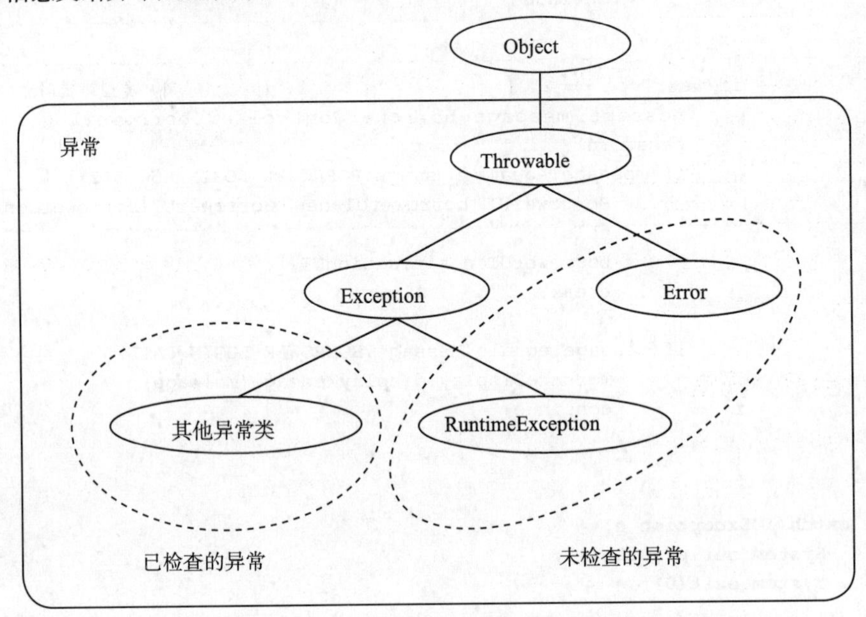

图 10-6　Java 中异常类之间的关系

表 10-2 和表 10-3 分别展示了 Java 中常见的未检查异常和已检查异常。

表 10-2　Java 中常见的未检查异常

异　常	说　明
ArithmeticException	算术错误，如被 0 除
ArrayIndexOutOfBoundsException	数组下标出界
ArrayStoreException	数组元素赋值类型不兼容
ClassCastException	非法强制转换类型
IllegalArgumentException	调用方法的参数非法
IllegalMonitorStateException	非法监控操作，如等待一个未锁定线程
IllegalStateException	环境或应用状态不正确
IllegalThreadStateException	请求操作与当前线程状态不兼容
IndexOutOfBoundsException	某些类型索引越界
NullPointerException	非法使用空引用
NumberFormatException	字符串到数字格式非法转换
SecurityException	试图违反安全性
StringIndexOutOfBounds	试图在字符串边界之外进行索引
UnsupportedOperationException	遇到不支持的操作

表 10-3　Java 中常见的已检查异常

异　常	说　明
ClassNotFoundException	找不到类
CloneNotSupportedException	试图克隆一个不能实现 Cloneable 接口的对象

（续）

异 常	说 明
IllegalAccessException	对一个类的访问被拒绝
InstantiationException	试图创建一个抽象类或者抽象接口的对象
InterruptedException	一个线程被另一个线程中断
NotSuchFieldException	请求的字段不存在
NotSuchMethodException	请求的方法不存在

Java 中的异常采用多线程机制（参见 13.2.2 节）实现。当出现异常并进行处理时，只有当前抛出异常的程序线程会受到影响，其他线程会正常运行。

10.4.5 自定义异常

除了使用 Java 标准异常外，还可以根据需要创建自定义的异常类型。自定义异常允许对错误进行修正，并防止程序自动终止。自定义异常可以为 Throwable 类的子类或者其某个子类的子类，但为了利用 Java 语言在编译时检查异常处理的特性，自定义异常通常通过继承 Exception 类或其除了 RuntimeException 类的其他子类来实现。

下面是对服务器读取不到数据自定义异常的示例：

```
public class DataNotFoundException extends FileNotFoundException() {
   File dataFile = new File("D:/myLib/dataFile.ser");
   dataFile.createFile();
}
...
public void loadData(){
   User user = new User();
   Catalog catalog = new Catalog();

   try {
        File dataFile = new File("D:/myLib/dataFile.ser");
        ObjectInputStream os = new ObjectInputStream(new
        FileInputStream("D:/myLib/dataFile.ser"));
        user = (User) os.readObject();
        catalog = (Catalog) os.readObject();
        os.close();
   } catch(DataNotFoundException e) {
   }
}
```

10.5 项目实践

1. 修改学生类（Student）。要求如下：
   - 成员变量添加选课列表、成绩核查申请列表等。
   - 成员方法添加列举和查看成绩、计算平均成绩、统计成绩、申请成绩核查和查看处理结果（本科生和研究生有不同实现）、修改个人信息、退出登录等。
   - 不可以创建学生对象。

- 被本科生类和研究生类继承。
- 位于包 edu.software.scoremanage.model 中。

2. 编写本科生类（Undergraduate）。要求如下：
   - 成员变量包括登录名、用户名、密码、选课列表、成绩核查申请列表等。
   - 成员方法包括列举和查看成绩、计算平均成绩、统计成绩、申请成绩核查和查看处理结果、修改个人信息、退出登录等。
   - 继承学生类。
   - 位于包 edu.software.scoremanage.model 中。
3. 编写研究生类（Graduate）。要求如下：
   - 成员变量包括登录名、用户名、密码、选课列表、成绩核查申请列表等。
   - 成员方法包括列举和查看成绩、计算平均成绩、统计成绩、申请成绩核查和查看处理结果、修改个人信息、退出登录等。
   - 继承学生类。
   - 位于包 edu.software.scoremanage.model 中。
4. 修改管理员类（Administrator）。要求如下：
   - 成员方法包括添加通过 Curriculum 对象来管理课程信息和课程。
   - 位于包 edu.software.scoremanage.model 中。
5. 修改教师类（Teacher）。要求如下：
   - 成员变量添加待处理成绩核查申请列表。
   - 成员方法包括添加处理成绩核查申请、管理选课学生、管理成绩信息、退出登录等。
   - 位于包 edu.software.scoremanage.model 中。
6. 编写课程信息类（CourseInfo）。要求如下：
   - 成员变量包括课程信息编号、课程信息名称、课程列表等。
   - 成员方法包括修改课程信息、修改课程列表等。
   - 位于包 edu.software.scoremanage.model 中。
7. 编写课程类（Course）。要求如下：
   - 成员变量包括课程编号、授课教师、开设年份、选课列表等。
   - 成员方法包括修改课程授课教师或年份、修改选课列表、计算平均成绩、统计成绩等。
   - 位于包 edu.software.scoremanage.model 中。
8. 编写选课类（SignUpCourse）。要求如下：
   - 成员变量包括课程、学生、成绩等。
   - 成员方法包括获取和修改成绩等。
   - 位于包 edu.software.scoremanage.model 中。
9. 编写成绩核查申请类（Request）。要求如下：
   - 成员变量包括选课、申请理由、处理结果等。
   - 成员方法包括查看申请基本信息、查看和编辑处理结果等。
   - 位于包 edu.software.scoremanage.model 中。

10. 修改管理员控制器类（AdministratorController）。要求如下：
   - 成员变量包括 User 对象和 Curriculum 对象，分别通过 User 类和 Curriculum 类的 getInstance 方法初始化。
   - 成员方法包括通过 User 对象来管理教师或学生、通过 Curriculum 对象来管理课程信息和课程、修改个人信息、退出登录等。
   - 位于包 edu.software.scoremanage.transaction 中。
11. 编写教师控制器类（TeacherController）。要求如下：
   - 成员变量包括当前教师、通过 Curriculum 类的 getInstance 方法初始化的 Curriculum 对象。
   - 成员方法包括通过处理成绩核查申请、管理选课学生、管理成绩信息、修改个人信息、退出登录等。
   - 位于包 edu.software.scoremanage.transaction 中。
12. 编写学生控制器类（StudentController）。要求如下：
   - 成员变量包括当前学生、通过 Curriculum 类的 getInstance 方法初始化的 Curriculum 对象。
   - 成员方法包括申请核查成绩、查看成绩、修改个人信息、退出登录等。
   - 位于包 edu.software.scoremanage.transaction 中。
13. 编写登录控制器类（LoginController）。要求如下：
   - 成员变量包括 User 对象，通过 User 类的 getInstance 方法初始化。
   - 成员方法包括通过 User 对象来验证登录信息。
   - 位于包 edu.software.scoremanage.transaction 中。
14. 修改管理员界面类（AdministratorUI）。要求如下：
   - 删除 main 方法和登录功能。
15. 编写教师界面类（TeacherUI）。要求如下：
   - 教师主界面提供处理成绩核查申请、选课学生管理、成绩管理、修改个人信息、退出登录 5 项操作，输入操作编号后进入相应的操作界面。
   - 处理成绩核查申请界面中可以查看成绩核查申请，并录入处理结果。
   - 在选课学生管理界面中可以查找、添加、删除选课学生。
   - 在成绩管理界面中可以添加、删除、修改成绩。
   - 在修改个人信息界面中可以修改教师的用户名和密码。
   - 退出登录时要求系统存储数据。
   - 所有操作必须通过教师控制器类进行。
   - 采用命令行方式界面。
   - 位于包 edu.software.scoremanage.userinterface 中。
16. 编写学生界面类（StudentUI）。要求如下：
   - 学生主界面提供申请核查成绩、查看成绩、修改个人信息、退出登录 4 项操作，输入操作编号后进入相应的操作界面。
   - 在申请核查成绩界面中可以申请核查成绩，并查看核查的处理结果。
   - 在查看成绩界面中可以查找、列举选中课程的成绩。

- 在修改个人信息界面中可以修改学生的用户名和密码。
- 退出登录时要求系统存储数据。
- 所有操作必须通过学生控制器类进行。
- 采用命令行方式界面。
- 位于包 edu.software.scoremanage.userinterface 中。

17. 编写登录界面类（LoginUI）。要求如下：
    - main 方法，运行 main 方法后为管理员、教师、学生提供统一的登录界面，通过登录验证后转到用户的主操作界面。
    - 采用命令行方式界面。
    - 位于包 edu.software.scoremanage.userinterface 中。
18. 在成绩管理系统中添加异常处理。

10.6　习题

1. 简述聚合和组合的异同，并各举一个例子说明。
2. 简述内部类的作用，并举例说明。
3. 简述继承的意义及其适用场景。
4. 简述继承对序列化的影响，并举例说明。
5. 简述抽象类的作用，并举例说明。
6. 简述接口的概念和作用。
7. 解释“引用类型决定了可以调用的方法，而实际指向的对象决定了所调用方法的实现”的含义。
8. 简述继承中对象初始化的顺序。
9. 比较保护权限和其他三种权限，并举例说明。
10. 解释异常的含义，并说明使用异常的原因。
11. 简述如何抛出异常，以及抛出的异常如何处理。
12. 简述如何捕获异常，并说明捕获异常的顺序如何确定。
13. 列举几种常用的 Java 标准异常，说明其作用。
14. 举例说明如何自定义异常。

第 11 章

集成与测试

如何将我们开发的单独的软件部件组合成一个整体，并顺利地编译、运行、测试，是软件开发中的一项基本工作。本章将介绍基本的集成概念和集成工具。

测试是验证软件质量的重要手段，本章针对个人级软件开发详细描述自动化单元测试。大量自动化单元测试可以帮助我们建立起良好的质量意识，并为软件质量提供坚实保障，同时，这也是当前测试驱动开发方法的核心技术。

11.1 自动化集成

11.1.1 集成概念

软件集成（integration）指将单独的软件构件合并成一个整体的软件开发活动。软件构建（build）指将源代码转变成为一个可运行的软件的过程，或最终的软件本身，其中最重要的部分是将源代码编译成可执行文件（很多程序员不严格区分集成和构建这两个词的用法）。如果是一个人开发软件，集成的工作相对比较简单，程序员只要将自己的工作进行编译、链接、测试和发布就可以了。当多人共同进行开发时，问题会变得复杂，通常需要更加复杂的软件工程实践和工具进行支持。

11.1.2 集成过程

现代软件集成通常配合版本配置系统共同使用，应当做到：任何人在任何时刻都应该可以从一个干净的计算机（仅安装了操作系统和必要开发相关软件的计算机）上检出当前源代码快照，然后敲入一条命令（或点击一个按钮），就可以得到能在这台机器上运行的软件系统。

对于个人级别的小型项目而言，通常的集成过程应当包括（团队开发的持续集成通常还会使用一个专门的持续集成服务器，比如 Hudson、CruiseControl 等）:

1）从版本控制服务器签出当前最新的代码和所有的相关文件。使用版本控制来管理所有项目相关文件是集成的基础。建议将所有的项目有关文件都放入版本控制资源库当中。除了代码以外还应该包括测试代码、配置文件、数据库 Schema、IDE 配置文件，还有第三方的库文件等，所有这些构建时需要的文件都应该放在服务器的资源库中。一个基本原则是应该保证其他的程序员可以在一台干净的机器上重现整个构建过程。当然，有些安装很复杂的软件不应该包含在内，如操作系统、Java 开发环境或数据库系统等。一般来说，构建的结果不应该放在资源库当中，比如编译产生的 .class、exe 文件等，因为它们是由集成系统生成的内容。

2）使用自动化构建工具进行构建活动。对于复杂系统，由源代码转变为一个可以运行的系统是很复杂的工作，使用命令或点击各种按键手工进行很浪费时间并且也容易出错。个人程序员通常使用 IDE 中的简单构建工具来完成项目的集成，比如在 Eclipse 中有 Build、Run 菜单。IDE 中构建的配置文件往往是专用格式，离开了 IDE 就无法工作，而且不够健壮。很多初学者会碰到在一个 IDE 中运行正常的程序无法在另外一台机器上编译运行的情况，这往往就是因为 IDE 中的构建是严重依赖于特定机器和 IDE 配置的结果。使用 IDE 进行构建对于个人开发而言是可以接受的，但对于复杂项目和团队项目而言，最好是使用独立于 IDE 的自动化构建工具，它们的可靠性更高，而且可以脱离 IDE 工作。这也可以解决在大的团队中难以在程序员之间统一 IDE 的问题。许多优秀的程序员都倾向于使用独立的自动化构建工具。

在大部分开发平台上都有相应的自动化构建工具，比如过去 UNIX 社区使用 make; Java 社区使用 Ant、Maven; .Net 社区使用 MSBuild 等。这些工具通常使用脚本语言来编写一个配置文件（现在多数使用 xml 文件），可以使得程序员使用一条命令运行这些脚本从而构建系统。

以 Java 社区经常使用的 Ant 为例，自动构建过程通常会包含以下任务：

- 从头编译所有源代码。
- 链接和部署。
- 启动自动化测试集。

如果以上步骤在执行过程中没有出现任何问题，则是一次成功的构建。

各种构建工具提供的基本构建功能是比较一致的，有些工具会提供附加的管理功能。本书建议初学者使用 Ant 来进行自动化构建活动。

3）签入新的代码。程序员在本机工作目录下完成集成，通过了所有的测试之后，应当及时地将新的代码签入服务器端的资源库。

11.1.3　自动化构建工具 Ant

Apache Ant 是 Apache Software Foundation 的一个自动化软件构建工具，它是一个 Java 类库，同时也是一个命令行工具，可以按照指定的一个用户编写的 xml 文件执行一些指定的任务。Ant 通常用于 Java 程序的构建，它可以支持一系列的内建任务执行，包括编译、测试、运行等任务。Ant 的网站为：http://ant.apache.org/。

Ant 通过一个配置脚本（称为构建文件（buildfile））来进行构建任务，该配置文件是一个 xml 文件。Ant 脚本中包含项目（project）、目标（target）和任务（task）。每个构建文件包含一个项目元素；一个项目元素包含多个目标元素；每个目标元素由一组任务元素构成。一个任务完成一个功能，例如复制一个文件、编译一个项目或者构建一个 JAR 文件。一个目标是一组任务和属性的集合。一个目标可以依赖于其他目标，这意味着只有其依赖的目标执行完后才会执行本目标（例如，你会要求在构建一个 JAR 文件前完成编译的任务）。为了表明一个目标依赖另外一个目标，我们使用 depends。

例如我们有如下程序：

```
public class HelloWorld{
   public static void main(String []args){
      System.out.println("Hello World!");
   }
}
```

对应 Ant 构建文件为：

```
<project name="hello" default="compile">

<target name="prepare">
<mkdirdir="/tmp/classes"/>
</target>
<target name="compile" depends="prepare">
<javacsrcdir="./src" destdir="/tmp/classes"/>
</target>

</project>
```

以上 Ant 文件可以将当前目录下子目录“src”中的 Java 源文件编译到“/tmp/classes”目录下。

当我们在命令行下执行 Ant 命令时，它首先会在当前目录中寻找一个名称为 build.xml 的构建文件，我们可以使用 -buildfile 参数指定其他构建文件。

下面是以上脚本运行的命令行输出：

```
$ ant
Buildfile: build.xml
prepare:
[mkdir] Created dir: /tmp/classes
compile:
[javac] Compiling 1 source file to /tmp/classes
BUILD SUCCESSFUL
```

下面详细介绍 Ant 脚本中的关键元素。

1. project 元素

project 元素是 Ant 构件文件的根元素，Ant 构件文件至少应该包含一个 project 元素，否则会发生错误。在每个 project 元素下可以包含多个 target 元素。下面展示了 project 元素的各属性。

1）name 属性：用于指定 project 元素的名称。

2）default 属性：用于指定 project 默认执行时所执行的 target 的名称。

3）basedir 属性：用于指定基路径的位置。该属性没有指定时，默认使用 Ant 的构建文件所在的目录作为基准目录。

```
<?xml version="1.0" ?>
<project name =" LibrarySystem
"default="getBaseDir" basedir ="C:/LibrarySystem" />
```

上例定义了 default 属性的值为 getBaseDir，即当运行 Ant 命令时，如果没有指明待执行的 target，则将执行默认的 target: getBaseDir。此外，还定义了 basedir 属性的值为“C:/LibrarySystem”。

2. target 元素

target 为 Ant 的基本执行单元，它可以包含一个或多个具体的任务，且多个 target 之间可以存在相互依赖关系。它有如下属性：

1）name 属性 ：指定 target 元素的名称，这个属性在一个 project 元素中是唯一的。在 Ant 构建文件中我们可以通过指定 target 元素的名称来指定某个 target。

2）depends 属性：用于描述 target 之间的依赖关系，若与多个 target 存在依赖关系，以 “,” 间隔。Ant 会依照 depends 属性中 target 出现的顺序依次执行每个 target。

3）if 属性：用于验证指定的属性是否存在。若存在，所在 target 将会被执行。

4）unless 属性 ：该属性的功能与 if 属性的功能正好相反，它反过来用于验证指定的属性是否不存在。

5）description 属性：用于对 target 功能的简短描述和说明。

3. property 元素

property 元素可看作是参数的定义，project 的属性可以通过 property 元素来设定，也可在 Ant 之外设定。若要在外部引入某参数定义文件，例如 build.properties 文件，可以通过如下内容将其引入：

```
<propertyfile = "build.properties" />
```

property 元素可用作 task 的属性值。在 task 中是通过将属性名放在 “ ${” 和 “ }” 之间，并放在 task 属性值的位置来实现的。

Ant 提供了一些内置属性，它能得到系统属性的列表。这些系统属性可参考官方网站的说明。同时，Ant 还提供了一些它自己的内置属性，如下所示：

- basedir: project 基本目录的绝对路径。
- ant.file: buildfile 的绝对路径，上例中 ant.file 值为 C:\LibrarySystem\build.xml。
- ant.version: Ant 的版本信息。
- ant.project.name: 当前指定的 project 的名字，即前文说到的 project 的 name 属性值。
- ant.java.version: Ant 检测到的 JDK 版本。

接下来介绍一些 Ant 常用命令。

4. 对文件目录的常用操作命令

1）copy 命令：主要用于文件和目录的复制功能。例如：

- 复制单个文件：

```
<copy file="source.txt"tofile="dest.txt" />
```

- 对目录中所有文件进行复制：

```
<copytodir="../dest_dir">
  <filesetdir="src_dir" />
</copy>
```

- 将文件复制到另外的目录：

```
<copy file="source.txt"todir="../dest_dir" />
```

2）delete 命令：对文件或目录进行删除。例如：

- 删除某个文件：

```
<delete file="dest.txt"/>
```

- 删除某个目录：

```
<deletedir="${basedir}/dest_dir"/>
```

- 删除所有的备份（以 .bak 结尾的文件）或空目录：

```
<deleteincludeEmptyDirs="true">
   <filesetdir="."Includes="**/*.bak" />
</delete>
```

3）mkdir 命令：创建目录。例如，创建一个 build 的目录：

```
<mkdirdir="${basedir} /build/classes"/>
```

4）move 命令：移动文件或目录。例如：

- 移动单个文件：

```
<move file="sourcefile"tofile="destfile"/>
```

- 移动单个文件到另一个目录：

```
<move file="sourcefile"todir="destdir"/>
```

- 移动某个目录到另外一个目录：

```
<movetodir="newdir">
   <filesetdir="olddir" />
</move>
```

5）echo 命令：该任务的作用是根据日志或监控器的级别输出信息。它包括 message、file、append 和 level 四个属性。Level 共有 5 个级别：error、warning、info、verbose、debug。例如：

```
<echo message="Hello, ANT" file="/home/logs/ant.log" append="true"/>
```

5. 利用 Ant 构建和部署 Java 项目常用命令

Ant 可以使用 javac、java 和 jar 等命令来执行 Java 操作，从而达到构建和部署 Java 项目的目的。

（1）利用 Ant 的 javac 命令来编译 Java 程序

Ant 的 javac 命令用于实现编译 Java 程序的功能。下面是一个简单的例子：首先我们建立名为 JavaTest 的 Java 项目，建立 src 目录为源代码目录，在 src 目录下建立 HelloWorld.java 这个类文件。该类文件的内容包含一个 main 函数作为 Java 程序的入口。

同时在 JavaTest 项目的根目录下建立 build.xml 文件，在该文件中编译 src 目录下的 Java 文件，并将编译后的 class 文件放入 build/classes 目录中，整个项目的目录结构如图 11-1 所示。

```
JavaTest
+src
+build
+classes
build.xml
```

图 11-1　JavaTest 目录结构

编译的 Ant 脚本内容如下：

```
<target name="compile" depends="clean">
        <mkdirdir="${basedir}/build/classes" />
        <javacsrcdir="${basedir}/src"destdir="${basedir}/build/classes" />
</target>
```

在项目根目录执行 Ant 命令后，可在该目录下发现新生成的 build/classes 子目录和编译后生成的 HelloWorld.class 文件。

（2）使用 Ant 的 java 命令执行 Java 程序

Ant 中可以使用 java 命令实现运行 Java 程序的功能。可以在上面的 compile 任务的基础上实现此功能。由于 run 任务是依赖于先前我们已经定义的 compile 任务，所以 depends 属性的值就应该是compile的任务的名称。

```
<target name="run" depends="compile">
        <javaclassname="HelloWorld">
            <classpath><pathelement path="${basedir}/build/classes" /> </classpath>
          </java>
</target>
```

（3）使用Ant的jar命令打包程序生成jar文件

我们还可以在上面的基础上更进一步，来生成Java程序的jar包（本概念详细解释详见第14章）。打包的任务可以依赖于run这个target，脚本如下所示：

```
<target name="jar" depends="run">
        <jardestfile="helloworld.jar"basedir="${basedir}/build/classes">
            <manifest>
                <attribute name="Main-class" value="HelloWorld" />
            </manifest>
        </jar>
</target>
```

其中，manifest属性指定了jar包中程序的入口，即包含main函数的类。当project的default属性应设为jar（运行build.xml时默认运行jar这个target），Ant运行完毕后，可看到在项目的根目录（${basedir}）下生成了一个helloworld.jar的jar包。之后我们可通过运行以下命令来执行该jar包：

```
java -jar helloworld.jar
```

以下给出图书借阅系统Ant构建脚本。

设定图书借阅系统的目录结构如图11-2所示。

```
LibrarySystem
+build
+dist
+lib
+src
+out
build.xml
```

图11-2　图书借阅系统目录结构

其中src目录存放源文件；lib目录存放第三方库文件（包括junit.jar等）；dist目录存放打包后的jar文件；out存放输出文件，包括测试报告等。

以下给出使用Ant构建图书馆项目的构建文件的内容，包含编译、打包、测试、生成测试报告等目标，供读者参考（可以根据注释了解脚本的含义，部分脚本的语法没有给出详细说明，请参考Ant网站）。

```
<?xml version="1.0" encoding="utf-8"?>
<project name="LibrarySystem" default="run" basedir=".">
   <!-- 声明并定义Ant脚本需要用到的参数 -->
<property name="project-name" value="LibrarySystem"/>
<property name="build" value="build"/>
<property name="lib" value="lib"/>
<property name="src" value="src"/>
<property name="build.classes" value="${build}/classes"/>
<property name="jar.dir" value="dist"/>
<property name="jar-file-name" value="${project-name}"/>
   <property name="testlogs.dir" value="out/test"/>
   <property name="testclasses.dir" value="${build}/classes/Test"/>
   <property name="testreports.dir" value="out/test/LibrarySystem"/>

   <!-- 声明项目可能需要用到的第三方的库文件 -->
<path id="compile.classpath">
   <filesetdir="${lib}">
<include name="**/*.jar"/>
</fileset>
```

```
</path>
   <!-- 编译之前构建相关的目录 -->
<target name="prepare" >
<mkdirdir="${build}" />
<mkdirdir="${build.classes}" />
<mkdirdir="${jar.dir}" />
</target>


   <!-- 编译之前删除上次编译的结果 -->
<target name="clean" >
<deletedir="${build}" />
<deletedir="${jar.dir}" />
</target>

   <!-- 编译 -->
<target name="compile" depends="clean,prepare">
        <echo message="Compiling the source code!"/>
   <javac
   srcdir="${src}"
   destdir="${build.classes}"
   deprecation="true"
   >
   <classpathrefid="compile.classpath"/>
   </javac>
</target>

   <!-- 运行 -->
<target name="run" depends="jar">
   <java jar="${jar.dir}/${jar-file-name}.jar" fork="true" maxmemory="256m"/>
</target>

   <!-- 发布 -->
<target name="jar" depends="compile">
        <!-- 将第三方的库写在jar包的说明文件里面 -->
        <pathconvert property="mf.classpath" pathsep=" ">
            <pathrefid="compile.classpath" />
            <flattenmapper />
        </pathconvert>
   <jardestfile="${jar.dir}/${jar-file-name}.jar" basedir="${build.classes}">
   <manifest>
   <!-- 此处根据自己的需要进行配置 -->
   <attribute name="Main-Class" value="LibrarySystem"/>
   <attribute name="Class-Path" value="${mf.classpath}"/>
   </manifest>
   </jar>
</target>

   <!-- 运行测试 -->
<target name="run-test" depends="compile">
        <junitdir="${basedir}" haltonfailure="false" printsummary="yes"
        errorproperty="tests.failed" failureproperty="tests.failed">
        <classpathrefid="compile.classpath" />
        <batchtest fork="yes" todir="${testlogs.dir}">
           <filesetdir="${testclasses.dir}">
                <include name="*Test.*" />
           </fileset>
        </batchtest>
        <formatter type="plain" usefile="true" />
        <formatter type="xml" usefile="true" />
        </junit>
        <fail if="tests.failed" message="Test(s) failed" />
```

```
</target>
    <!-- 生成测试报告 -->
<target name="run-report" depends="run-test">
        junitreporttodir="${testreports.dir}">
            <filesetdir="${testlogs.dir}">
                <include name="Test-*.xml" />
                <include name="Test-*.txt" />
            </fileset>
            <report format="frames" todir="${testreports.dir}" />
        </junitreport>
    </target>

    <!-- 运行所有任务 -->
    <target name="all" depends="run-report,run" />
</project>
```

11.1.4 集成频率

在集成的实践中，集成的频率至关重要。从早期的“日构建”到敏捷软件开发的“持续集成”（来源于极限编程，是最初极限编程的十二个实践之一），均强调集成的间隔时间不能太长。快速地集成使得程序员可以尽快地发现软件中的bug，在团队开发时尤其有助于发现不同人员间的冲突。bug积累的时间越长，越难以定位bug。而且这样的bug是会叠加的，不同的bug之间会交错在一起，这使得检查、修正其中任何一个bug都会变得非常困难。采用频繁集成，并且在每次集成时进行单元测试，非常有助于改善产品的质量，减少系统调试和测试的时间。这是因为上一次集成是成功的集成，所有的代码都通过了编译链接和测试，如果这次集成时出现了问题，那么错误显然极有可能出现在本次新增的代码，或与本次新增代码有交互行为的代码中，这样可以容易地进行bug的寻找和修复。比起那种很长时间不做集成，数十个bug纠缠在一起的情况，频繁集成的优点显而易见。

频繁集成还有助于客户验证功能需求。成功的集成会产生出可供用户使用的软件，虽然其功能并不完整，但用户可以尽快使用到新的功能，从而对开发团队提供快速的反馈，帮助客户与开发团队之间进行更加有效的交流，降低在开发后期进行需求变更的风险。

频繁集成的好处得到了广泛认同，但如果使用手工方法进行集成，每次集成的代价都会很高，这是令人无法接受的。降低集成的代价，必须依赖于自动化的版本控制工具和集成工具。如果程序员可以仅仅使用一条命令（甚至连命令都不需要，依赖于持续集成服务器，比如Hudson、CruiseControl等工具），在10分钟内完成一次完整的集成（极限编程中的10分钟集成指导原则），开发团队才有动力并且能够坚持进行频繁集成。

持续集成已经成为当前软件开发中被广泛认同的一项最佳实践，它应当成为我们每个软件开发人员的必备技能。

11.2 测试的简单分类

根据不同的标准，软件测试有多种不同的分类方法。

根据测试工程师设计测试案例时的视点不同，软件测试传统上可以分为白盒测试（white box testing）或结构测试（structural testing）和黑盒测试（black box testing）或功能测试

functional testing)。

白盒测试指当测试者知道程序的内部数据结构和算法，并且能够获取其具体源码时进行的测试。白盒测试检查程序逻辑，确定测试用例，覆盖尽可能多的代码和逻辑组合。

黑盒测试认为软件是一个“黑匣子”，测试人员完全不知道其内部实现。测试工程师根据需求规格说明书确定测试用例，测试软件的功能，而不需要了解程序的内部结构。

根据在软件开发过程中测试实施的对象不同，软件测试可以分为单元测试（unit testing）、集成测试（integration testing）和系统测试（system testing），它们分别测试单个模块、一组（通过目的、使用、行为或结构而联系起来的）模块、整个系统。

单元测试通常由程序员在编写代码时进行，用于测试某段代码的功能，通常在函数或类的级别进行。

集成测试用来在程序集成时测试有交互的程序模块之间的接口和交互是否正确。软件模块的集成可以使用迭代方式进行或完成所有模块再进行，通常认为迭代方式集成更为合理。

系统测试关注整个系统的行为，用于测试已经集成的系统是否符合其需求规格，也有人认为系统测试适合于评价系统的非功能性需求，如安全性、速度、可靠性等。

测试还有其他类型，在此不进行详述。

现实世界中的软件在发布之前都需要经过无数的测试。一般认为，对于复杂系统程序而言，测试时间要占到整个开发时间的 50%，当然这个时间也包含了调试和修复 bug 的时间。

11.3 单元测试

11.3.1 单元测试是什么

单元测试是在开发过程中由程序员进行的一种测试，它主要测试程序模块的正确性。在结构化程序设计中，单元测试的单位是单个的函数或方法；在面向对象程序设计中，测试的目标是类的接口。传统单元测试一般在代码开发完成之后进行，近年来敏捷软件开发提出了测试驱动开发的实践，要求在代码编写之前开发自动化的单元测试。单元测试通常由开发人员执行，可以是人工执行，也可以是自动化的。自动化测试可以在短时间内执行大量的测试用例，而且可以避免人员操作带来的误差，是当前单元测试的发展方向。

理想情况下，测试用例之间应当是互不影响的。因为程序的复杂性很大程度上来源于程序模块之间千丝万缕的关系，比如一个方法调用另外一个方法。如果我们允许测试用例之间存在复杂的关联，也允许一个测试用例调用另外一个测试用例，会导致测试用例的复杂度大幅增长，测试用例也会出现错误。没有人希望为测试用例再写一个“测试”，每一个测试用例都应该是独立的。

11.3.2 如何进行单元测试用例设计

在代码编写完成后设计单元测试用例，是一种白盒测试方法，即针对程序的逻辑结构来设计测试用例。

最简单的白盒测试是语句覆盖（statement coverage），即设计一系列的测试用例，使得程序中所有的语句都会得到执行。但这样的测试不能保证测试到所有的分支。

改进的方法是分支覆盖（branch coverage），即设计一系列的测试用例，保证所有的分支都得到测试。

最复杂的语句测试是路径覆盖（path coverage），即设计一系列的测试用例，保证覆盖程序中所有的语句或它们的所有可能组合，这是最高的一种要求，其目的是执行所有从入口到出口的路径，由于循环的存在，完整路径覆盖测试一般是不可行的。进行路径覆盖时通常会画出程序流程图或控制流图，根据图形标识出所有可能的路径设计测试用例。如图 11-3 所示，可能的路径有：路径 1，1-2-10；路径 2，1-2-3-4-8-9-2-10；路径 3，1-2-3-4-5-6-2-10；路径 4，1-2-3-4-5-7-2-10 等。确定路径后，程序员需要寻找合适的输入使得相应测试用例能够按照该路径执行。

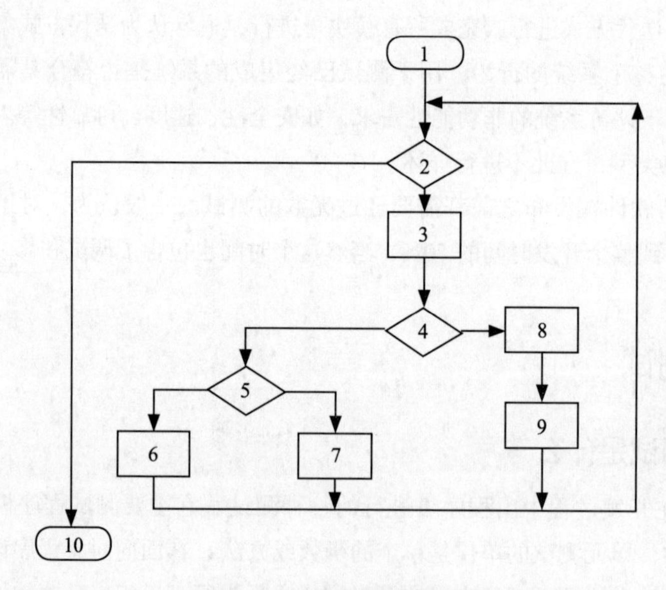

图 11-3 单元测试路径

例如，在图书借阅系统中，包含这样一个函数（代码如下所示），它实现了请求图书的功能，我们使用路径覆盖来对这个函数进行测试。

```
public Request(Teacher teacher, BookInfobookInfo)
{
   ArrayList<Book> bookList = bookInfo.getBookList();
   Book book = null;
   BorrowtoRequest = null;
   Borrow borrow = null;
   longborrowTime = 0;
   long longestBorrowTime = 0;
   Iterator<Book> iterator = bookList.iterator();
   while(iterator.hasNext())
   {
     book = iterator.next();
     borrow = book.getBorrow();
     if(borrow.getBorrower().getType() < 3)
       {
          borrowTime = borrow.getBorrowDate().getTime();
```

```
            if(borrowTime > longestBorrowTime)
                    {
                      longestBorrowTime = borrowTime;
                      toRequest = borrow;
                    }
            }
        }
        borrow.requestBook();
}
```

首先画出对应的程序流程图，如图 11-4 所示。

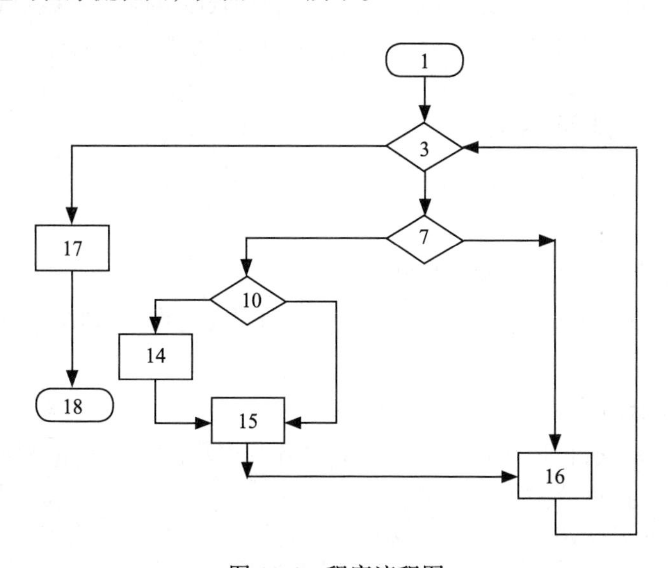

图 11-4　程序流程图

根据流程图，我们可以识别出 4 条独立的路径，分别是：路径 1，1-3-17-18；路径 2，1-3-7-16-3-17-18；路径 3，1-3-7-10-15-16-3-17-18；路径 4，1-3-7-10-14-15-16-3-17-18；为了满足该路径集，我们设计了一组 4 个测试用例，以便程序沿着这 4 条路径至少执行一遍。

1）路径 1 的测试用例：

- **输入数据**：bookInfo 中 bookList 为空。
- **预期输出**：book 为 null。

2）路径 2 的测试用例：

- **输入数据**：借阅者类型设置为大于或等于 3，即书的借阅者的身份是教师或者未知，并且 bookList 中只有这一本书。
- **预期输出**：borrowTime=0 并且 book!=null。

3）路径 3 的测试用例：

- **输入数据**：借阅者类型设置为小于 3，即书的借阅者的身份是本科生或者研究生，Borrow 类中 borrowDate 设置为 1970 年 1 月 1 日之前的日期，并且 bookList 中只有这一本书。
- **预期输出**：borrowTime<0 并且 book!=null，longestBorrowTime=0。

4）路径 4 的测试用例：

- **输入数据**：借阅者类型设置为小于 3，即书的借阅者的身份是本科生或者研究生，Borrow 类中 borrowDate 设置为 1970 年 1 月 1 日之后的日期，并且 bookList 中只有这一本书。

- **预期输出**：book!=null，LongestBorrowTime>0。

11.4 自动化单元测试（JUnit）

JUnit（http://www.junit.org/）是一个开源自动化单元测试框架。单元测试是用于验证代码行为是否符合预期需求的有效手段，JUnit 框架可以辅助程序员进行单元测试。下面将结合本书中图书馆的例子，介绍如何使用 JUnit 提供的各种功能开展有效的单元测试。

11.4.1 简单 JUnit 测试用例

使用 JUnit 进行测试时，过程更加自动化，且一次可以运行多个测试。最简单的做法如下：

1）新建类，继承 junit.framework.TestCase 类。

2）定义需要的测试方法，这些方法的名字以 test 开头，例如 testAdd(),testPut() 等，返回值为 void。

3）如果需要组合测试用例，可以定义 test suite。

例如，为了测试是否可以向 Catalog 中正确地添加书籍，我们使用预期结果作为对比对象。具体代码如下所示：

```
public class Catalog{
   …
   public Message addBookInfo(String isbn, String title, String author, String
   publisher, int year, booleanisRare){…}  /* 需要测试的方法 */
   …
}
```

其中，addBookInfo 方法是我们的测试对象；下述 CatalogTest 类则是对应的测试类，testAddBookInfo 方法即具体的测试方法。

```
import Data.BookInfo;
import Data.Catalog;
import junit.framework.TestCase;
public class CatalogTest extends TestCase {
public void testAddBookInfo () {
   BookInfo booka = new BookInfo("123456", "Head First Java", "小明", "清华大学出
               版社", 2010, true);
   Catalog testCatalog = new Catalog();
   testCatalog.addBookInfo("123456", "Head First Java", "小明", "清华大学出版社",
   2010, true);
   assertTrue(booka.getBookInfoRecord().equals(testCatalog.
   searchBookInfo("123456").getBookInfoRecord()));
   }
}
```

11.4.2 断言

JUnit 提供了一些辅助函数，用于帮助程序员确定被测试的方法是否按照预期的效果正常工作。通常，这些辅助函数称为断言，主要包含以下几种：

1）`assertTrue/False ([String message,] boolean condition);`

解释：message 参数是可选的，如果有，会在发生错误时报告这个消息（其他断言中该参数都相同）；condition 即待验证的布尔型值。该断言用来判断 condition 是否为真 / 假，如果不是，则验证失败。

2）`fail ([String message]);`

解释：使测试立即失败，通常用在测试不能覆盖到的分支（比如异常）上。可以指定输出错误信息。

3）`assertEquals([String message,]Object expected, Object actual);`

解释：expected 表示期望值，actual 是测试代码返回的实际值。该断言用于判断期望值与实际值是否相等，可以指定输出错误信息。需要注意的是，如果对比的是两个小数（float 和 double），还可以有第四个参数 tolerance，表示在该误差范围之内二者都会被认为是相等的。

4）`assertNotNull/Null ([String message,] Object obj);`

解释：判读 obj 这个对象是否非空 / 空，如果不是，验证失败。可以指定输出错误信息。

5）`assertSame/NotSame([String message,]Object expected, Object actual);`

解释：expected 是期望值，actual 是测试代码返回的实际值。该断言用于判断两个参数所引用的是否是同一个对象 / 不同的对象。

6）`failNotSame/failNotEquals(String message, Object expected, Object actual);`

解释：当期望值和实际值指向不同的内存地址 / 不相等的时候，输出错误信息。

11.4.3 骨架

若要提高测试代码的复用性，可以通过编写骨架（fixture）来实现。骨架是指测试中需要反复运行的部分。在编写一个骨架时，按照以下步骤进行：

1）新建包含骨架的测试类，继承自 TestCase 类。

2）在测试类中定义需要使用的类成员变量。

3）重写 setUp() 方法，该函数在每个测试方法调用之前被调用，通常该方法负责初始化各个测试方法所需要的测试环境，用以实例化步骤 2）中定义的变量。

4）可能会重写 tearDown() 方法，该函数在每个测试方法调用之后被调用，用以释放变量资源（因为 Java 可以自动进行内存垃圾回收，因此不需要进行对象的内存释放。这个部分往往用于对文件资源等其他资源的释放，如果 setUp() 中没有用到其他资源，可以不用重写）。

5）根据需要，完成其他使用骨架的测试方法。

例如，以下代码使用了 3 本名为“booka”、“bookb”、“bookc”图书信息的对象进行测试，为了避免重复创建这些对象，可以使用骨架：

```
import Data.BookInfo;
import Data.Catalog;
import junit.framework.TestCase;
public class CatalogTest extends TestCase{
    private BookInfo booka;
    private BookInfo bookb;
    private BookInfo bookc;
    private static Catalog testCatalog = new Catalog();

    public CatalogTest(String method) {
      super(method);
```

```
}

protected void setUp(){
    /* 初始化 */
    booka = new BookInfo("123456", "Head First Java", "小明", "清华大学出版社",
            2010, true);
    bookb = new BookInfo("234567", "Head First C++", "小力", "清华大学出版社",
            2010, true);
    bookc = new BookInfo("345678", "Head First C#", "小白", "清华大学出版社", 2010,
            true);
}
protected void tearDown(){
    /* 回收资源 */
}
/* 测试 addBookInfo() 方法 */
public void testAddBookInfo ()
{
    testCatalog.addBookInfo("123456", "Head First Java", "
    小明", "清华大学出版社", 2010, true);
    testCatalog.addBookInfo("234567", "Head First C++", "
    小力", "清华大学出版社", 2010, true);
    testCatalog.addBookInfo("345678", "Head First C#", "小
    白", "清华大学出版社", 2010, true);
    assertTrue(bookb.getBookInfoRecord().
    equals(testCatalog.searchBookInfo("234567").
    getBookInfoRecord()));
}
/* 测试 modifyBookInfo() 方法 */
public void testModifyBookInfo(){
    bookc.setTitle("Head First PHP");
    bookc.setAuthor("小红");
    testCatalog.modifyBookInfo("345678", "Head First PHP",
    "小红", "清华大学出版社", 2010, true);
    assertTrue(bookc.getBookInfoRecord().
    equals(testCatalog.searchBookInfo("345678").
    getBookInfoRecord()));
    }
    /* 测试 removeBookInfo() 方法 */
    public void testRemoveBookInfo(){
      testCatalog.removeBookInfo("123456");
      assertNull(testCatalog.searchBookInfo("123456"));
    }
}
```

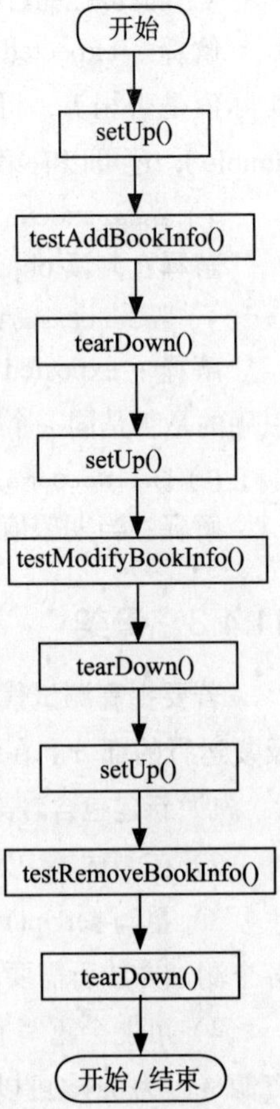

开始
setUp()
testAddBookInfo()
tearDown()
setUp()
testModifyBookInfo()
tearDown()
setUp()
testRemoveBookInfo()
tearDown()
开始 / 结束

图 11-5 JUnit 中 setUp() 和 tearDown() 的执行顺序

以上测试在运行时，setUp() 和 tearDown() 方法会在执行每个以 test 开头的方法前后被执行，如图 11-5 所示，这样可以防止因为在某些测试中修改了测试对象的属性而导致在下一次测试时无法确定，从而保证了每个测试的独立性。

11.4.4 套件

TestSuite 是 JUnit 提供的一个用于批量运行测试用例的对象，是 test 的一种有效的组合方式。

例如，如果只运行一个测试用例，可以使用以下语句：

```
TestResult result = (new CatalogTest("testAddBookInfo")).run();
```

如果测试用例的数量变成两个，那么可以生成一个包含这些测试用例的套件（suite），示例代码如下所示：

```
TestSuite suite = new TestSuite();
suite.addTest(new CatalogTest("testAddBookInfo"));
suite.addTest(new CatalogTest("testModifyBookInfo"));
TestResult result = suite.run();
```

另一种实现方式是通过 JUnit 从测试用例中提取出套件。实现时，将测试用例类的类名作为套件构造函数的参数即可，这是更为常见的用法。实现如下：

```
TestSuite suite = new TestSuite(CatalogTest.class);
TestResult result = suite.run();
```

这种使用自动提取套件的方法可以防止因添加新的测试用例而频繁修改套件部分代码。

套件中的内容不仅仅限于各种测试用例，而是任意实现了 Test 接口的对象，当然，在套件中还可以包含其他的套件，例如，可以将不同人写的套件组合在一个套件中，一起运行，提高测试运行的灵活度。

```
TestSuite combinedSuite = new TestSuite();
combinedSuite.addTest(Tom.suite());
combinedSuite.addTest(Jack.suite());
TestResult result = combinedSuite.run();
```

11.4.5 测试执行器

测试执行器（TestRunner）负责执行所有的测试方法，它能够显示返回的测试结果，报告测试的进度，其中包括定义过的测试套件。为了使测试套件可以被 TestRunner 运行，可以使用静态的 suite() 方法，并且返回一个套件对象。

```
import junit.framework.Test;
import junit.framework.TestSuite;
public class TestAll{
   public static Test suite(){
       TestSuite suite = new TestSuite();
       suite.addTest(new CatalogTest ("testAddBookInfo"));
       suite.addTest(new CatalogTest ("testModifyBookInfo"));
       return suite;
}
   }
```

或者也可以使用自动提取套件的方式：

```
import junit.framework.Test;
import junit.framework.TestSuite;
public class TestAll{
   public static Test suite(){
       return new TestSuite(CatalogTest.class);
   }
}
```

如果找不到 suite() 方法，测试执行器会自动尝试提取套件，并且把以 test 开头的测试方法放入套件中执行。

JUnit 提供了三种界面来运行测试，包括 Text 界面（junit.textui.TestRunner）、Swing 界面（junit.swingui.TestRunner）、AWT 界面（junit.awtui.TestRunner）。第一种是文本界面方式，后两种是图形界面方式。

使用图形界面的执行方式更加简单，它提供了一个窗口，其中包括：一个用于键入含 suite 方法的类的名字的文本框、一个失败测试列表、一个测试的启动按钮与一个表示测试结果的显示条。

如果测试通过，显示条会呈现绿色（如果是字符界面，就会返回 OK 信息）；如果测试不通过，显示条会呈红色，并且提供一个失败测试列表，同时，JUnit 会区别失败（failure）和错误（error）。失败是一个预期的使用断言检查出的结果；错误则由意外引起，是不期望出现的错误，和普通代码运行过程中抛出的 runtime 异常属于同一种类型。

有两种方式可以运行测试执行器，一种是在命令行中输入 java junit.textui.TestRunner，后跟包含 suite() 方法的类名；另一种是在测试用例类中定义 main() 方法，方法内再调用 junit.textui.TestRunner.run() 方法。

例如，若要启动 CatalogTest 的测试执行器，可以使用以下代码：

```
import junit.framework.Test;
import junit.framework.TestSuite;
public class TestAll{
    public static Test suite(){
        TestSuite suite=new TestSuite();
        suite.addTestSuite(CatalogTest.class);
        return suite;
    }
    public static void main(String args[]) {
        junit.textui.TestRunner.run(suite());
    }
}
```

11.4.6 JUnit 4 新特性

以上介绍的都是 JUnit 3 中的特性，在 JUnit 4 中进行了较大的改进，基本上形成了一个新的框架。改进主要包含以下几个方面。

1. 注释

JUnit 4 引入了 Java 5 中的注释（annotation）技术来简化测试用例的编写，取代了之前版本中使用命名约定和反射来定位测试的方式。

@Test 注释用于识别测试，如下所示：

```
import Data.BookInfo;
import Data.Catalog;
import junit.framework.TestCase;
import org.junit.Test;
public class CatalogTest extends TestCase {
    @Test
    public void testAddBookInfo (){
    BookInfo booka = new BookInfo("123456", "Head First Java", "小明", "清华大学出
                        版社", 2010, true);
    Catalog testCatalog = new Catalog();
    testCatalog.addBookInfo("123456", "Head First Java", "小明", "清华大学出版社",
                        2010, true);
    assertTrue(booka.getBookInfoRecord().equals(testCatalog.
            searchBookInfo("123456").getBookInfoRecord()));
    }
}
```

使用 @Test 注释时，不再需要将测试方法命名为以 test 开头，如 testAddBookInfo() 等，开发人员可以遵循最适合自己的应用程序的命名约定。另外，扩展 TestCase 类虽然仍然可以工作，但是已经不再是一个必要的步骤。只要使用 @Test 注释，测试方法就可以被放置在任何类

中。代码如下所示：

```
import Data.BookInfo;
import Data.Catalog;
import org.junit.Assert;
import org.junit.Test;
public class CatalogTest {
      @Test
      public void addBookInfoTest ()
         {
      BookInfo booka = new BookInfo("123456", "Head First Java", "小明", "清华大
                       学出版社", 2010, true);
      Catalog testCatalog = new Catalog();
      testCatalog.addBookInfo("123456", "Head First Java", "小明", "清华大学出版
                                 社", 2010, true);
    Assert.assertTrue(booka.getBookInfoRecord().equals(testCatalog.
                     searchBookInfo("123456").getBookInfoRecord()));
    }
}
```

使用 JDK 5 中的 static import 这一新特性以后，在上述案例中通过“import static org.junit.Assert.*;”可以直接使用 assertTrue 这一方法。

- @ignore。使用该注释的测试方法会在测试时被忽略。另外，还可以为该注释传递一个 String 类型的参数，用于说明忽略该方法的原因，例如 @Ignore(“该方法现在不需要执行！”)。
- @Before。每个测试方法执行之前都要执行一次，可以代替 setUp() 方法使用。一次可以注释多个方法。
- @After。每个测试方法执行之后要执行一次，可以代替 tearDown() 方法使用。一次同样可以注释多个方法。
- @BeforeClass/@AfterClass。属于类范围，表示在该类中的测试方法运行之前 / 之后刚好运行一次，用于不需要在每个测试之前都要创建，而只要创建一次并还原一次的情况。例如，所有测试都使用了同一个数据库连接。

注解的使用也为其他特性提供了可能。

2. 测试执行器

JUnit 4 中可以使用注释 @RunWith 来指定测试执行器，如果没有显式声明，那么 JUnit 会启动默认的测试执行器执行测试类。值得注意的是，该注释是用来修饰类的，而不是用来修饰函数的。虽然默认的测试执行器已经可以满足绝大多数单元测试的要求，但使用一些高级功能时，就需要显式地声明测试执行器。

3. 测试套件

使用注释 @RunWith 与注释 @Suite.SuiteClasses 来达到目的，具体代码如下：

```
import org.junit.runner.RunWith;
import org.junit.runners.Suite;
@RunWith(Suite.class)
@Suite.SuiteClasses({
   CatalogTest.class,
   BookTest.class
```

```
})
public class AllTests {}
```

为了实现测试套件的功能，我们需要向注释 @RunWith 传递参数 Suite.class，这是一个特殊的测试执行器；另一个注释 @Suite.SuiteClasses 以需要装入套件的类作为参数，代码中 CatalogTest.class 和 BookTest.class 都是写好的单元测试类。以上两个注释已经能够完整表达所有的含义，因此被注释的类反而不再重要，内容为空即可。

11.5 集成测试

集成测试（integration testing），也叫组装测试或联合测试，是在完成单元测试后，将单独模块组合成为子系统或系统时进行的测试，在系统测试前进行。单元测试验证了子模块的质量，但是并不能保证当不同子模块集成起来的时候也能够正常工作，很多的问题往往出现在模块的边界连接处。某些问题在单元测试中是无法确认的，需要在集成后进行测试。例如：有 A 和 B 两个模块，A 的输出会成为 B 的输入，对 A、B 的单独测试无法确认 A、B 可以一起正常工作。

传统上集成测试的策略通常可分为一次性测试（big-bang testing）、自底向上测试（bottom-up testing）和自顶向下测试（top-down testing）。

一次性测试中，所有的模块在经过单元测试后一次性集成在一起作为最终系统进行测试，试图一次性运行成功。这种方法看起来非常节省时间，但是在集成中出现错误的时候，很难寻找错误的根源，反而使得集成测试更加困难。现在，除非是非常小的软件项目，一般不推荐使用这种策略。

使用自底向上测试时，每个处于系统层次中最底层的模块首先进行测试，接着测试那些调用了底层模块的模块。反复采用此方法，直到所有模块均得到测试。当测试面向对象系统或当集成大量独立模块的时候，自底向上的方法较为适合。

也有很多开发人员喜欢自顶向下的方法，尤其是应用结构化程序设计思想时。这种方法首先测试顶层模块，然后测试该模块所调用的其他模块，反复这个过程，直到所有模块都被测试。顶层模块往往是一个系统中最重要的模块，首先进行测试有助于尽早发现重要的错误。这种方法中，因为在测试时可能会调用还没有经过测试的其他模块，有些时候需要编写一个桩（stub）程序，这个程序用于模拟缺少的某个模块的行为。桩接受程序的调用，并返回一个模拟的输出数据，使得测试过程得以继续。

敏捷软件开发中提倡持续集成，近年来得到了业界的广泛认可。如果开发人员坚持持续集成的实践，那么每次集成以及集成测试的工作量是比较小的，因为每次集成的内容都很少；如果没有进行频繁的集成，则每次集成测试的成本都可能非常巨大。

11.6 系统测试

单元测试和集成测试的目的是为了保证代码正确实现了系统的设计，而系统测试的目标与上述两种测试不同，它是为了确保系统能做客户希望它做的事情。

系统测试关注整个系统的行为，在完整的系统上进行，测试其是否符合系统需求规格说明书。它在单元测试和集成测试之后进行。系统测试包含的种类非常多，对于完整系统的测试都可以被认为是系统测试的一部分，尤其是许多非功能性需求。对于个人级软件开发而言，常见的系统测试应该包括以下三种。

1. 可用性测试

可用性测试（usability testing）评价最终用户学习和使用软件（包括用户文档）的难易程度、软件功能支持用户任务的有效程度、从用户的错误中恢复的能力等。常见的可用性测试包括：

- 使用效率。用户完成基本的任务需要多长时间与多少步骤？（例如，图书借阅系统中学生登录系统，选择图书，完成借阅过程）。
- 任务执行的精确性。用户在使用中会犯多少错误？这些错误是否非常严重，是否有正确的提示信息帮助用户恢复？（例如，图书借阅系统中管理员删除一个用户时应当有提示让管理员确认。）
- 判断功能使用是否容易记忆。在一段时间不使用本系统后，用户还能回忆起多少软件的功能使用？
- 情感反馈。用户在使用系统时是否有自信？是否感觉到压力？用户是否会向其他用户推荐本系统。

2. 验收测试

验收测试（acceptance testing）按照客户的需求来检查系统的行为，需求可以用任意方式表达，通常会以需求规格说明书为准。客户提供需求，由系统的开发人员或第三方的开发人员按照需求对软件进行测试，检查系统是否符合用户的需求。

3. 猴子测试

猴子测试（monkey testing）指没有特定输入测试，用户随机给出系统的输入，观察系统的输出是否合理。例如，猴子测试在一个文本框中随机输入各种字符串，来确认系统可以处理各种用户输入。猴子测试是黑盒测试的一种。

11.7　项目实践

1. 在自己的 PC 机或实验用机器上安装 SVN 服务器和相应客户端，并自学配置 SVN 服务器和客户端。
2. 将自己以前开发的代码检入到 SVN 服务器的 repository 中去，并在另外一台机器上检出。
3. 选择以前写的程序使用 JUnit 编写测试用例，可以使用 Junit 3，也可以使用 Junit 4。
4. 尝试在 Eclipse 中使用 JUnit 功能，体验 Junit 集成在 IDE 中的使用。

5. 为学生成绩管理系统的选课学生管理、成绩管理部分的重要方法编写 JUnit 单元测试。
6. 为学生成绩管理系统确定可用性测试的用例（给出人工执行的脚本，以及需要检验的基本项目即可）。
7. 对你自己编写的学生成绩管理系统进行一次持续时间为 10 分钟的猴子测试。
8. 使用 PSP 时间记录模板，记录本部分项目实践时间。如果有可能，建议使用电子表格（Excel）记录，方便将来统计。

11.8　习题

1. 解释版本控制系统的工作原理。
2. 为以前写的程序使用 JUnit 编写测试用例，可以使用 Junit 3，也可以使用 Junit 4。
3. 尝试在 Eclipse 中使用 JUnit 功能，体验 Junit 集成在 IDE 中使用。
4. 当前很多人都推崇测试驱动开发，即在编写代码之前完成单元测试。请对某个方法尝试一下，体会其优缺点。其顺序是：编写自动化单元测试→运行测试失败→编写代码→运行测试成功→重构。重构为可选内容。
5. 思考自动化测试的意义，它与人工测试相比各有什么优缺点？请思考自动化测试的代价以及好处。

第四部分

系统的设计与实现

本部分在迭代二的基础上围绕使用图形用户界面和网络编程构建相对复杂的个人级软件系统展开，介绍面向对象分析和设计方法，强调使用简单文档来描述工程行为，并介绍软件发布和项目回顾的方法。

迭代三

程序设计语言实现	图形用户界面编程；网络编程。（第 13 章）
面向对象软件工程	软件需求（简单需求描述）；软件设计（CRC 卡、简单设计描述）。（第 12 章）
计算系统示例	简单图书管理系统（具有可视化界面和网络功能）。（第 13 章）
软件开发活动	编码规范；代码管理；版本控制；调试；集成；单元测试；CRC 卡；需求描述文档；设计描述文档；用户文档；项目回顾。（第 12 ～ 14 章）
软件工程工具	IDE；版本控制工具；集成工具 Ant；单元测试工具 JUuit。（第 14 章）

本部分共包括 3 章，各章主要内容如下：

第 12 章软件系统分析与设计：帮助读者理解分析与设计的基本概念；学习使用 CRC 卡进行软件设计。

第 13 章 Java 部分常用类库：介绍如何通过 Java 类库来实现图形用户界面和网络通信。图形用户界面编程部分以实现图书借阅系统的登录界面为主线，介绍 Swing 提供的常用容器、组件、布局管理器和事件处理。网络编程部分从网络通信的基本概念入手，介绍通过套接字来实现网络通信，并以图书借阅系统的远程登录为例介绍基于多线程的套接字通信。

第 14 章发布与项目总结：帮助读者理解发布的概念；学习对简单 Java 程序进行打包处理；理解用户培训的概念；学习用户文档写作；学习如何进行项目评审和个人软件开发回顾。

第 12 章 软件系统分析与设计

对于非常简单的系统而言，我们可以直接对其进行编码，即使后期发现有错误，造成的损失也不会太多，因为它的复杂度是相对可控的。而对于复杂系统而言，我们必须在构建软件前对其进行分析和设计，这可以使得我们对问题进行策略性的思考，而不至于一下子陷入大量实现细节中去，从而减少后期返工的可能性，降低软件开发成本。本章介绍基本的软件分析和设计概念，并根据个人级软件开发的要求介绍使用 CRC（Class-Responsibility-Collaborator）卡方法来进行面向对象设计。本章没有覆盖更加复杂的面向对象设计原理和方法，读者可以参考其他相关书籍。

12.1 系统

我们把极其复杂的研制对象称为系统，即由相互作用和相互依赖的若干组成部分结合成具有特定功能的有机整体，而且这个系统本身又是它所从属的一个更大系统的组成部分。系统工程则是组织管理这种系统的规划、研究、设计、制造、试验和使用的科学方法，是一种对所有系统都具有普遍意义的科学方法。系统工程的目的是解决总体优化问题，从复杂问题的总体入手，认为总体大于各部分之和，各部分虽较劣但总体可以优化。

国际系统工程理事会（International Council on Systems Engineering，INCOSE）指出：系统工程是一个能够实现成功系统的交叉学科的途径和手段，它在开发周期的早期就集中于定义客户需要和要求的功能，然后进行设计综合和系统的确认，同时考虑以下全部问题：运行性能、测试、制造、成本和进度、培训和支持、安置。系统工程同时考虑所有客户的业务和技术需要，目标是提供一个满足用户需要的高质量产品。

在软件系统开发中，需要应用系统工程的思考方法。我们除了考虑软件系统的开发以外，还要考虑包含该软件的整体系统。当对软件开发进行决策时，不能仅仅考虑软件本身，还应当考虑到软件的使用人员，软件系统和其他系统的接口等因素，从而获得一个满足用户需要的整体系统。比如我们在真正开发一个图书借阅系统时，除了考虑软件本身的设计外，还必须考虑图书馆硬件条件、图书馆管理人员计算机操作水平、借阅者方便使用等一系列因素，图书借阅系统只是整个图书馆系统的一个部分。

12.2　系统分析

在面对复杂度高、可变性强的软件开发时，开发人员不应当采用 build-fix 的开发方法，我们需要在编码前对所需解决的问题进行调查，然后进行分析，在此基础上完成软件设计和编码，这样才能避免后期的大量返工。

系统分析是系统工程的一个重要部分和核心组成部分，以及系统理论的一项应用。系统分析旨在研究特定系统结构中各部分（各子系统）的相互作用，系统的对外接口与界面，以及该系统整体的行为、功能和局限，从而为系统未来的变迁与有关决策提供参考和依据。

在软件开发中的系统分析，与软件工程中的需求分析有着密切的关系，部分软件工程专家认为软件开发中的系统分析阶段可以分为：范围定义、问题分析、需求分析、逻辑设计和决策分析五个部分。用例是一种广泛使用的系统的分析建模工具，可以用于识别和表达系统的功能要求。

12.2.1　面向对象分析基础

分析是对问题和需求的调查研究，不是解决方案。面向对象分析（Object-Oriented Analysis，OOA）是进行了需求调查后，按照面向对象的思想来分析问题，建立一个概念模型，然后可以用来完成任务的过程。一个典型的面向对象模型描述计算机软件，可以用来满足客户的明确要求。在面向对象分析中，强调的是在问题领域中发现和描述对象。比如，在图书借阅系统中包含了“图书馆”、“书”、“借阅者”等对象。

面向对象分析产生的概念模型通常会包括三种模型：

1）功能模型：对系统的功能描述，包括用例和用例图等。比如在图书借阅系统中，我们会得到管理图书、管理用户、查询图书、借阅图书（图 9-3）、查看已借阅图书情况、归还图书、查看消息、请求图书等用例，以及系统的用例图（图 9-4）。

2）对象模型：对用例使用面向对象思想进行分析，比如抽象、封装、继承、聚合、关联等，把系统分解成互相协作的类，通过类图、包图来描述对象与对象以及对象内部的关系，表明系统的静态特征。

在面向对象分析中，一种简单的分析方法是考虑将功能需求描述中的名词设计为类和对象，动词设计为类中的行为。例如在图书借阅系统中，针对借阅图书的用例，我们可以分析出可能的类有图书、教师、本科生、研究生，可能的方法有查询图书、检查是否有在馆图书、检查用户配额、检查图书是否为珍本、借阅图书、归还图书。除了以上常见的现实中的事物可以转换成为对象外，行为也可以成为对象。软件设计需要哪些对象以及对象之间的交互关系取决于开发软件的需要，而不是对现实世界的模拟程度。这种分析方法并不严谨，在后面的软件设计过程中，开发者需要根据软件实现的功能需求和非功能性需求最终确定系统中的类和方法，但在面向分析中，这种根据名词和动词的分析方法可以作为一个起点。

3）动态模型：描述系统的动态行为，可以通过交互图、顺序图等来表示。

有时面向对象分析也会产生一些用户界面原型。

12.2.2 软件需求文档

软件需求是客户和软件开发商（对于产品型的项目，这些角色可以由市场人员和开发部门担任）之间就软件产品达成的一致意见：软件产品应该做什么，软件产品不应该做什么。

软件需求规格说明允许在设计开始之前对需求进行严格的评定，以减少以后的重新设计工作，它也为估算产品的成本、风险和进度提供一个现实的基础。软件开发商也可使用软件需求规格说明文档来更有效地开发自己的确认和验证计划，它是软件确认和验证的基础。

软件需求规格说明书是软件需求的最终成果，在写作该文档时需要满足以下要求：

1）完整性。客户的所有要求都必须包含，软件开发人员能够从该文档中获取设计和实现软件功能的所有必要信息。

2）正确性。每项需求都必须准确表述。软件需求规格说明书需要用户的参与和确认，必须避免出现开发人员想当然的功能表述。

3）可行性。每项需求都必须满足软硬件以及软件运行所在更高级系统的限制。在写作该文档时，要有软件开发人员的参与，避免出现技术上不可能实现的内容出现在文档中。

4）必要性。每项需求都必须来源于客户的真实需求，能够回溯到某个用例或用户的某个要求。

对于个人级别复杂度项目而言，一般不需要编写复杂而全面的文档，但这并不意味着开发人员可以忽视对软件需求的考虑，直接进入软件设计阶段，甚至是编码阶段，进行 build-fix 的开发。对于需求的思考和总结对任何级别的软件开发都是必要的活动，只是在针对复杂度、困难度较低的项目，并且该项目对团队成员合作交流比较少时，开发人员可以缩减部分文档的工作，但软件开发人员在设计和编写软件前尽可能明确需求是任何形式的软件开发所必需的。

如何表述需求有多种方式，可以使用用例文本描述、用户故事、用例图等各种方式。本书建议使用用例文本描述和用例图来描述基本的功能需求（请参考第 9 章），对于个人级软件开发，一般不需要使用复杂的文档技术，但基本的对需求的描述还是需要的。

一种简单的需求记录的模板如图 12-1 所示。

系统功能描述

1. 系统说明：包括系统背景、系统用户和系统功能的简短介绍。
2. 系统用例图：首先列举出系统可能的所有用户，再依次列出各用户的用例，并绘制成用例图。在此过程中，请主要不要遗漏用例。
3. 用例文本描述：针对 2 中的用例，依次写出用例文本描述。
   （1）用例 1：用例名称、参与者、正常流程、扩展流程、特殊需求。
   （2）用例 2：用例名称、参与者、正常流程、扩展流程、特殊需求。
   （3）……
4. 其他需注意的事项：其他非功能性需求等。

图 12-1 一种需求记录模板

对于更加复杂的软件项目需求描述，有多种描述方法。IEEE 为软件需求规格说明的制作和内容发布了一个标准，称为 IEEE 830 标准。用户可以以该标准为模板，根据自己的项目需求进行裁剪（具体条目内容请参考 http://standards.iee5.org/findstds/standard/830-1998.html）。

12.3　系统设计

设计是使用分析的结果来描述系统如何实现的过程。设计的结果是一组描述系统如何运转的逻辑说明，强调的是一个系统在概念上的满足需求的软硬件解决方案。

如果说分析是为了让软件开发设计人员清楚要做什么事情，那么设计则关注的是如何去把这件事情做得正确，而实现则是按照设计完成系统。设计被定义为“定义一个系统或组件的体系结构、组件、接口和其他特征的过程”和“这个过程的结果”。作为过程看待时，软件设计是一种软件工程生命周期活动，在这个活动中分析软件需求，以产生一个将作为软件构造的基础的软件内部结构的描述。更精确地说，软件设计（结果）必须描述软件体系结构（即软件如何分解成组件并组织起来）和这些组件之间的接口，它必须在详细的层次上描述组件，以便能构造这些组件。

面向对象设计（Object-Oriented Design，OOD）方法是面向对象方法中的一个环节。其主要作用是对分析模型进行整理，生成设计模型提供给 OOP（Object-Oriented Programming）作为开发依据。在面向对象分析过程中，强调的是在问题领域发现和描述对象以及概念，而在面向对象设计中，强调的是定义对象，以及这些对象如何协作来满足需求，是根据需求决定所需的类、类的操作以及类之间关联的过程。

12.3.1　CRC 卡

有很多面向对象设计的知识、技能和方法，本书介绍一种轻量级的面向对象设计方法：CRC 卡。

CRC 是“类－职责－协作者”（Class-Responsibility-Collaborator）的简称，由 Ward Cunningham 发明，它为开发者提供了一种头脑风暴的技术，支持开发者快速地组织设计。它不能替代文档或 UML。

CRC 卡技术对于面向对象初学者的最大价值是可以帮助开发者避免结构化程序设计观念。对于学习过结构化程序设计的人来说，很难放弃使用全局知识来控制整个程序的想法。而面向对象程序设计通过很多对象使用局部知识来完成各自的任务，最终完成所有需求。CRC 卡要求按照“类－职责－协作者”将一个类的基本设计元素写在一张卡片上，迫使用户以一个对象作为思考的基础材料，考虑对象的职责，以及对象与对象之间的协作。

类名为软件设计讨论与思考提供了一组基础语汇，CRC 要求开发人员尽可能地寻找最恰当的描述对象的名称。职责表明了需要解决的问题，一个对象的职责可以用一组较短的动词短语表达，由于卡片尺寸的限制，最好不要过多，这也符合面向对象中单一职责的设计原则。在面向对象设计中，没有哪个对象是孤立的，面向对象设计通过对象之间的联系实现整个系统的运作。协助者对象是那些向本对象发送消息或本对象向其发送消息以完成职责的对象。

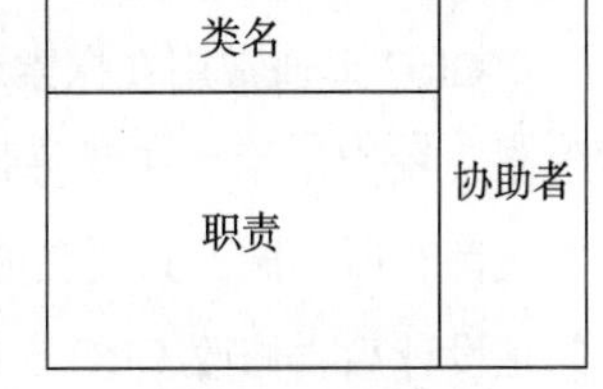

图 12-2　CRC 卡

基本的 CRC 卡表示如图 12-2 所示。

通常情况下 CRC 卡可以是一张“4*6”英寸大小的白色卡片，作为一个实际的卡片，CRC 卡方便移动，并且开发者通常都很熟悉这种工具，不需要像复杂软件工具一样需要额外培训。CRC 卡非常容易移动，开发人员可以围在一张桌子边上围绕 CRC 卡进行讨论，当然一个人思考时也可以使用。

图 12-3 给出了一个通常的 Model-View-Controller 使用 CRC 卡表示的例子。

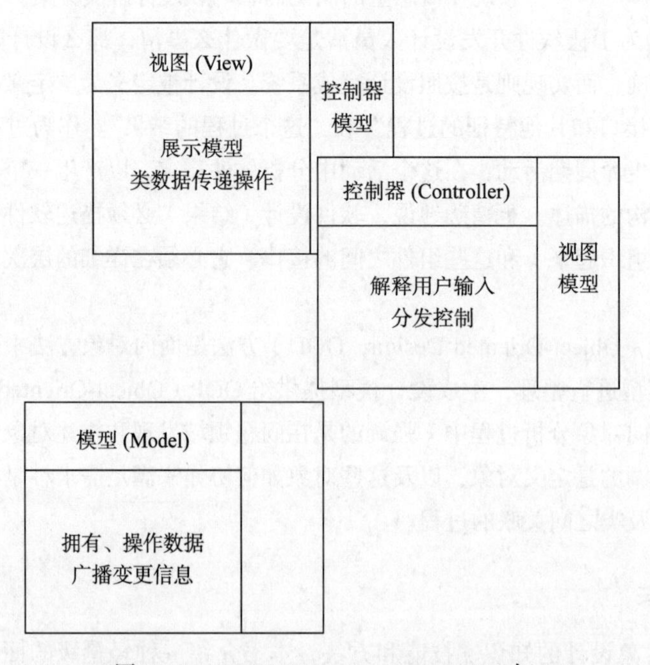

图 12-3　Model-View-Controller CRC 卡

对于纸质的卡片，开发者在使用时可以使用一些非正式的摆放策略来帮助思考设计。比如图 12-3 中 View 和 Controller 有些重叠（表明它们之间有非常紧密的协助关系），View 和 Controller 放在 Model 上面（它们是 Model 的表象）。再例如，在表示一组继承关系时，开发者可以将这一组类放在一叠卡片中，最抽象的类可以放在最上面。

使用 CRC 卡进行面向对象设计是一个从已知到未知的过程。Kent Beck 和 Ward Cunningham 建议可以从一两张最明显的卡片开始考虑设计，并不断地思考“what-if”。如果根据需求，需要一个当前所有类都不具备的职责，我们或者将这个职责分配给一个类，或者创建一个新类完成这项职责。如果在这个过程中某个类的职责变得非常凌乱，我们应该将这张卡片上的信息抄写到另外的卡片上，并仔细思考如何精确地解释这个类的职责。如果难以精简这个复杂的类，我们应该创建一个新类来完成其部分职责。

CRC 卡通常用在探索或者讨论设计阶段，对 CRC 卡的使用一般并没有非常严格的约束与限制，我们不用太在意每张卡片写了多少内容，或者遗漏了多少东西。每个人使用 CRC 卡的方式都有所不同，只要它能够帮助我们思考和讨论设计的思路就可以了，也没有必要在编码时修正设计后再修改 CRC 卡的内容。

12.3.2　图书借阅系统 CRC 卡设计

以下我们以图书借阅系统中的部分类为例，使用 CRC 卡来进行设计。

首先，从比较容易的部分入手，很容易想到图书馆中应该有借阅者和图书两种对象。先来考虑借阅者。根据第 2 章中需求的简单说明，我们应当有管理员、本科生、研究生、教师等类，先完成这几张卡片，如图 12-4 所示。

这时，我们发现本科生、研究生、教师有共同的一些职责，可以抽象出一个借阅者的父类，将图 12-5 所示的卡片放在桌子上，借阅者应该在本科生、研究生和教师类的上面，表明它们之间的一种继承关系。

管理员	
增删改查用户 和书籍	

本科生	
管理自身属性 借阅普通图书	

研究生	
管理自身属性 借阅普通图书 借阅珍本图书	

教师	
管理自身属性 借阅普通图书 借阅珍本图书 要求归还图书	

图 12-4　图书借阅系统 CRC 卡设计 1

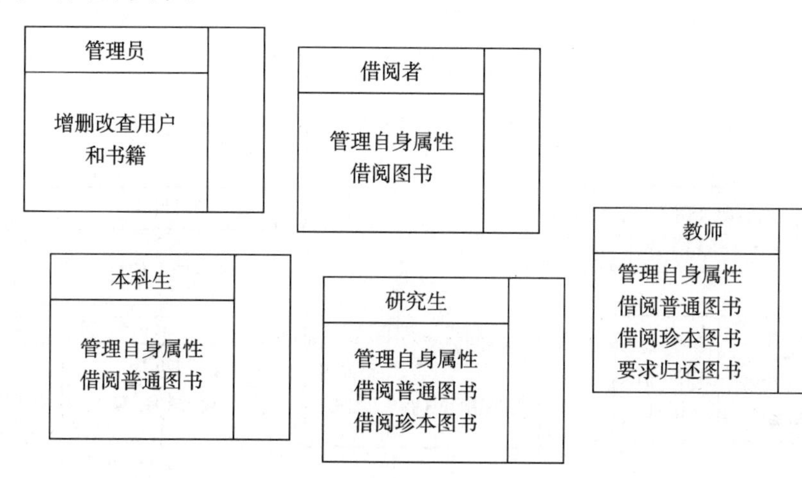

图 12-5　图书借阅系统 CRC 卡设计 2

然后，我们来考察图书方面的类，我们模拟现实图书馆的管理，可以从需求中抽取出以下类：一本具体图书；图书信息，它在图书馆中可能有多本；图书目录，如图 12-6 所示。

大家注意在摆放时，不一定在下面的和在上面的卡片之间都有继承关系。现在，我们可以修改原来的借阅者的卡片，把他们的协助者也加上，并与图书类摆在一起，如图 12-7 所示，思考它们之间的关系。

对着这些卡片，来思考需求中的功能，看还是否需要别的类才能完成所有的功能。考虑非常核心的借阅图书功能，它需要由借阅者发起，但我们需要表示借阅这个过程，并记录下来，因为还有还书和相关的请求归还图书操作，这样我们增加一个借阅记录的类，类的设计变成了图 12-8 所示的那样。

图书目录	图书 信息
关系图书信息	

图书信息	图书 借阅者
表示某种图书， 可能有多本。 查询图书信息	

图书	借阅 者
一本图书， 可以被某个借 阅者借阅	

图 12-6　图书借阅系统 CRC 卡设计 3

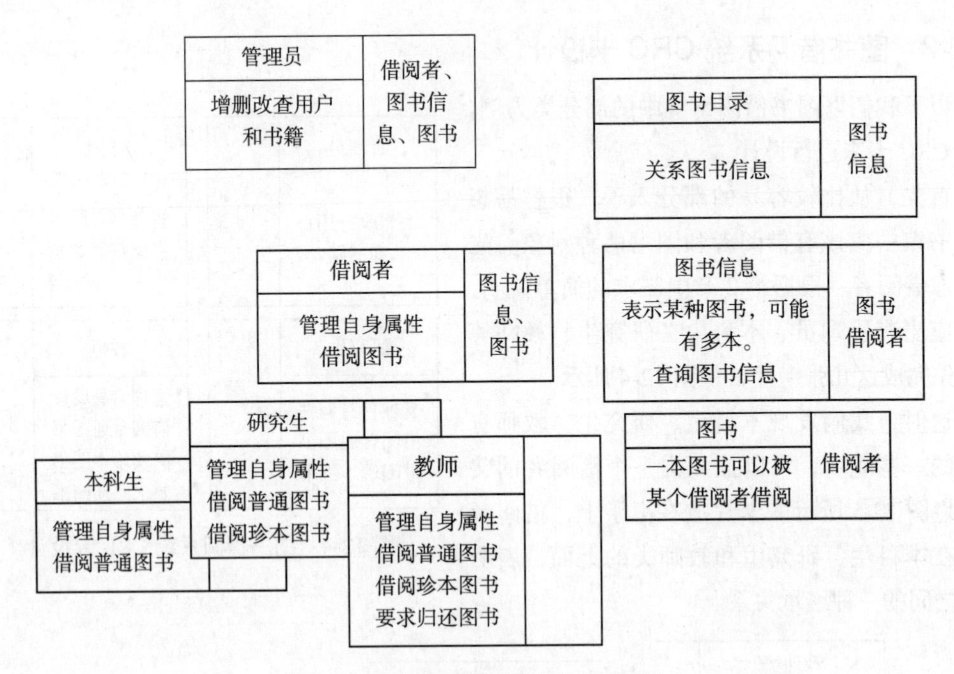

图 12-7 图书借阅系统 CRC 卡设计 4

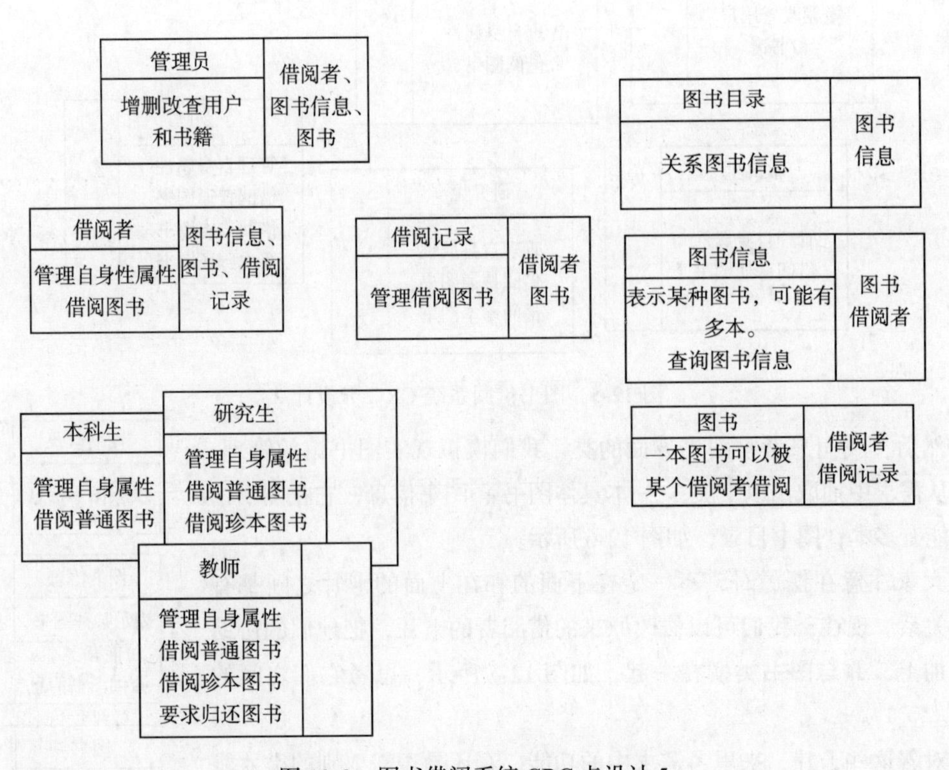

图 12-8 图书借阅系统 CRC 卡设计 5

我们将借阅记录的类放在借阅者和图书类之间，同时修改有关的借阅者和图书的合作类。

系统需求中还有一个教师可以要求借阅者归还的功能，我们再考虑增加一个要求归还的类，放在教师类和图书类之间，如图 12-9 所示。

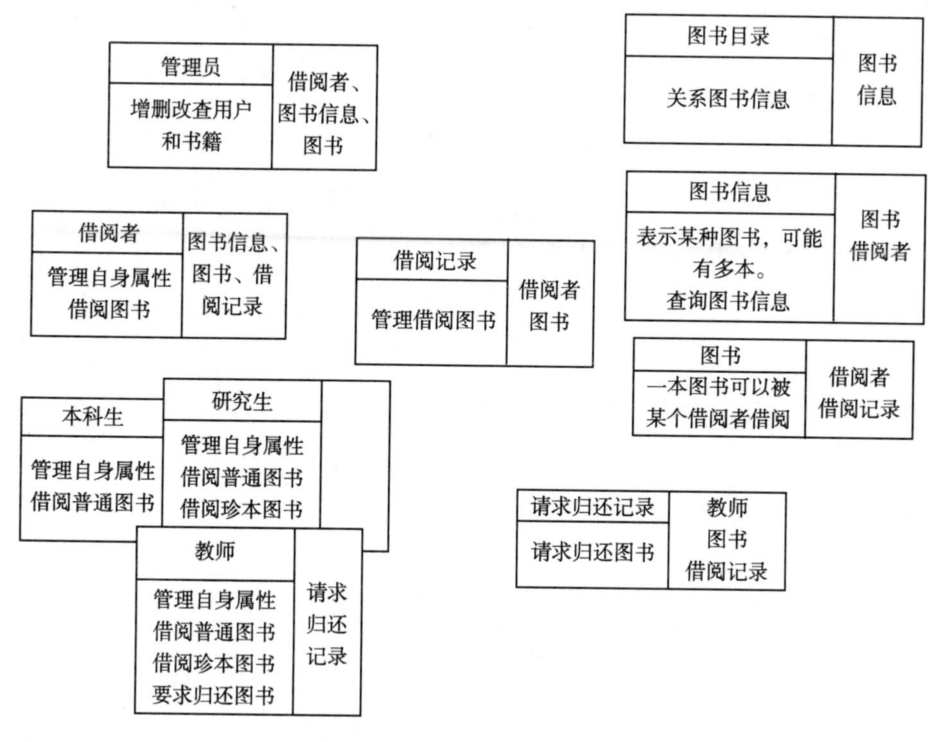

图 12-9　图书借阅系统 CRC 卡设计 6

这样我们就基本完成了与借阅者和图书有关的类的设计。

虽然我们没有图形化用户界面，但还是有相应的命令行用户接口。从一般的 MVC 设计方式来看，以上的类是我们的 model 层，我们来考虑一下界面层相应的类设计，如图 12-10 所示。

登录界面	
登录界面	

借阅者界面	
借阅者使用界面	

管理员界面	
管理员使用界面	

图 12-10　图书借阅系统 CRC 卡设计 7

相对应的，我们还需要设计控制层的类，如图 12-11 所示。

登录控制器	登录界面 管理员 借阅者
登录	

借阅者控制器	借阅者 界面、 借阅者
借阅者功能控制	

管理员控制器	管理员 界面、 管理员
管理员功能控制	

图 12-11　图书借阅系统 CRC 卡设计 8

这时，我们将所有卡片摆在一起，如图 12-12 所示，再对照这需求思考设计是否还有不合理或遗漏的地方。

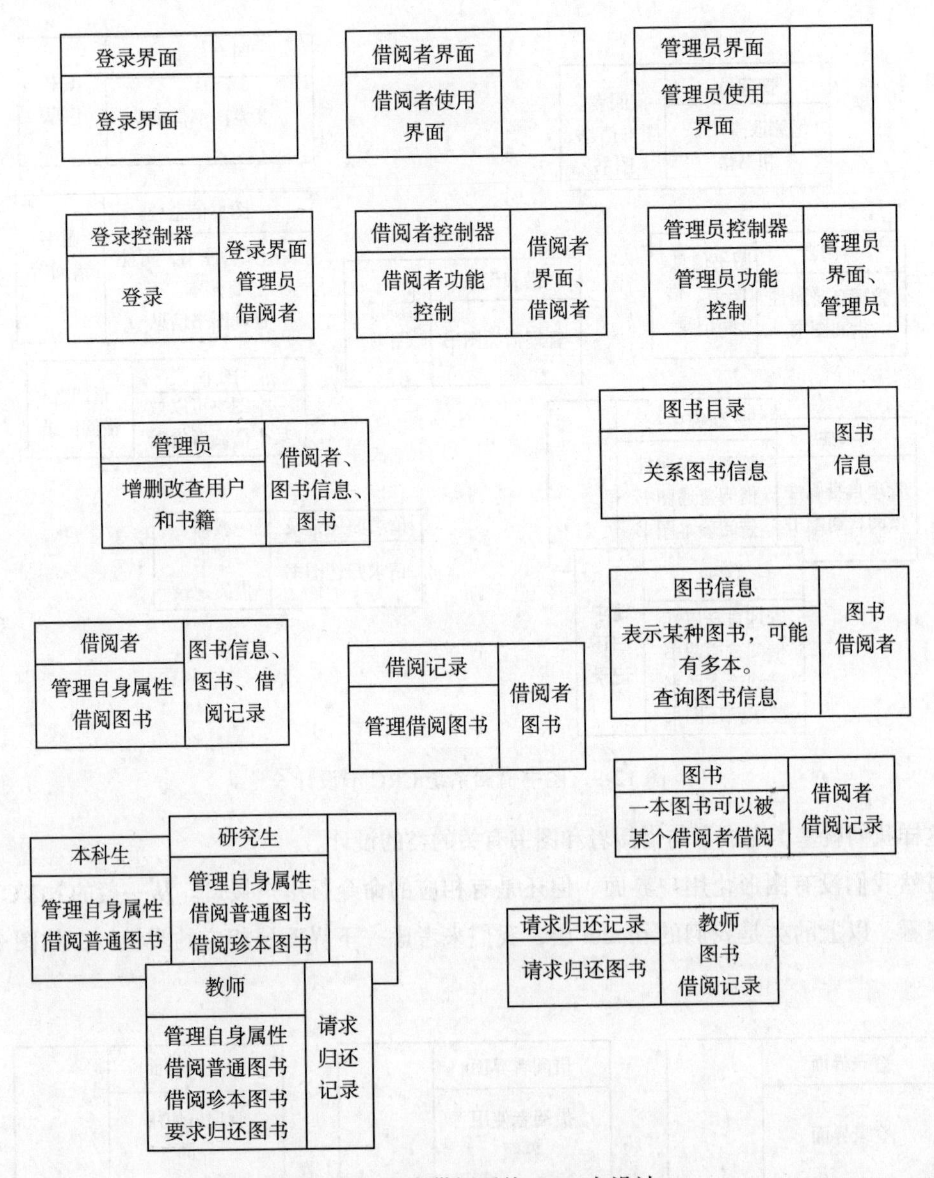

图 12-12 图书借阅系统 CRC 卡设计 9

可能我们还会增加一个程序主入口的类，也可以将入口方法放在登录控制器中；我们也可以不修改这些 CRC 卡，等到实现的时候根据实现需要增加相应的类。

对应个人级程序设计，CRC 卡为开发者提供了一种非正式的设计手段。它比正式的使用 UML 图进行设计的负担要小，而且因为存在具体物理卡片，非常容易进行移动和修改。对小组讨论而言，CRC 卡是一种极为有效的沟通、交流设计的方式。

请注意，软件设计是一种具有创造性的活动。一般而言，对一个软件，通常都有多种设计方案，只要能满足需求即可。设计是一种对各种约束条件的权衡，我们可以使用一些原则来评价软件设计。比如在面向对象设计中的高内聚、低耦合、单一职责原则、开闭原则、依赖置换原则、迪米特原则等，但并不是说每个设计都要满足所有原则，实际上这也是不可能的。开发者必须根据具体情况做出决定，这也是软件开发如此复杂的重要原因。

12.3.3 软件设计文档

软件设计文档是软件需求文档和软件构造的桥梁，是软件开发人员进行软件实现的依据。软件设计文档中包含了软件设计的结果，既包括体系结构设计，也包括详细设计。软件设计文档工作通常在软件设计结束后进行。

对于个人级别复杂度的软件项目，为了避免重度文档带来的负担，一般不要求完成复杂的软件设计文档。但在编码开始前，对软件设计进行策略性的思考仍然是十分必要的。如果按照 build-fix 的方式直接进入编码阶段，开发人员容易迅速陷入到编程细节中去，从而更容易做出满足局部需要的战术性决定，难以在更高的层次上思考软件设计，进行整体优化。当然，对于不需要在多人之间进行复杂协调工作的软件项目而言，像需求文档一样，一般也不需要完成极其复杂的软件设计文档。本书建议先使用 CRC 卡，尝试各种基本设计，然后按照软件需求以及一些通常的设计原则选择一种相对合理的设计方案后，记录下 CRC 卡的结果。CRC 卡可以帮助我们明确类的基本职责和协作关系。在此基础上可以使用类图和顺序图来进一步细化类的细节，帮助进一步思考。

对于设计的结果，我们可以使用简单的设计文档进行记录，图 12-13 是一个建议的设计描述模板，它并不是一个严格的针对大型项目的文档，但可以帮助我们记录个人级软件设计的思考结果。

系统设计描述

1. 系统简介。
2. 系统模块分解：根据系统设计，给出系统模块分解图，表明每个模块的职责，以及模块间的合作。（对于个人级 Java 软件开发，可以简单将模块理解为包，当然软件的模块和 Java 语法中的包并不是完全对应的。）
3. 重要类的描述：根据 CRC 卡或其他设计方法得到需要的类，描述每个类的职责和协助者，可以使用 CRC 卡内容，也可以使用严格的 UML 中的类图来描述。
   3.1 类 1：职责、协作者、类图（包含和其他类的关系）
   3.2 类 2：职责、协作者、类图（包含和其他类的关系）
   3.3 ……
4. 重要协作关系的描述：请参考 12.2 节中的系统功能描述，选择重要的用例（或部分用例），使用顺序图来描述其功能完成方式。
   4.1 用例 1：顺序图
   4.2 用例 2：顺序图
   4.3 ……
5. 其他需注意事项：其他需提及的重要设计决定。

图 12-13　一种设计记录模板

以上模板并不追求全面和完整，尤其是对于非功能性设计并没有加以详细关注。

对于更加复杂的软件项目，开发人员必须完成全面和准确的设计文档。IEEE 为软件设计发布了一个标准，称为 IEEE 1016 标准。用户可以以该标准为模板，根据自己的项目需求进行裁剪（具体内容请参考 http://standards.ieee.org/findstds/standard/1016-1998.html）。

12.4 项目实践

1. 根据本章提供的系统功能描述模板，完成一个简单的学生成绩管理系统的系统功能描述。

2. 使用白纸或卡片制作一些 CRC 卡。

3. 使用 CRC 卡尝试设计学生成绩管理系统的学生类与教师类。

4. 使用 CRC 卡设计成绩有关类。

5. 对照需求，使用 CRC 卡完成所有重要类设计。

6. 根据本章提供的系统设计描述模板，完成一个简单的学生成绩管理系统的系统设计描述。

7. 使用 PSP 时间记录模板，记录本部分项目实践时间。如果有可能，建议使用电子表格（Excel）记录，方便将来统计。

12.5 习题

1. 请说明面向对象分析与面向对象设计的区别。

2. 举例说明行为也可以成为一个类。

第 13 章 Java 部分常用类库

Java 类库除了可以简单地改进数组、字符串的操作外，还提供了更为强大的功能，如实现图形用户界面和网络通信。图形用户界面（Graphical User Interface，GUI）提供了更为简易的方式来实现用户与系统的交互。而网络通信则使得位于不同位置的计算机可以通过互联网相互连接，使信息的获取、传播和存储变得十分便利。

本章的内容分为图形用户界面编程和网络通信编程两部分。图形用户界面编程部分介绍如何使用 Java 中的图形用户界面库来构建简单的图形用户界面，并通过事件处理实现对系统的操作。网络通信编程部分从网络通信的基本概念入手，介绍基于套接字来实现不同计算机之间的通信，并讲解如何通过多线程让服务器端和客户端同时完成多个任务。

13.1 图形用户界面编程

在迭代二中，我们实现了命令行方式的图书借阅系统。管理员和借阅者可以根据字符提示，输入相应的命令和信息来进行操作，系统也同样以字符形式返回操作结果。这种界面形式单一，使用并不方便。例如，管理员或用户在进入系统后需要通过输入正确的操作编号来进入操作界面，如果看错或输错编号则会出现错误信息。目前主流的交互方式是采用由窗口、菜单、图标、按钮等构成的图形用户界面，用户可以通过简单地点击来选择需要进行的操作，从而完成与系统的交互。本节将介绍如何编程实现系统的图形用户界面。

13.1.1 Swing

为了帮助构建图形化用户界面，Java 中提供了图形用户界面库。Java 1.0 提供的 GUI 类库称为抽象窗口工具包（Abstract Window Toolkit，AWT）。AWT 将处理窗口、按钮、菜单等图形用户界面元素的任务委派给目标平台本地的 GUI 工具箱，由本地的 GUI 工具箱创建图形用户界面元素和实现上面的动作。在理想情况下，使用 AWT 可以创建出与目标平台外观风格一致的图形用户界面，并且可以在不同的平台上使用。然而，为了保证创建出的图形用户界面可以在不同平台上使用，AWT 中提供的组件需要限定在各个平台共有组件的范围内，这使得由

AWT构建的界面在Windows等组件丰富的平台上并不如本地的应用程序美观；同时，由于不同平台在操作行为上会存在微小的差别，由AWT构建的界面也很难为用户提供一致的操作方式。

从Java 1.2开始，Sun与Netscape合作完成了名为Swing的图形用户界面库，作为Java基础类库（Java Fundamental Class，JFC）提供给开发者。Swing采用了与AWT不同的方式，它不依赖于本地平台的图形用户界面元素，而是由本地GUI工具箱创建空白的窗口，并直接在空白的窗口上绘制按钮、菜单等元素。Swing减少了对本地平台的依赖，可以为用户提供操作一致的界面。为了适应本地平台的外观风格，Swing还允许通过修改属性文件或是动态设定的方式，来将界面的外观风格设定为本地平台风格、Java提供的Metal风格或是自定义的第三方风格。

Swing中的类大致分为容器类、组件类和辅助类三种。为了与AWT区别，Swing中的容器类和组件类都以“J”字母开头。容器类包括JFrame、JPanel、JApplet等，用于包含各种组件；组件类都是JComponent类的子类，包括JButton、JTextField、JTextArea、JComboBox、JList等；辅助类用于绘制和放置组件和容器，包括Color、Font、LayoutManager等。当使用Swing时，需要引入包javax.swing.*。

需要注意，Swing的提出并不是用于完全替代AWT，而是在AWT架构的基础上提供了更为丰富的用户界面组件。在采用Swing编写图形用户界面时，依然会用到AWT来实现事件处理等功能。

13.1.2 常用容器

Swing提供了JFrame、JDialog和JApplet三个顶层容器，其他所有图形界面元素都必须包含在顶层容器中。其中,JFrame用于提供窗口形式的界面,JDialog用于提供对话框形式的界面，JApplet用于嵌入在网页中的小程序。本书中以JFrame为例对顶层容器进行讲解。

JFrame由本地的GUI工具箱创建而不是由Swing绘制，具体的样式与平台相关。下面是在Windows 7系统下创建一个登录窗口的示例：

```
class LoginFrame extends JFrame {
    public LoginFrame() {
        JFrame loginFrame = new JFrame();
        loginFrame.setSize(400,300);
        loginFrame.setLocation(300,300);
        loginFrame.setTitle("登录");
        loginFrame.setDefaultCloseOperation(JFrame.EXIT_ON_CLOSE);
        loginFrame.setVisible(true);
    }
}
```

当创建LoginFrame对象时，就会生成如图13-1所示的窗口。

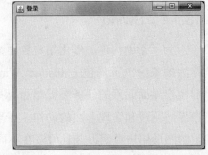

图13-1 窗口示例

在上面的示例中，setTitle方法用于设置窗口的标题，即左上角的“登录”；setSize方法用于设置窗口的宽度和高度，如果不加设定则默认宽度和高度都为0；setLocation方法用于设置窗口在整个屏幕中的位置，以屏幕的左上角为原点，分别表示距离屏幕左边框和上边框的距离，默认情况下均为 0；setDefaultCloseOperation 方法用于设定点击窗口右上角红色关闭符号时会关闭窗口；setVisible 方法用于使得窗口可见，默认情况下窗口会被设为不可见。

对于上面的窗口，通常会有一些期望的改进。例如，上面示例中将窗口设置为固定大小，在高分辨率的屏幕上可能会过小而无法查看，而在低分辨率的屏幕上则可能会超出屏幕的边界。更为合理的方式是将窗口的尺寸与目前屏幕的分辨率相关联，使得窗口在屏幕上占一定的比例。这就需要获取当前屏幕的分辨率并随之调整窗口大小。Java 中提供了 Toolkit 类来解决该问题，可以通过 getDefaultToolKit 静态方法来获取 ToolKit 对象，并采用 getScreenSize 方法来获取屏幕分辨率。此外，上面示例中采用了默认的 Java 图标来表示窗口，但更好的选择是采用更有意义的图标，例如在图书借阅系统的程序中采用与图书相关的图标。这可以通过 ToolKit 对象的 getImage 方法创建 Image 对象，并通过 JFrame 对象的 setIconImage 方法来设置图标。下面是改进后的窗口示例：

```
class LoginFrame extends JFrame {
   public LoginFrame() {
      JFrame loginFrame = new JFrame();
      Toolkit kit = Toolkit.getDefaultToolkit();
      Dimension screenSize = kit.getScreenSize();
      int screenWidth = screenSize.width;
      int screenHeight = screenSize.height;
      int frameWidth = 0;
      int frameHeight = 0;
      if (screenWidth * 3 >  screenHeight * 4) {
             frameHeight = screenHeight / 2;
             frameWidth = frameHeight * 4 / 3;
      }
      else {
             frameWidth = screenWidth / 2;
             frameHeight = frameWidth * 3 / 4;
      }
      loginFrame.setBounds((screenWidth - frameWidth)/2, (screenHeight -
      frameHeight)/2, frameWidth, frameHeight);
      Image icon = kit.getImage("D:/book.png");
      loginFrame.setIconImage(icon);
      loginFrame.setTitle(" 登录 ");
      loginFrame.setDefaultCloseOperation(JFrame.EXIT_ON_CLOSE);
      loginFrame.setVisible(true);
   }
}
```

根据上面的程序，可以生成一个宽度和高度比例为 4/3、高度（或宽度）为屏幕分辨率一半、位于屏幕中心且具有特定图标的窗口。图 13-2 展示了创建上面示例中的 LoginFrame 对象后生成的窗口。

图 13-2　改进后的窗口示例

上面的示例中采用 setBounds 方法来代替 setSize 方法和 setLocation 方法，一般形式为：

```
setBounds(x, y, width, height)
```

执行上面的 setBounds 方法，与执行下面两条语句的效果是相同的：

```
setLocation(x, y);
setSize(width, height);
```

当完成创建窗口后，就可以在其中放置按钮、菜单等组件。对于简单的界面，可以直接

将这些组件放置在窗口中；但如果需要构建较为复杂的界面，则通常会将窗口进一步划分为多个区域。区域的划分可以通过 JPanel 实现的面板容器来完成。面板容器不是顶层容器，需要被包含在窗口中。但面板容器允许嵌套，即面板容器允许包含面板容器。

下面的示例中将登录窗口分为左右两个面板，并在左边的面板中嵌套了一个面板。为了区分不同的面板，示例中使用 setBackground 方法为各个面板设置了不同的背景色。

```
Class LoginFrame extends Jframe {
   public LoginFrame() {
      /* 创建窗口的代码与上面的示例相同 */
      …
      JPanel blackPanel = new JPanel();
      blackPanel.setBackground(Color.BLACK);
      blackPanel.setBounds(0, 0, frameWidth/2, frameHeight);
      blackPanel.setLayout(null);
      blackPanel.setVisible(true);
      Jpanel whitePanel = new Jpanel();
      whitePanel.setBackground(Color.WHITE);
      whitePanel.setBounds(frameWidth/2, 0, frameWidth/2, frameHeight);
      whitePanel.setLayout(null);
      whitePanel.setVisible(true);
      JPanel grayPanel = new JPanel();
      grayPanel.setBackground(Color.GRAY);
      grayPanel.setBounds(0, frameHeight/3, frameWidth/2, frameHeight/3);
      grayPanel.setVisible(true);
      blackPanel.add(grayPanel);
      loginFrame.add(blackPanel);
      loginFrame.add(whitePanel);
   }
}
```

从上面的示例中可以看出，面板也可以设置大小和位置。与窗口不同，面板的位置是以窗口而不是屏幕的左上角为原点的。有一个需要注意的细节，即便是嵌套在其他面板中的面板，它的位置也是以窗口的左上角为原点，而不是以包含它的面板为依据。图 13-3 展示了创建上述示例的对象所生成的窗口。

图 13-3 面板示例

13.1.3 常用组件

当实现了窗口、面板等容器后，就可以向其中放置组件。Swing 提供了大量的组件，用以构建丰富的图形用户界面。本书中将对其中较为常用的组件进行介绍。

1. 按钮

按钮是最为常用的组件之一，用于点击时触发行为事件。Swing 提供了 JButton 类来实现按钮。JButton 对象允许使用文字说明、图标或同时使用两者来初始化，如下所示：

```
JButton(Icon i)
JButton(String s)
JButton(String s, Icon i)
```

i 是按钮上加载的图标，s 是按钮上加载的文字说明。下面的示例中将在登录界面的下方添加一个用于放置按钮的面板，并在面板的左侧放置一个“登录”按钮：

```
class LoginFrame extends JFrame {
   public LoginFrame() {
      /* 创建窗口的代码与上面的示例相同 */
      ...

      JPanel buttonPanel = new JPanel();
      buttonPanel.setSize(frameWidth, frameHeight/5);
      buttonPanel.setLocation(0, frameHeight*7/10);
      buttonPanel.setVisible(true);

      JButton loginButton = new JButton("登录");
      loginButton.setLocation(frameWidth*2/5, 0);
      loginButton.setSize(frameWidth/5, frameHeight/10);
      loginButton.setVisible(true);

      buttonPanel.setLayout(null);
      buttonPanel.add(loginButton);
      loginFrame.setLayout(null);
      loginFrame.add(buttonPanel);
   }
}
```

从上面的示例中可以看出，按钮也可以设置大小和位置。按钮的位置是以包含它的容器为参照的，例如在上面的示例中是以 buttonPanel 面板的左上角为原点的。图 13-4a 展示了根据上面的示例创建 LoginFrame 对象时生成的窗口。

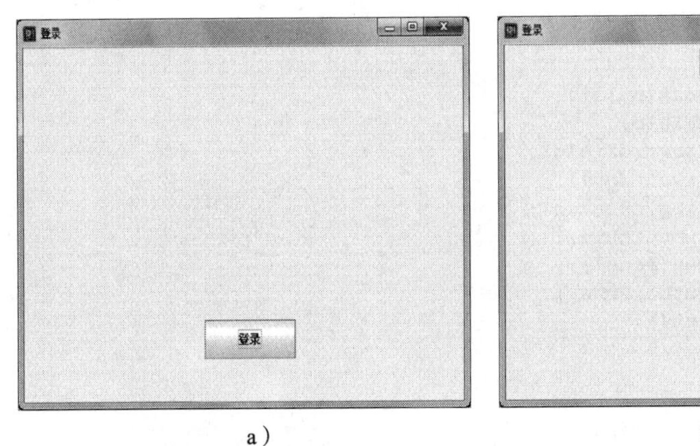

a）

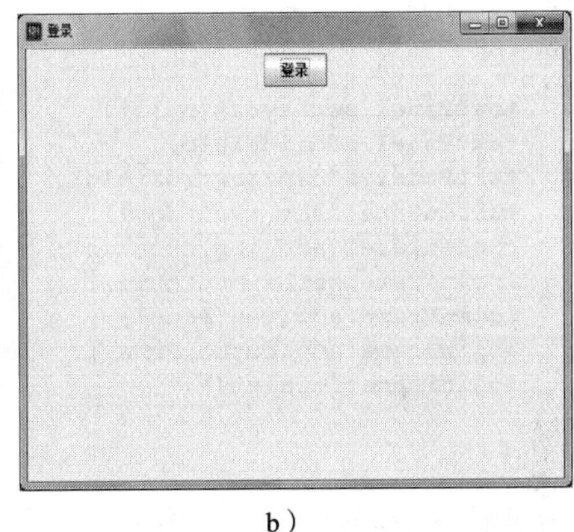

b）

图 13-4　按钮示例

上面的示例中出现了两条语句：

```
buttonPanel.setLayout(null);
loginFrame.setLayout(null);
```

如果将这两条语句去掉，就只能得到图 13-4b 的效果。细心的读者可能会发现，类似的语句在之前面板嵌套的示例中也曾出现过。这两条语句用于设置窗口和面板的布局管理器，具体内容参见 13.1.4 节。

当生成图 13-4 中的窗口后，发现其中的按钮在点击时会发生颜色的变化，但点击后不会产生任何效果。如果需要点击按钮后触发一定的行为，则需要进行事件处理，相关内容将在 13.1.5 节介绍。

2. 文本域和文本区

登录界面中需要允许用户输入登录名和密码。Swing 中通过 JTextField 类来实现文本域，用于实现单行文本的输入。JTextField 类的构造器如下所示：

```
JTextField( )
JTextField(String s)
```

当使用字符串初始化 JTextField 对象时，会在文本域中出现该字符串，对文本输入进行提示。下面的示例在登录界面中添加了用于文本输入的面板，并在其中放置了输入用户登录名和密码文本域：

```
class LoginFrame extends JFrame {
   public LoginFrame() {
      /* 创建窗口的代码与上面的示例相同 */
      …

      JPanel textPanel = new JPanel();
      textPanel.setSize(frameWidth, frameHeight*7/10);
      textPanel.setLocation(0, 0);

      JTextField idField = new JTextField("请输入登录名");
      idField.setSize(frameWidth/2, frameHeight/10);
      idField.setLocation(frameWidth/4, frameHeight/5);
      idField.setVisible(true);
      JTextField passwordField = new JTextField("请输入密码");
      passwordField.setSize(frameWidth/2, frameHeight/10);
      passwordField.setLocation(frameWidth/4, frameHeight*2/5);
      passwordField.setVisible(true);
      /* 创建按钮的代码与上面的示例相同 */
      …

      textPanel.setLayout(null);
      textPanel.add(idField);
      textPanel.add(passwordField);
      buttonPanel.setLayout(null);
      buttonPanel.add(loginButton);
      loginFrame.setLayout(null);
      loginFrame.add(textPanel);
      loginFrame.add(buttonPanel);
      loginFrame.repaint();
   }
}
```

上面示例的末尾增加了一条语句：

```
loginFrame.repaint();
```

如果去掉这条语句，很可能在运行程序时只会出现一个空的窗口，直到在窗口上反复点击或是改变窗口大小，才会显示出文本域和按钮。根据 13.1 节的介绍可以知道，Swing 是通过在空白的窗口上绘制来生成按钮等组件的。能触发绘制窗口的行为包括窗口调用 setVisible 方法、改变窗口大小或是通过 repaint 方法重新绘制等。上面的示例是在 loginFrame 调用 setVisible 后才添加了文本域和按钮，因而窗口可能无法得知需要重新绘制这些组件，因此需要使用 repaint 方法来重新绘制窗口。图 13-5 展示了添加文本域后的登录界面。

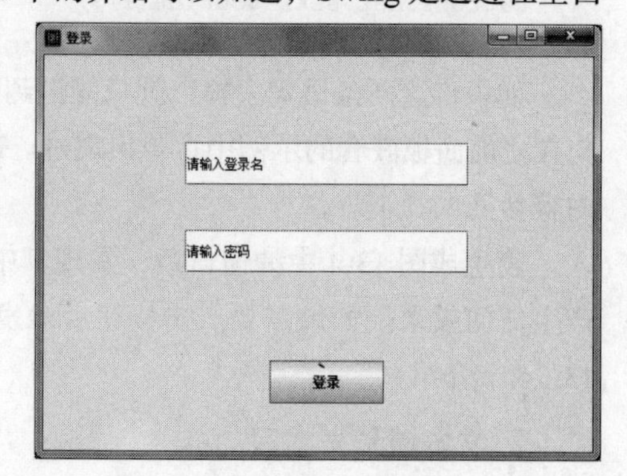

图 13-5 文本域示例

在图 13-5 所示的登录界面中输入信息时，可以发现只能输入单行的文本。当输入文本的长度超过文本域的长度时，光标会固定在文本域的末尾，并将已经输入的文字顺序左移。这对于输入大段文本的应用并不适合，如在客户端写邮件等。这时候需要使用文本区来替代文本域。Swing 中提供了 JTextArea 类来实现文本区。JTextArea 对象允许用户输入多行文本，并通过回车来换行。文本区的使用方法可以查阅相关资料，本书不多作介绍。

3. 密码域

在图 13-5 所示的登录界面中输入信息的另一个问题是密码是可见的。图 13-6a 展示了输入登录名和密码后的效果。如果需要防止密码被其他人看到而显示成一串星号，可以采用 Swing 中的 JPasswordField 类来创建密码域。下面是将密码输入框改为 JPasswordField 对象的示例：

```
class LoginFrame extends JFrame {
   public LoginFrame() {
      …
      JPasswordField passwordField = new JPasswordField("111111");
      passwordField.setSize(frameWidth/2, frameHeight/10);
      passwordField.setLocation(frameWidth/4, frameHeight*2/5);
      passwordField.setVisible(true);
      …
   }
}
```

即便用字符串初始化，密码框中也不会显示提示，而是显示相应数量的回显字符，即星号。图 13-6b 展示了改用密码框后输入信息的效果。

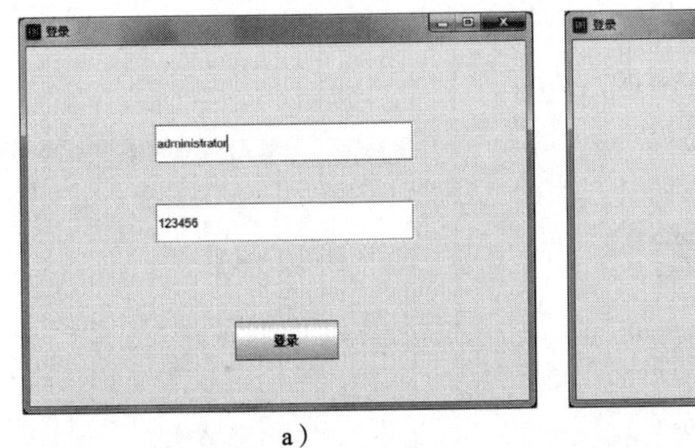

a）

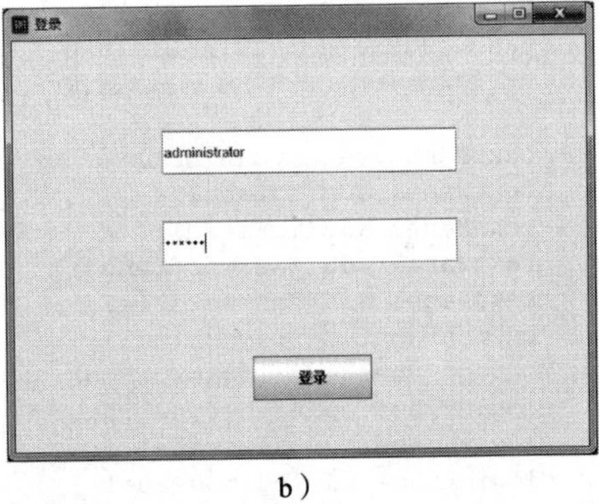

b）

图 13-6　密码域示例

密码框中回显字符可以自行设置，相应的方法为：

```
void setEchoChar(char echo)
```

echo 为设置的回显字符，可以根据需要使用其他字符来替代星号；如果设置为 0，则会显示默认的回显字符。

密码框另一个需要注意的特性是，从密码框中取文本的返回类型为字符数组而不是字符串，相应的方法为：

```
char[] getPassword()
```

这样设定的原因是出于安全考虑，因为字符串在被垃圾回收器回收之前一直驻留在虚拟机中。

4. 标签

除了可以在文本域中对输入的内容提示外，更常见的做法是使用标签来提示需要输入的内容。在 Swing 中，标签通过 JLabel 类来实现。与按钮类似，JLabel 对象允许使用文字说明、图标或同时使用两者来初始化。

下面的示例为用户登录名和密码的输入分别添加了标签：

```
class LoginFrame extends JFrame {
    public LoginFrame() {
        /* 创建窗口的代码与上面的示例相同 */
        …
        JPanel textPanel = new JPanel();
        textPanel.setSize(frameWidth, frameHeight*7/10);
        textPanel.setLocation(0, 0);

        JLabel idLabel = new JLabel("登录名");
        idLabel.setSize(frameWidth/5, frameHeight/10);
        idLabel.setLocation(frameWidth/8, frameHeight/5);
        idLabel.setVisible(true);
        JTextField idField = new JTextField("请输入登录名");
        idField.setSize(frameWidth/2, frameHeight/10);
        idField.setLocation(frameWidth*3/10, frameHeight/5);
        idField.setVisible(true);
        JLabel passwordLabel = new JLabel("密码");
        passwordLabel.setSize(frameWidth/5, frameHeight/10);
        passwordLabel.setLocation(frameWidth/8, frameHeight*2/5);
        passwordLabel.setVisible(true);
        JPasswordField passwordField = new JPasswordField("111111");
        passwordField.setSize(frameWidth/2, frameHeight/10);
        passwordField.setLocation(frameWidth*3/10, frameHeight*2/5);
        passwordField.setVisible(true);
        /* 创建按钮的代码与上面的示例相同 */
        …
        textPanel.setLayout(null);
        textPanel.add(idLabel);
        textPanel.add(idField);
        textPanel.add(passwordLabel);
        textPanel.add(passwordField);
        buttonPanel.setLayout(null);
        buttonPanel.add(loginButton);
        loginFrame.setLayout(null);
        loginFrame.add(textPanel);
        loginFrame.add(buttonPanel);
        loginFrame.repaint();
    }
}
```

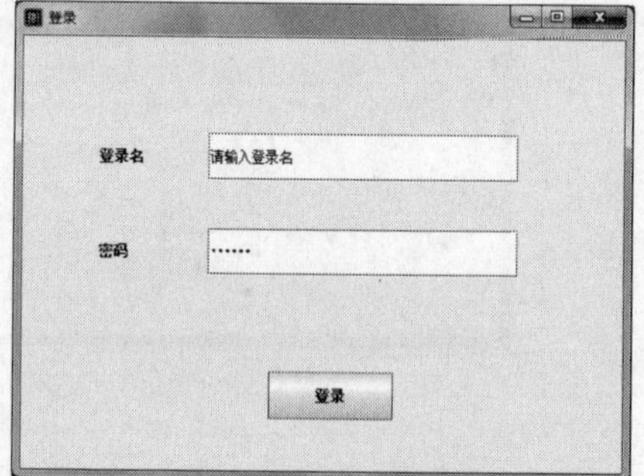

图 13-7 标签示例

图 13-7 展示了添加标签后的登录界面。

5. 组合框

为了向管理员和借阅者提供统一的登录界面，登录界面需要允许用户指定自己的用户类型。一种实现方式是让用户在文本域中输入用户类型，这种方式会增加用户的输入负担，而且无法规范用户输入的内容。更好的实现方式是让用户在预先设定的选项内指定自己所属的类型。

Swing 中提供了多种选择组件，本书将对其中的组合框、单选按钮和复选框进行介绍。

组合框提供了一个可下拉选择的文本列表，通过 Swing 中的 JComboBox 类来实现。JComboBox 的构造器如下：

```
JComboBox( )
JComboBox(Object[] item)
```

item 是初始化选择框的对象数组。下面是在登录界面中使用组合框来表示用户类型的示例：

```
class LoginFrame extends JFrame {
   public LoginFrame() {
      /* 创建窗口的代码与上面的示例相同 */
      …
      JPanel textPanel = new JPanel();
      textPanel.setSize(frameWidth, frameHeight*7/10);
      textPanel.setLocation(0, 0);

      JLabel roleLabel = new JLabel(" 用户类型 ");
      roleLabel.setSize(frameWidth/5, frameHeight/10);
      roleLabel.setLocation(frameWidth/8, frameHeight/10);
      roleLabel.setVisible(true);
      String[] roleList = new String[]{" 管理员 ", " 借阅者 "};
      JComboBox roleBox = new JComboBox(roleList);
      roleBox.setSize(frameWidth/2, frameHeight/10);
      roleBox.setLocation(frameWidth*3/10, frameHeight/10);
      roleBox.setVisible(true);
      JLabel idLabel = new JLabel(" 登录名 ");
      idLabel.setSize(frameWidth/5, frameHeight/10);
      idLabel.setLocation(frameWidth/8, frameHeight*3/10);
      idLabel.setVisible(true);
      JTextField idField = new JTextField(" 请输入登录名 ");
      idField.setSize(frameWidth/2, frameHeight/10);
      idField.setLocation(frameWidth*3/10, frameHeight*3/10);
      idField.setVisible(true);
      JLabel passwordLabel = new JLabel(" 密码 ");
      passwordLabel.setSize(frameWidth/5, frameHeight/10);
      passwordLabel.setLocation(frameWidth/8, frameHeight/2);
      passwordLabel.setVisible(true);
      JPasswordField passwordField = new JPasswordField("111111");
      passwordField.setSize(frameWidth/2, frameHeight/10);
      passwordField.setLocation(frameWidth*3/10, frameHeight/2);
      passwordField.setVisible(true);
      /* 创建按钮的代码与上面的示例相同 */
      …
      textPanel.setLayout(null);
      textPanel.add(roleLabel);
      textPanel.add(roleBox);
      textPanel.add(idLabel);
      textPanel.add(idField);
      textPanel.add(passwordLabel);
      textPanel.add(passwordField);
      buttonPanel.setLayout(null);
      buttonPanel.add(loginButton);
      loginFrame.setLayout(null);
      loginFrame.add(textPanel);
      loginFrame.add(buttonPanel);
      loginFrame.repaint();
   }
}
```

组合框会默认显示初始化时采用的对象数组中的第一个元素，如上面的示例中采用字符串数组对组合框初始化，默认显示的是字符串数组中的第一个元素“管理员”。图 13-8 展示了创建上述示例的对象所生成的窗口。

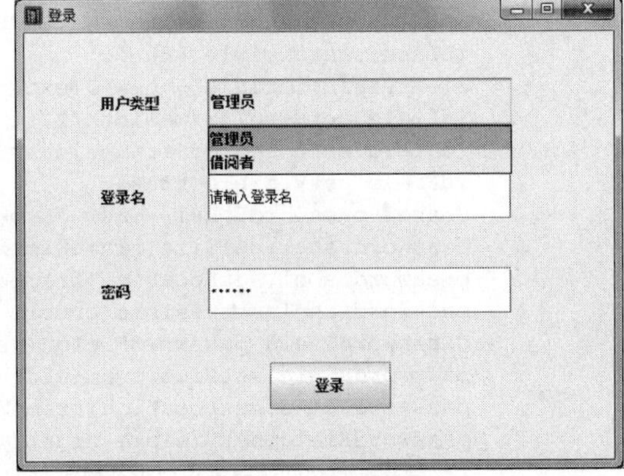

图 13-8　组合框示例

6. 单选按钮

组合框可以支持选择项较多的情形，但它需要用户点击两次才能选中，在选择项较少的时候并不方便。单选按钮适用于选择项较少的情形，它会将所有的选择项列举出来，用户只需要点击一次就能选中。Swing 中通过 JRadioButton 类来实现单选按钮。JRadioButton 类的构造器如下：

```
JRadioButton(Icon i)
JRadioButton(Icon i, boolean state)
JRadioButton(String s)
JRadioButton(String s, boolean state)
JRadioButton(String s, Icon i)
JRadioButton(String s, Icon i, boolean state)
```

可以发现，与按钮类似，单选按钮也允许使用字符串和图标来初始化。除此以外，单选按钮还可以在初始化时指定状态，状态被指定为 true 的单选按钮将被默认选中。下面是将登录界面中的用户类型选择改为使用单选按钮的示例：

```
class LoginFrame extends JFrame {
   public LoginFrame() {
      /* 创建窗口的代码与上面的示例相同 */
      …

      JPanel textPanel = new JPanel();
      textPanel.setSize(frameWidth, frameHeight*7/10);
      textPanel.setLocation(0, 0);

      JLabel roleLabel = new JLabel("用户类型");
      roleLabel.setSize(frameWidth/5, frameHeight/10);
      roleLabel.setLocation(frameWidth/8, frameHeight/10);
      roleLabel.setVisible(true);
      JRadioButton adminRadioButton = new JRadioButton("管理员", true);
      adminRadioButton.setSize(frameWidth/5, frameHeight/10);
      adminRadioButton.setLocation(frameWidth*3/10, frameHeight/10);
      adminRadioButton.setVisible(true);
      JRadioButton borrowerRadioButton = new JRadioButton("借阅者", false);
      borrowerRadioButton.setSize(frameWidth/5, frameHeight/10);
      borrowerRadioButton.setLocation(frameWidth/2, frameHeight/10);
      borrowerRadioButton.setVisible(true);
      ButtonGroup userType = new ButtonGroup();
      userType.add(adminRadioButton);
      userType.add(borrowerRadioButton);
      JLabel idLabel = new JLabel("登录名");
      idLabel.setSize(frameWidth/5, frameHeight/10);
      idLabel.setLocation(frameWidth/8, frameHeight*3/10);
      idLabel.setVisible(true);
      JTextField idField = new JTextField("请输入登录名");
      idField.setSize(frameWidth/2, frameHeight/10);
      idField.setLocation(frameWidth*3/10, frameHeight*3/10);
      idField.setVisible(true);
      JLabel passwordLabel = new JLabel("密码");
      passwordLabel.setSize(frameWidth/5, frameHeight/10);
      passwordLabel.setLocation(frameWidth/8, frameHeight/2);
      passwordLabel.setVisible(true);
      JPasswordField passwordField = new JPasswordField("111111");
      passwordField.setSize(frameWidth/2, frameHeight/10);
      passwordField.setLocation(frameWidth*3/10, frameHeight/2);
      passwordField.setVisible(true);
      /* 创建按钮的代码与上面的示例相同 */
      …
```

```
        textPanel.setLayout(null);
        textPanel.add(roleLabel);
        textPanel.add(adminRadioButton);
        textPanel.add(borrowerRadioButton);
        textPanel.add(idLabel);
        textPanel.add(idField);
        textPanel.add(passwordLabel);
        textPanel.add(passwordField);
        buttonPanel.setLayout(null);
        buttonPanel.add(loginButton);
        loginFrame.setLayout(null);
        loginFrame.add(textPanel);
        loginFrame.add(buttonPanel);
        loginFrame.repaint();
    }
}
```

上面的示例中值得注意的是，需要声明一个 ButtonGroup 对象，并将所有的单选按钮加入 ButtonGroup 对象中。如果不进行该操作，则无法实现“单选”的功能。图 13-9 展示了使用单选按钮的登录界面。

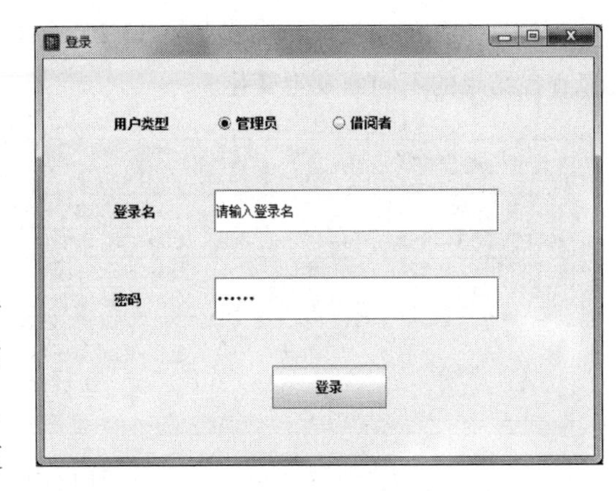

图 13-9　单选按钮示例

在一些应用场景下，用户不是希望在多个选项内选中一个，而是同时选中几个选项，如设置查找的条件，此时可以使用复选框。复选框提供了通过点击选中选项或再次点击取消选中的方式，用户可以同时选中多个选项。Swing 中提供了 JCheckBox 来实现复选框。复选框的使用方法可以查阅相关资料，本书不多作介绍。

7. 表格

表格是一种显示大块结构化数据的有效方式，如展示查找图书信息的结果等。Swing 中通过 JTable 来实现表格。JTable 的构造器如下：

```
JTable()
JTable(int rowNum,int columnNum)
JTable(Object[][] rowData,Object[] columnTitle)
```

rowNum 和 columnNum 是表格的行数和列数，rowData 是表格内容，columnTitle 是表格题头。下面是展示图书信息列表的示例：

```
class BorrowerFrame {
    …
    public listBookInfo(String str) {
        JFrame bookInfoFrame = new JFrame();
        bookInfoFrame.setTitle("图书信息查找结果");
        Toolkit kit = Toolkit.getDefaultToolkit();
        Dimension screenSize = kit.getScreenSize();
        int screenWidth = screenSize.width;
        int screenHeight = screenSize.height;
        int frameWidth = screenWidth / 2;
        int frameHeight = frameWidth / 4;
        bookInfoFrame.setSize(frameWidth, frameHeight);
        bookInfoFrame.setLocation((screenWidth - frameWidth)/2, (screenHeight -
        frameHeight)/ 2);
        bookInfoFrame.setVisible(true);

        String[][] tableData = searchBookInfo(str);          /* 获取图书信息 */
        String[] columnTitle = new String[]{"ISBN", "书名", "作者", "出版社", "年份",
        "是否珍本"};
```

```
        JTable bookInfoTable = new JTable(tableData, columnTitle);
        bookInfoTable.setVisible(true);
        loginFrame.add(new JScrollPane(bookInfoTable));
        bookInfoFrame.repaint();
    }
    ...
}
```

调用上面的方法时，会得到图 13-10 所示的结果。表格中所展示的内容可能会根据图书信息查找结果的不同而发生变化。

图书信息查找结果

ISBN	题名	作者	出版社	年份	是否珍本
9787508344980	Head First Java...	Sierra K, Bates ...	中国电力出版社	2007	否
9787111213826	Java编程思想（...	Bruce Eckel著，...	机械工业出版社	2007	否
9787111239505	JAVA核心技术：...	Cay S. Horstma...	机械工业出版社	2008	否

图 13-10　表格示例

13.1.4　布局管理器

为了正常摆放组件，上面的示例都对窗口使用了 setLayout(null) 语句。这实际上设置了窗口中的布局管理器为空，即不采用任何布局管理器。这种直接指定每个组件绝对位置的方式虽然可以将组件的大小、位置与窗口甚至屏幕的大小结合在一起，但设置十分繁琐，且面对组件大小变化等情形缺乏灵活性。例如，Java 程序中某个标签在不同语言版本的软件中分别使用了“管理员信息”和“Administrator Information”字符串作为显示内容，那么可能会造成标签大小的不同，如果使用指定绝对位置的方式则可能需要对界面程序进行修改。

为了解决该问题，Java 中提供了布局管理器来对容器中组件的位置进行控制，尤其是在容器中存在多个组件时会对各个组件的位置进行协调。使用布局管理器后，组件的尺寸、位置等也会随着容器尺寸的变化而相应地发生变化。

布局管理器是一组实现了 LayoutManager 接口的布局管理类，用以实现不同的布局。通过 setLayout(LayoutManager) 方法可以对容器设置布局管理器。本书将对 FlowLayout、BorderLayout 和 GridLayout 这三种常用的布局管理器进行介绍。

1. FlowLayout 布局管理器

FlowLayout 布局管理器将组件按照添加顺序从左到右依次排列在容器中，每个组件都被压缩到允许的最小尺寸，放满一行后将从新的一行开始放置组件。将组件通过 FlowLayout 布局管理器添加到容器中的方法如下：

```
add(component c)
```

c 是需要放置的组件。下面是 FlowLayout 布局下在窗口中添加 10 个按钮的示例：

```
class LayoutTest {
    public LayoutTest() {
        JFrame frame = new JFrame();
        frame.setTitle("FlowLayoutTest");
```

```
        frame.setSize(400,300);
        frame.setLayout(new FlowLayout());
        frame.setVisible(true);

        JButton[] buttonList = new JButton[10];
        for(int k = 0; k < 10; k++) {
            buttonList[k] = new JButton(Integer.toString(k+1));
            buttonList[k].setSize(100, 50);
            frame.add(buttonList[k]);
        }
    }
}
```

可以发现，每个按钮没有采用设定的尺寸，而是尽可能压缩到最小尺寸（其中第 10 个按钮因为需要显示更多的数字而比其他按钮宽），且所有按钮按照加入的顺序从左到右依次显示，放满一行后从新的一行开始放置。图 13-11 展示了创建上面示例对象时生成的界面。

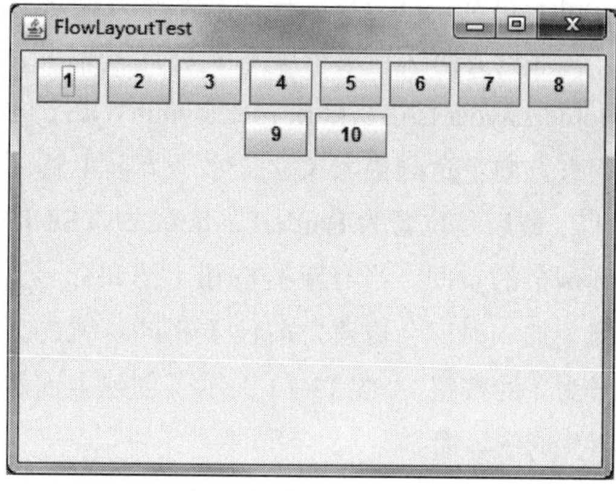

图 13-11　FlowLayout 布局管理器示例

FlowLayout 是 JPanel 默认的布局管理器，这也是图 13-4 中在设置窗口的布局管理器为 null 之前会出现右图所示效果的原因。

2. BorderLayout 布局管理器

BorderLayout 布局管理器是 JFrame 的默认布局管理器。将组件通过 BorderLayout 布局管理器添加到容器中的方法如下：

```
add(component c);
add(component c, index i);
```

i 是组件放置的位置，取值范围包括 BorderLayout.CENTER、BorderLayout.NORTH、BorderLayout.SOUTH、BorderLayout.EAST、BorderLayout.WEST，默认值为 BorderLayout.CENTER。当组件位置为 BorderLayout.CENTER 时，组件将会同时在水平和垂直方向延伸以充满整个容器；当组件位置为 BorderLayout.NORTH 或 BorderLayout.SOUTH 时，组件将在垂直方向上压缩到最小尺寸，并在水平方向延伸至最大尺寸；当组件位置为 BorderLayout.EAST 或 BorderLayout.WEST 时，组件将在水平方向上压缩到最小尺寸，并在垂直方向延伸至最大尺寸。

下面是 BorderLayout 布局下在窗口中添加 6 个按钮的示例：

```
class LayoutTest {
    public LayoutTest() {
        JFrame frame = new JFrame();
        frame.setTitle("BorderLayoutTest");
        frame.setSize(400,300);
        frame.setLayout(new BorderLayout());
        frame.setVisible(true);

        JButton[] buttonList = new JButton[10];
        for(int k = 0; k < 6; k++) {
            buttonList[k] = new JButton(Integer.toString(k+1));
            buttonList[k].setSize(100, 50);
            switch(k) {
                case 0: frame.add(buttonList[k], BorderLayout.SOUTH); break;
                case 1: frame.add(buttonList[k], BorderLayout.EAST); break;
```

```
                case 2: frame.add(buttonList[k], BorderLayout.NORTH); break;
                case 3: frame.add(buttonList[k], BorderLayout.CENTER); break;
                case 4: frame.add(buttonList[k], BorderLayout.WEST); break;
                case 5: frame.add(buttonList[k], BorderLayout.CENTER); break;
            }
        }
    }
}
```

可以发现，每个按钮没有按照设定的尺寸，首先是位置为BorderLayout.NORTH或BorderLayout.SOUTH的按钮在水平方向达到最大尺寸，垂直方向达到最小尺寸；在此基础上，位置为BorderLayout.EAST和BorderLayout.WEST的按钮在垂直方向上达到最大尺寸，水平方向上达到最小尺寸；最后是位置为BorderLayout.CENTER的按钮充满剩余的空间。当有新的按钮（例如标号为6的按钮）加入时，会覆盖之前位于相同位置的按钮（编号为4的按钮）。图13-12展示了创建上面示例对象时生成的界面。

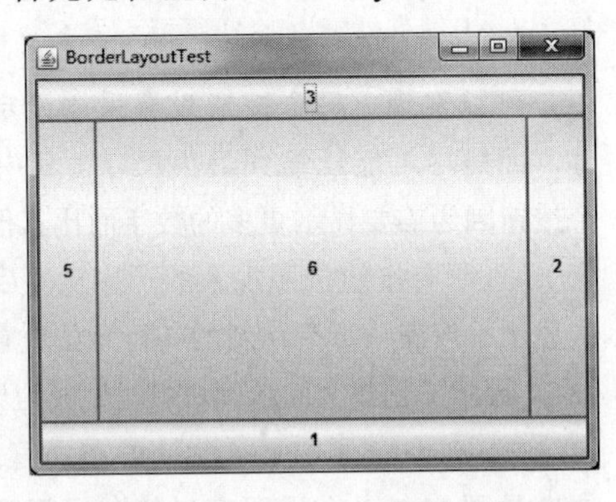

图 13-12 BorderLayout 布局管理器示例

3. GridLayout 布局管理器

GridLayout布局管理器采用网格的方式排列组件，组件通过add方法按添加顺序从左到右排列，一行排列满后将从下一行继续排列。在创建GridLayout布局管理器时，默认情况下是将所有组件排列在同一行，也可以通过指定行数和列数来改变布局：

```
new GridLayout (int rows, int columns)
```

下面是GridLayout布局下在窗口中添加10个按钮的示例：

```
public class LayoutTest {
    public static void main(String[] args) {
        JFrame frame = new JFrame();
        frame.setTitle("BorderLayoutTest");
        frame.setSize(400,300);
        frame.setLayout(new GridLayout(3, 4));
        frame.setVisible(true);

        JButton[] buttonList = new JButton[10];
        for(int k = 0; k < 10; k++) {
            buttonList[k] = new JButton(Integer.toString(k+1));
            buttonList[k].setSize(100, 50);
            frame.add(buttonList[k]);
        }
    }
}
```

可以发现，窗口被划分为指定的行数和列数，每个按钮按序排列在指定的位置上，且充满所对应的空间。图13-13展示了创建上面示例对象时生成的界面。

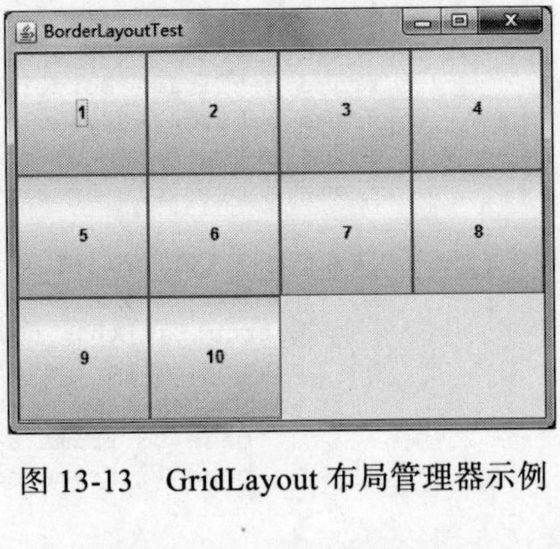

图 13-13 GridLayout 布局管理器示例

13.1.5 事件处理

1. 事件和事件源

事件（event）是某些预先指定的事情，例如点击组件、移动鼠标、敲击键盘等。当这些事情发生时会产生信号，程序可以根据信号选择相应的代码并执行。

当事件由某个组件引发时，该组件称为事件源（event source）。例如，点击按钮引发事件时按钮就是事件源，移动鼠标引发事件时鼠标就是事件源。对于某个事件，通过 getSource 方法可以获取其事件源。

不同类型的组件可以触发不同类型的事件。常见的事件类型包括 ActionEvent、MouseEvent、KeyEvent、FocusEvent 等。如果一个组件类能够触发某个事件，那么这个组件的任何子类都能发生同样类型的事件。例如，JComponent 类是所有组件的父类，所以 MouseEvent、KeyEvent、FocusEvent 等事件可以被所有组件所触发。

2. 事件的监听、注册和处理

Java 中事件触发时将会被一个或多个监听器接收并进行处理。事件监听器是相应类型的监听器接口的对象，用于处理所对应的事件。这种事件源的触发行为与事件处理的方式实现了接口和实现的分离。

事件监听器在创建后，需要注册到作为事件源的组件：

```
component.add***Listener()        /* component 为事件源，*** 表示所监听的事件类型 */
```

当注册时如果所监听的事件类型无法由该组件触发，则会在编译过程中报错。

如果不再需要监听，可以在事件源上取消监听：

```
component.remove***Listener()     /* component 为事件源，*** 表示所监听的事件类型 */
```

下面是点击按钮后显示按钮信息的事件监听示例。事件监听器实现了 ActionListener() 接口，并通过 addActionListener 方法将该监听器注册到所有的按钮；当点击按钮时，会显示相应的按钮信息，如图 13-14 所示。

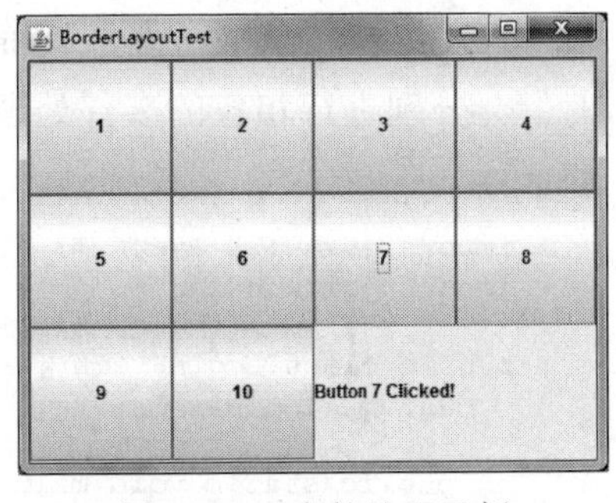

图 13-14 事件处理示例

```
import java.awt.GridLayout;
import javax.swing.*;
import java.awt.event.*;

public class EventHandlingTest implements
ActionListener {
    JFrame frame;
    JLabel label;

    public static void main(String[] args) {
        EventHandlingTest eventHandle = new EventHandlingTest();
        eventHandle.start();
    }

    public void start() {
        frame = new JFrame();
        frame.setTitle("BorderLayoutTest");
        frame.setSize(400,300);
        frame.setLayout(new GridLayout(3, 4));
        frame.setVisible(true);
```

```
        JButton[] buttonList = new JButton[10];
        for(int k = 0; k < 10; k++) {
           buttonList[k] = new JButton(Integer.toString(k+1));
           buttonList[k].setSize(100, 50);
           buttonList[k].addActionListener(this);   /*对每个按钮注册需要监听的事件*/
           frame.add(buttonList[k]);
        }
        label = new JLabel();
        frame.add(label);
     }
     public void actionPerformed(ActionEvent event) {    /* 用于处理事件的方法 */
        JButton button = (JButton) event.getSource();    /* 获取事件源 */
        label.setText("Button " + button.getText() + " Clicked!");
     }
  }
```

当不同的组件需要处理不同的事件时，需要为其定义各自的事件处理方法。然而，在每个事件监听器中只能有一个改写后的 actionPerformed 方法。一种解决思路是在 actionPerformed 方法中获取事件源，并根据事件源来编写不同的事件处理语句。但这种解决思路将所有的事件处理集中到同一个方法中，并不符合面向对象的思想。更好的解决方案是通过内部类生成多个实现了 ActionListener 接口的事件监听器，在每个事件监听器中分别改写 actionPerformed 方法，并将各个事件监听器注册到相应的事件源上。

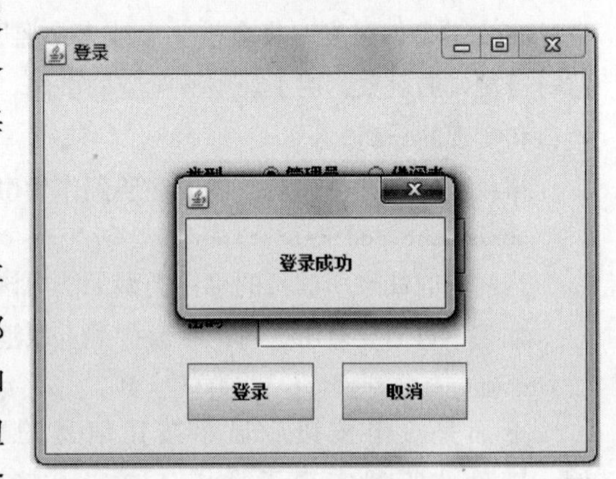

图 13-15 基于内部类的事件处理示例

下面是在登录界面中对两个按钮实现不同事件处理的示例。在 LoginFrame 类中，通过内部类实现了两个不同的事件监听器 LoginListener 和 CancelListener。当点击“登录”和“取消”按钮时，会分别进行相应的事件处理，如图 13-15 所示。

```
import java.awt.event.*;
import javax.swing.*;

public class LoginFrame {
   JFrame loginFrame;

   public static void main(String[] args) {
      LoginFrame loginFrame = new LoginFrame();
      loginFrame.start();
   }

   public void start() {
      loginFrame = new JFrame();
      loginFrame.setTitle("登录");
      loginFrame.setSize(400,300);
      loginFrame.setLocation(500,200);
      loginFrame.setLayout(null);
      loginFrame.setVisible(true);

      JLabel roleLabel = new JLabel("类型");
      roleLabel.setBounds(100,50,50,40);
      roleLabel.setVisible(true);
```

```
        JRadioButton adminRadioButton = new JRadioButton("管理员", true);
        adminRadioButton.setSize(75,40);
        adminRadioButton.setLocation(150, 50);
        adminRadioButton.setVisible(true);

        JRadioButton borrowerRadioButton = new JRadioButton("借阅者", false);
        borrowerRadioButton.setSize(75,40);
        borrowerRadioButton.setLocation(225, 50);
        borrowerRadioButton.setVisible(true);

        JLabel idLabel = new JLabel("登录名");
        idLabel.setBounds(100,100,50,40);
        idLabel.setVisible(true);

        JTextField idField = new JTextField();
        idField.setSize(150, 40);
        idField.setLocation(150, 100);
        idField.setVisible(true);

        JLabel passwordLabel = new JLabel("密码");
        passwordLabel.setBounds(100,150,50,40);
        passwordLabel.setVisible(true);

        JTextField passwordField = new JTextField();
        passwordField.setSize(150, 40);
        passwordField.setLocation(150, 150);
        passwordField.setVisible(true);

        JButton loginButton = new JButton("登录");
        loginButton.setSize(90,40);
        loginButton.setLocation(100, 200);
        loginButton.setVisible(true);
        loginButton.addActionListener(new LoginListener());

        JButton cancelButton = new JButton("取消");
        cancelButton.setSize(90,40);
        cancelButton.setLocation(210, 200);
        cancelButton.setVisible(true);
        cancelButton.addActionListener(new CancelListener());

        loginFrame.add(roleLabel);
        loginFrame.add(adminRadioButton);
        loginFrame.add(borrowerRadioButton);
        loginFrame.add(idLabel);
        loginFrame.add(idField);
        loginFrame.add(passwordLabel);
        loginFrame.add(passwordField);
        loginFrame.add(loginButton);
        loginFrame.add(cancelButton);
    }

    class LoginListener implements ActionListener {
        public void actionPerformed(ActionEvent event) {
            JDialog infoDialog = new JDialog();
            infoDialog.setSize(200, 100);
            infoDialog.setLocation(600, 300);
```

```
            infoDialog.setVisible(true);
            JLabel infoLabel = new JLabel("登录成功");
            infoLabel.setHorizontalAlignment(SwingConstants.CENTER);
            infoLabel.setVisible(true);
            infoDialog.add(infoLabel);
        }
    }

    class CancelListener implements ActionListener {
        public void actionPerformed(ActionEvent e) {
            loginFrame.dispose();
        }
    }
}
```

13.2 网络通信编程

在实际生活中，很多软件系统都要求能够让多个用户从不同的计算机上访问统一的数据。例如，图书借阅系统的用户包括了管理员和借阅者，通常管理员会在办公室内使用自己的工作计算机来管理借阅者和图书信息，而借阅者可能在图书馆内的某个自助终端上进行图书的借阅、续借或归还。因此，需要将借阅者和图书的信息存储在服务器上，并通过计算机网络将服务器、管理员工作计算机、借阅者自助终端连接起来，在各个主机节点之间进行数据的交换。

13.2.1 网络通信基本概念

网络通信编程是指利用不同层次的通信协议提供的接口，实现不同程序之间通信的编程。在网络通信中，程序需要能够和与其通信的其他程序建立连接，并且能够向其他程序发送数据和接收来自其他程序的数据。

实际网络通信中，程序通常位于不同的主机节点上。在网络上，每个主机节点都通过唯一的 IP 地址来标识。IP 地址是一个 32 位或 64 位的二进制数序列，例如某个 32 位的 IP 地址可以按字节表示为 192.168.1.32。由于 IP 地址较难记忆，对于经常被访问的主机节点，通常会提供字符形式的域名来表示，例如 www.java.com。域名与 IP 地址是一一对应的。

每个主机节点可以通过 IP 来唯一标识，但通常每个主机节点上有多个进程在同时运行。为了确定参与网络传输的究竟是哪个进程，需要为主机节点上的每个进程确定一个具体的编号，这个编号称为"端口"(port)。程序间互相通信时，必须知道对方的 IP 地址和端口号才能实现连接，并且不同的程序不能共享同一个端口。每台主机可以提供 65 536 个端口，编号为 0 ~ 65 535。其中编号为 0 ~ 1023 的端口号已经被保留给已知的特定服务，例如 HTTP 服务使用的端口号为 80，Telnet 服务使用的端口号为 23，STMP 服务使用的端口号为 25 等。在编写程序时应当避免使用这些端口。图 13-16 展示了网络通信的示例图，其中每个主机节点都拥有自己的 IP 地址，当位于主机节点上的程序需要与其他主机节点上的程序通信时，会使用某个端口来发送和接收数据。

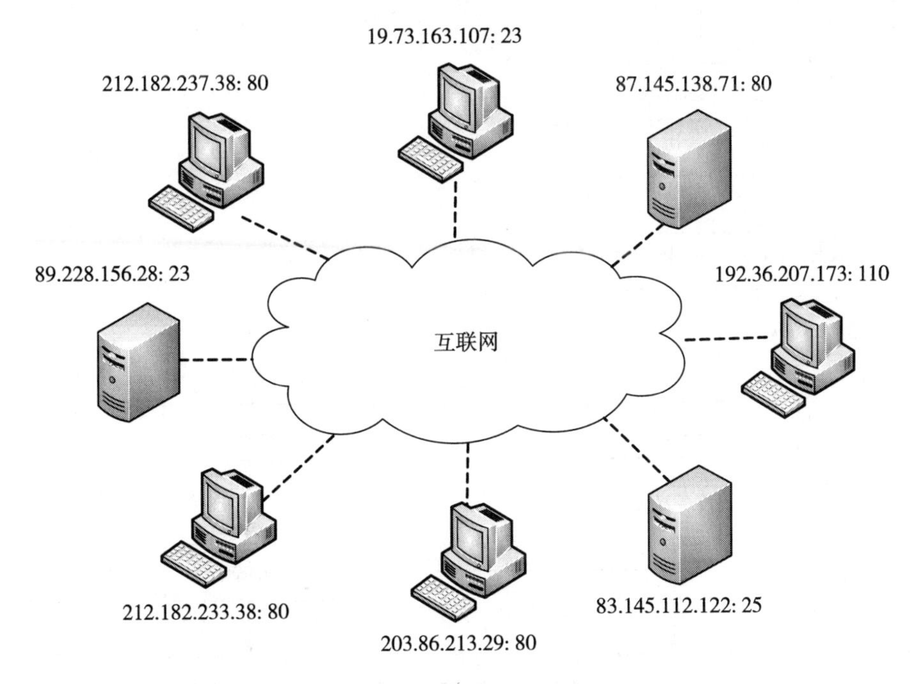

图 13-16　网络通信示例图

客户端 / 服务器（Client/Server，C/S）模式是网络通信中常用的一种模式。服务器（server）是能够提供任何服务的程序，例如 Web 访问服务、计算服务、打印服务、存储服务等。客户端（client）是访问服务器的程序。在 C/S 模式的通信中，客户端向服务器发起请求，服务器响应客户端的请求并提供服务。

13.2.2　套接字编程

1. 套接字

套接字（socket）是用于表示两个程序之间连接的对象。它允许单个服务器同时服务于多个客户，并能够提供不同类型信息的服务。通过套接字，程序之间可以实现连接和通信。当一个程序将信息写入自己的 socket 中时，该 socket 自动将该信息发送到对方程序的 socket 中，使得该信息能够被对方程序获取。

2. 服务器 socket 和客户 socket

Java 中提供了两种套接字：一种是提供给服务器的，通过 ServerSocket 类实现；另一种是同时提供给服务器和客户的，通过 Socket 类实现。当进行 C/S 通信时，服务器和客户都必须建立各自的一个套接口。在服务器建立套接字后，服务器进程通过端口来监听客户连接请求，并且服务器可以通过多线程机制在同一个端口接收来自多个客户的请求；客户通过套接字指定服务器的 IP 地址和端口号，便可以与服务器进行通信。图 13-17 是基于 Socket 的 C/S 通信流程图。

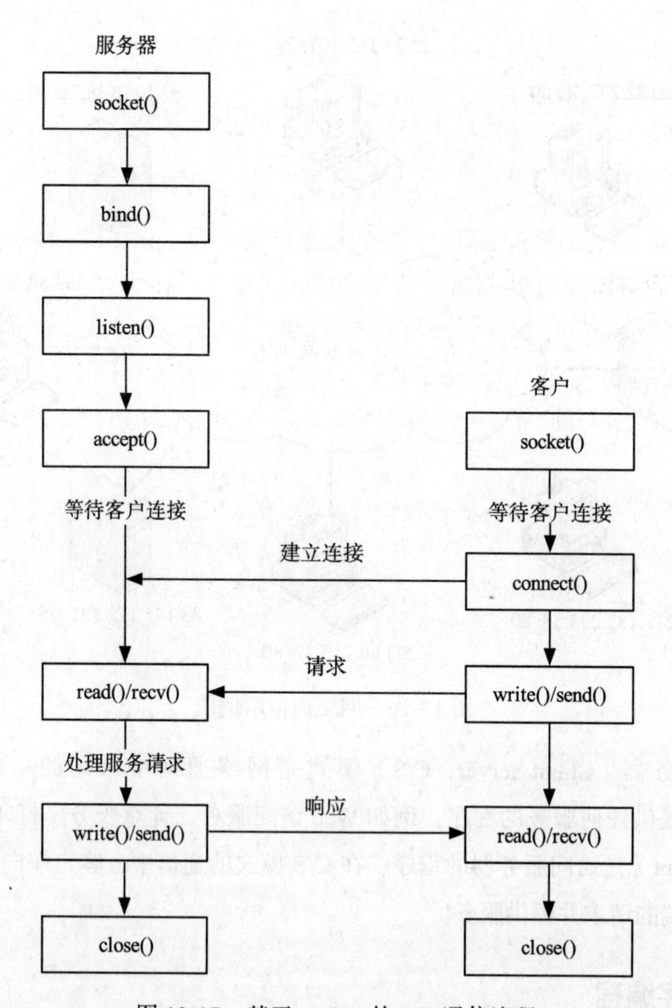

图 13-17 基于 socket 的 C/S 通信流程

Java 中建立服务器 socket 对象需要指定服务器的某个端口，一旦启动服务，服务器将在该端口上一直监听，等待客户发来的请求。

```
/* port 是指定的端口号，connectNum 是允许连接到服务器的最大客户数 */
ServerSocket serverSocket = new ServerSocket(port, connectNum);
```

当与服务器建立连接的客户数达到设定的最大客户数后，服务器会自动地拒绝客户的连接请求。

建立 ServerSocket 类对象后，通过该对象的 accept 方法监听客户的连接请求。accept 方法使服务器等待，直到有客户连接时返回一个 socket 对象：

```
Socket socketS = serverSocket.accept();
```

当与客户建立连接后，需要打开与服务器 socket 绑定的输入 / 输出流，即建立服务器与客户进行通信的 InputStream 和 OutputStream 对象。服务器用 InputStream 对象从客户接收消息，服务器 socket 通过 getInputStream 方法获得 InputStream 对象引用，并通过 InputStream 对象的 read 方法读取信息。在接收客户的信息后，服务器对信息进行处理，并做出响应。服务器用 OutputStream 对象将响应结果发送给客户时，服务器 socket 调用 getOutputStream 方法获得 OutputStream 引用，并通过 OutputStream 对象的 write 方法发送消息。

当信息传输结束后，服务器 socket 通过调用 close 方法关闭连接：

```
socketS.close();
```

Java 中建立客户 socket 对象需要指定服务器的 IP 和端口，建立与服务器的连接：

```
/* serverIP 是服务器 IP, serverPort 是服务进程端口 */
Socket socketC = new Socket(serverIP, serverPort);
```

如果连接成功，将返回一个 socket 对象；如果连接失败，将抛出 IOException 异常。

当建立连接后，需要打开与客户 socket 绑定的输入/输出流，即建立客户与服务器进行通信的 InputStream 和 OutputStream 对象。客户 socket 通过 getOutputStream 方法获得 OutputStream 对象引用，并通过 OutputStream 对象的 write 方法用于向服务器发送信息；通过 getInputStream 方法获得 InputStream 对象引用，并通过 InputStream 对象的 read 方法接收服务器的响应。

当信息传输结束后，客户 socket 通过调用 close 方法关闭连接：

```
socketC.close();
```

下面是采用服务器 socket 和客户 socket 实现登录验证的简单示例。客户端通过 socket 将用户 ID 和密码发送给服务器，服务器通过 socket 接收登录信息后进行验证。

```
/* 客户端程序 */
import java.io.*;
import java.net.*;

public class LoginClient {
Socket socket;
PrintWriter pw;

public void start() {
   try{
        Socket socket = new Socket("127.0.0.1", 3000);  /* 创建客户 socket 对象 */
        pw = new PrintWriter(socket.getOutputStream());
        pw.println("admin 123456");                     /* 发送登录信息 */
        pw.close();
   } catch(IOException e) {
        System.out.println(e);
   }
}

public static void main(String[] args) {
   LoginClient client = new LoginClient();
   client.start();
   }
   }

   /* 服务器程序 */
   import java.io.*;
   import java.net.*;

   public class LoginServer {
      ServerSocket serverSocket;
      BufferedReader br;

      public void start() {
         try{
            serverSocket = new ServerSocket(3000, 1); /* 创建服务器 socket 对象 */
            while(true) {
               Socket socket = serverSocket.accept();  /* 创建用于监听的 socket 对象 */
```

```
                InputStreamReader isr = new InputStreamReader(socket.getInputStream());
                br = new BufferedReader(isr);
                String loginInfo = br.readLine();          /* 读取登录信息 */
                /* 验证登录信息 */
                String id = loginInfo.substring(0, loginInfo.indexOf(" "));
                String password = loginInfo.substring(loginInfo.indexOf(" ") + 1);
                if((id.equals("admin")) && (password.equals("123456"))) {
                   System.out.println("success");
                }
                else {
                    System.out.println("fail");
                }
                br.close();
            }
        } catch(IOException e) {
            System.out.println(e);
        }
    }

    public static void main(String[] args) {
        LoginServer server = new LoginServer();
        server.start();
    }
}
```

当启动服务器程序和客户端程序后，可以发现服务器端输出"success"信息。

3. 基于多线程的 socket 通信

在实际登录验证中，除了客户端向服务器发送信息外，服务器也要向客户端发送验证结果。一种比较直观的方法是直接在上面示例的客户端和服务器程序中分别添加接收和发送信息的语句，但实验后会发现并不奏效。原因在于无论对于客户端还是服务器程序，实际上都有发送信息和读取信息两件事情需要完成。

为了应对同时完成多件事情的情形，Java 中提供了多线程（multi-threading）机制。线程可以独立地完成任务，拥有独立的执行空间。例如，每个 Java 程序开始运行时，都会启动一个主线程，并将 main 方法放在执行空间中；垃圾回收机制也需要通过一个线程来完成。在 Java 中创建新的线程可以通过声明 Thread 类的对象来实现：

```
Thread thread = new Thread();
```

Thread 类的核心是 run 方法和 start 方法。其中，run 方法用于描述线程的行为，start 方法通过调用线程的 run 方法将其启动为一个并发的单位。例如，我们可以通过调用 start 方法来启动线程：

```
thread.start();
```

与一般的方法调用不同，上面调用 start 方法时其中控制权即刻就返回到调用程序，调用程序可以继续执行，而不需要等到 start 方法执行完毕。

按照上面的示例通过 Thread 对象调用 start 方法来启动线程并不能完成任何事情，因为 Thread 类中的 run 方法并没有定义线程需要完成的任务。一种解决方案是声明一个 Thread 类的子类，并在该子类中改写 run 方法，用以描述线程需要完成的行为。然而，由于 Java 中不允许多重继承，当需要多线程的类已经具有一个父类时将无法再继承 Thread 类。因此，更为常见的解决方案是实现 Runnable 接口。在某个类实现 Runnable 接口时，对其中的 run 方法进行改写，并通过该类的对象来初始化线程。

多线程机制可以使得多件事情看似可以同时发生，例如运行程序和垃圾回收。但对于非多核处理器的计算机而言，多个线程并没有同时被执行，只是各个线程的执行空间在快速地切换。当需要在多个线程间切换时，调度程序通常会根据线程的优先级来控制，优先级越高的线程将越先运行，而优先级低的线程将会被阻止运行。一个线程的默认优先级和创建它的线程相同。例如，由 main 方法所产生的线程的默认优先级为 5，而最大优先级和最小优先级通常分别为 10 和 1。线程的优先级可以通过 getPriority 方法来查看，并通过 setPriority 方法来设定。

下面是采用了多线程的登录验证程序示例。在上面示例的基础上，客户端程序添加了接收信息的线程，服务器程序添加了发送信息的语句。这个示例在保证功能可用的基础上保持了实现简单，忽略了对一些特殊情况的考虑，读者可以在此基础上开发功能更强的登录验证程序。

```
/* 客户端程序 */
public class Client {
   private Socket socket;
   private static String message;
   BufferedReader reader;
   private static PrintWriter writer;

   /* main方法 */
   public static void main(String[] args) {
      Client client = new Client();
      client.init();
      LoginUI loginUI = new LoginUI();
      loginUI.loginMainUI();
   }

   /* 初始化客户端网络 */
   public void init() {
      try {
            socket = new Socket("127.0.0.1", 10000);
            InputStreamReader stream = new InputStreamReader(socket.
                                       getInputStream());
            reader = new BufferedReader(stream);
            writer = new PrintWriter(socket.getOutputStream());
      } catch (IOException e) {
            IOHelper.outputException(e);
      }
      Thread readerThread = new Thread(new IncomingReader());
      readerThread.start();
   }

   /* 发送消息到服务器端 */
   static void sendMessage(String message) {
      try {
            writer.println(message);
            writer.flush();
      } catch (Exception e) {
               IOHelper.outputException(e);
      }
   }

   /* 从服务器端接收消息 */
   static String receiveMessage() {
      ...
      String result = message;
      message = null;
```

```
            return result;
        }

        public class IncomingReader implements Runnable {
            public void run() {
                try {
                    while ((message = reader.readLine()) != null) {
                        System.out.println("Client:Receive:" + message);
                    }
                } catch(Exception ex) {
                ex.printStackTrace();
                }
            }
        }
    }

/* 服务器程序 */
public class Server {
    private ServerSocket serverSocket;
    private static User user;
    private static Catalog catalog;
    private LoginController loginController;
    private AdministratorController administratorController;
    private BorrowerController borrowerController;
    PrintWriter writer;

    /* main方法 */
    public static void main(String[] args) {
        Server server = new Server();
        server.init();
    }

    /* Server类的构造器 */
    public Server() {
        try {
            serverSocket = new ServerSocket(10000);
        } catch (IOException e) {
            System.out.println(e);
        }
    }

    /* 初始化user和catalog，建立通信 */
    private void init() {
        File dataFile = new File("D:/myLibrary/dataFile.ser");
        if(dataFile.exists()) {
          try {
                ObjectInputStream os = new ObjectInputStream(new
                            FileInputStream("D:/myLibrary/dataFile.ser"));
                user = (User) os.readObject();
                catalog = (Catalog) os.readObject();
                os.close();
          } catch(Exception e) {
                System.out.println(e);
                System.exit(0);
          }
        }
        else {
            user = new User();
            catalog = new Catalog();
        }
```

```
        while (true) {
            try {
                /* 接受连接 */
                Socket socket = serverSocket.accept();
                writer = new PrintWriter(socket.getOutputStream());
                Thread t = new Thread(new ClientHandler(socket));
                t.start();
            } catch (IOException e) {
                System.out.println(e);
            }
        }
    }

    public class ClientHandler implements Runnable {
        BufferedReader reader;
        Socket sock;

        public ClientHandler (Socket clientSocket) {
            try {
                sock = clientSocket;
                InputStreamReader isReader = new InputStreamReader(sock.getInputStream());
                reader = new BufferedReader(isReader);
            } catch (Exception ex)
                                        {
                                        ex.printStackTrace();
                                        }
        }

        public void run () {
            String message;
            try {
                while ((message = reader.readLine()) != null) {
                    System.out.println("Server:Receive:" + message);
                    dealWithMessage(message);
                }
            } catch (Exception ex)
                                        {
                                        ex.printStackTrace();
                                        }
        }

    }

    /* 处理信息 */
    public void dealWithMessage(String s) {
        String message[] = s.split("\\$\\$");
        if (message[0].equals("AdminLogin")) {          /* 管理员登录 */
            loginController = new LoginController();
            String result = loginController.administratorLogin(message[1], message[2]);
            if (!result.equals("用户名或密码不正确，请重新输入。")) {
                administratorController = new AdministratorController();
            }
            writer.println(result);
            writer.flush();
            loginController = null;
        }
        if (message[0].equals("BorrowerLogin")) {          /* 借阅者登录 */
            loginController = new LoginController();
            String result = loginController.borrowerLogin(message[1], message[2]);
            if (!result.equals("用户名或密码不正确，请重新输入。")) {
                borrowerController = new BorrowerController();
            }
```

```
        writer.println(result);
        writer.flush();
        loginController = null;
    }
    if (message[0].equals("ModifyAdminPersonalInfo")) {  /* 管理员修改个人信息 */
        Message result = administratorController.modifyPersonalInformation(message[1],
                    message[2]);
        writer.println(result.toString());
        writer.flush();
    }
    if (message[0].equals("AddBorrower")) {        /* 管理员新增借阅者 */
        Message result = administratorController.addBorrower(message[1], message[2],
                    Integer.parseInt(message[3]), message[4]);
        writer.println(result.toString());
        writer.flush();
    }
    if (message[0].equals("ModifyBorrower")) {     /* 管理员修改借阅者 */
        Message result = administratorController.modifyBorrower(message[1],
        message[2], Integer.parseInt(message[3]), message[4]);
        writer.println(result.toString());
        writer.flush();
    }
    if (message[0].equals("RemoveBorrower")) {     /* 管理员删除借阅者 */
        Message result = administratorController.removeBorrower(message[1]);
        writer.println(result.toString());
        writer.flush();
    }
    if (message[0].equals("SearchBorrower")) {     /* 管理员查找借阅者 */
        Message result = administratorController.removeBorrower(message[1]);
        writer.println(result.toString());
        writer.flush();
    }
    if (message[0].equals("ListBorrower")) {       /* 管理员列举借阅者 */
        String result = administratorController.listBorrower();
        writer.println(result);
        writer.flush();
    }
    if (message[0].equals("AddBookInfo")) {        /* 管理员新增图书信息 */
        Message result = administratorController.addBookInfo(message[1],
        message[2], message[3], message[4], Integer.parseInt(message[5]),
                Boolean.parseBoolean(message[6]));
        writer.println(result.toString());
        writer.flush();
    }
    if (message[0].equals("ModifyBookInfo")) {     /* 管理员修改图书信息 */
        Message result = administratorController.modifyBookInfo(message[1],
        message[2], message[3], message[4], Integer.parseInt(message[5]),
                Boolean.parseBoolean(message[6]));
        writer.println(result.toString());
        writer.flush();
    }
    if (message[0].equals("RemoveBookInfo")) {     /* 管理员删除图书信息 */
        Message result = administratorController.removeBookInfo(message[1]);
        writer.println(result.toString());
        writer.flush();
    }
    if (message[0].equals("SearchBookInfo")) {     /* 管理员查找图书信息 */
        String result = administratorController.searchBookInfo(message[1]);
        writer.println(result);
        writer.flush();
    }
```

```
    if (message[0].equals("ListBookInfo")) {      /* 管理员列举图书信息 */
       String result = administratorController.listBookInfo();
       writer.println(result);
       writer.flush();
    }
    if (message[0].equals("AddBook")) {   /* 管理员新增图书 */
       Message result = administratorController.addBook(message[1],
                        Integer.parseInt(message[2]));
       writer.println(result.toString());
       writer.flush();
    }
    if (message[0].equals("RemoveBook")) {        /* 管理员删除图书 */
       Message result = administratorController.removeBook(message[1]);
       writer.println(result.toString());
       writer.flush();
    }
    if (message[0].equals("ListBorrowedBook")) { /* 借阅者列举已借图书 */
       String result = borrowerController.listBorrowedBook();
       writer.println(result);
       writer.flush();
    }
    if (message[0].equals("BorrowBook")) {        /* 借阅者借阅图书 */
       Message result = borrowerController.borrowBook(message[1]);
       writer.println(result.toString());
       writer.flush();
    }
    if (message[0].equals("RenewBook")) {         /* 借阅者续借图书 */
       Message result = borrowerController.renewBook(message[1]);
       writer.println(result.toString());
       writer.flush();
    }
    if (message[0].equals("ReturnBook")) {        /* 借阅者归还图书 */
       Message result = borrowerController.returnBook(message[1]);
       writer.println(result.toString());
       writer.flush();
    }
    if (message[0].equals("ModifyBorrowerPersonalInfo")) {/* 借阅者修改个人信息 */
       Message result = borrowerController.modifyPersonalInformation(message[1],
                        message[2]);
       writer.println(result.toString());
       writer.flush();
    }
    if (message[0].equals("ListNotification")) {          /* 借阅者列举通知 */
       String result = borrowerController.listNotification();
       writer.println(result);
       writer.flush();
    }
    if (message[0].equals("Quit")) {      /* 管理员或借阅者退出登录 */
       saveData();
    }
}

/* 存储数据 */
private void saveData() {
    File dataFile = new File("D:/myLibrary/dataFile.ser");
    try {
         if(!dataFile.exists()) {/* 如有文件不存在，则创建 */
            dataFile.getParentFile().mkdirs();
            dataFile.createNewFile();
         }
         ObjectOutputStream os = new ObjectOutputStream(new
                                 FileOutputStream(dataFile));
```

```
            os.writeObject(user);
            os.writeObject(catalog);
            os.close();
        }
        catch(Exception e) {
            System.out.println(e);
            System.exit(0);
        }
    }

        /* 获取 user 的引用 */
        static User getUser() {
            return user;
        }

        /* 获取 catalog 的引用 */
        static Catalog getCatalog() {
            return catalog;
        }
    }
```

13.3 项目实践

1. 修改登录界面类（LoginUI）。要求如下：
   - 使用图形用户界面。
   - 使登录控制器类（LoginController）的改动尽可能少。
2. 修改管理员界面类（AdministratorUI）。要求如下：
   - 使用图形用户界面，且与教师界面、学生界面风格相似。
   - 所有子界面位于同一个窗口中，通过设置组件的可见性来切换。
   - 使管理员控制器类（AdministratorController）的改动尽可能少。
3. 修改教师界面类（TeacherUI）。要求如下：
   - 使用图形用户界面，且与管理员界面、学生界面风格相似。
   - 所有子界面位于同一个窗口中，通过设置组件的可见性来切换。
   - 使教师控制器类（TeacherController）的改动尽可能少。
4. 修改学生界面类（StudentUI）。要求如下：
   - 使用图形用户界面，且与管理员界面、教师界面风格相似。
   - 所有子界面位于同一个窗口中，通过设置组件的可见性来切换。
   - 使学生控制器类（StudentController）的改动尽可能少。
5. 创建 ScoreManageClient 和 ScoreManageServer 两个项目，将之前完成的类导入到这两个项目中。要求如下：
   - 包 edu.software.scoremanage.userinterface 中的类导入到 ScoreManageClient 项目中的包 edu.software.scoremanage.userinterface 中。
   - 包 edu.software.scoremanage.model 中的类导入到 ScoreManageServer 项目中的包 edu.software.scoremanage.model 中。

6. 修改原先位于包 edu.software.scoremanage.transaction 中的类。要求如下：
   - 将登录控制器类（LoginController）、管理员界面类（AdministratorUI）、教师控制器类（TeacherController）、学生控制器类（StudentController）都根据与用户界面交互功能和与模型交互功能拆分为两个同名的类。
   - 将实现与用户界面交互的登录控制器类、管理员界面类、教师控制器类、学生控制器类导入到 ScoreManageClient 项目的包 edu.software.scoremanage.userinterface 中。
   - 将实现与模型交互的登录控制器类、管理员界面类、教师控制器类、学生控制器类导入到 ScoreManageServer 项目的包 edu.software.scoremanage.model 中。
7. 编写客户类（Client）。要求如下：
   - 成员变量包括套接字等。
   - 成员方法包括 main 方法、与服务器类通信、将处理结果返回给相应的控制器。
   - 位于 ScoreManageClient 项目的包 edu.software.scoremanage.transaction 中。
8. 编写服务器类（Server）。要求如下：
   - 成员变量包括套接字、User 对象和 Curriculum 对象等。
   - 成员方法包括 main 方法、与客户端类通信、初始化 User 对象和 Curriculum 对象、将客户端的请求分发给相应的控制器。
   - 位于 ScoreManageServer 项目的包 edu.software.scoremanage.transaction 中。

13.4 习题

1. 列举 Swing 中的顶层容器及其各自的作用。
2. 简述窗口和按钮等组件在显示机制上的差别。
3. 比较文本域、文本区和密码域的异同。
4. 比较组合框、单选按钮和复选框的异同。
5. 比较 FlowLayout、BorderLayout 和 GridLayout 三种布局管理器的区别，并举例说明。
6. 简述与直接指定组件位置相比，使用布局管理器的优越性。
7. 解释事件和事件源的概念，并举例说明。
8. 简述如何进行事件的监听、注册和处理，并举例说明。
9. 简述实现计算机网络通信的基本原理。
10. 解释套接字的概念，并说明 Java 中提供的两种套接字。
11. 简述如何使用套接字实现 C/S 模式的网络通信，并举例说明。
12. 解释多线程的概念，并举一两个之前学习中涉及的例子说明。
13. 简述在基于套接字通信中采用多线程的原因。

第 14 章

发布与项目总结

当我们完成了软件的构建，并进行了相应测试，确认软件的质量符合我们的要求后，软件开发的大部分工作已经完成了。这时需要考虑如何将软件移交给用户，并给用户以相应的支持，帮助用户顺利使用软件。很多工程师认为系统交付仅仅是将系统移交给客户，其实不是这样，如果用户不能很好地理解并使用产品，可能会对系统的表现感到不满。这样用户不能使用系统高效地工作，而开发者付出的努力也可能浪费。

同时，一个项目开发结束后，我们必须对项目进行总结，这是改进工作的最佳时机。

本章针对个人级软件开发介绍发布与项目总结的常见方法。

14.1 程序部署与发布

当完成软件的开发、测试后，程序在程序员的开发环境下已经可以正常运行了。但是，这时我们还不能直接将软件按照开发时的状态将很多源代码交给客户，客户并不具备开发人员所具有的编译、运行程序的能力。我们也不能要求客户也使用和程序员同样的软硬件环境，并且在很多情况下也不希望将源代码暴露给普通用户。我们需要为客户制作容易使用的安装程序，使得客户不需要特殊的专业知识就可以使用软件，并获得更好的体验。

常见的软件发布方式有以下三种：

1）本机软件。整个软件都在用户的计算机上独立运行。可能有独立的 GUI，也可能没有。在一般的 Java 本机程序开发中，可以通过将相关编译后的 class 文件封装成可执行的 JAR 来部署，客户使用 JAR 文件相对比较容易。对于 Windows 和 Mac 平台上的很多大型程序，需要通过专门的工具制作相应的安装程序来完成复杂的部署工作。

2）本机和远程相结合软件。应用程序有一部分运行在用户本地系统上，通过网络连接到服务器提供服务的另外一部分。在个人计算机平台上，我们有时称这种结构的软件为 Client/Server（C/S）架构。随着近年来移动互联网的快速发展，在智能手机和平板电脑平台上这种类型的软件应用非常广泛。（移动互联网程序往往需要通过特定的应用商店来发布，比如苹果公司的 AppStore、谷歌公司的 Play 等，它们对提交的应用程序往往有特定要求。移动互联网程序有些是纯粹的本地程序，不需要服务器提供服务。）

3）远程软件。整个软件都运行在服务器上，客户完全使用浏览器来访问服务器提供的功能，有时称为 Browser/Server（B/S）架构。

2）、3）中提到的部署通常都远比 1）中的复杂，往往也需要使用更加复杂的技术和工具进行。下面我们来学习 Java 中如何进行本地程序的部署工作。

在 Java 程序开发中，开发者可以使用 Java JDK 中提供的 JAR 工具来创建以“jar”为后缀名的文件来完成本地 Java 程序的部署。具体的步骤如下：

1）为项目编译后的文件指派一个独立的目录，比如 build 或 class 等，请参考 8.2 节的目录管理。

2）在编译时使用 -d 编译标识，将编译后的类文件放入相应的与包对应的目录结构中。

3）编辑一个名为 manifest.txt 的文本文件，该文件中指明了本 JAR 文件启动的类，该类中有程序入口 main() 方法。

4）执行 JAR 工具来创建带有目录结构与 manifest 的 JAR 文件。这时 JAR 工具会将 manifest.txt 中的信息放入 JAR 文件中。JAR 文件实际是一个 PKZIP 的压缩包，可以使用工具展开。

5）执行 %java –jar LibrarySystem.jar，java 工具根据生成 JAR 文件时的 manifest.txt 中的信息找到程序运行的起点，运行程序。

以下以图书借阅系统为例，介绍如何具体完成可执行 JAR 文件的打包工作。假定图书借阅系统的目录结构如图 14-1 所示。

```
LibrarySystem
+build
        +classes
+dist
+lib
+src
+out
build.xml
```

图 14-1　目录结构

其中 src 目录存放源文件；lib 目录存放第三方库文件（包括 junit.jar 等）；dist 目录存放打包后的 JAR 文件；out 存放输出文件，包括测试报告等。

1）编译。在 LibrarySystem 目录下使用 -d 参数进行编译：

```
$ javac -d ./build/classes./src/BusinessLogic/*.java ./src/Data/*.java ./src/
UserInterface/*.java
```

2）这时我们可以在 build/classes 目录中看到按照包排列的编译好的 class 文件。

3）编辑一个名为 manifest.txt 的文本文件，该文件包含下面一行文字（假定 UserInterface.LoginUI 为系统启动时启动的类，其中包含了 main()）：

```
Main-Class: UserInterface.LoginUI
```

在 manifest.txt 中本行语句需要一个换行符。将 manifest.txt 文件放到 classes 目录下。

4）在 classes 目录中使用如下命令：

```
$jar -cvmf manifest.txt ../../dist/LibrarySystem.jar
```

生成 JAR 文件，并将其放到 dist 目录中。

5）在 dist 目录中使用

```
$java -jar LibrarySystem.jar
```

可以执行程序。

生成的 LibrarySystem.jar 文件可以用 jar 工具或其他解压缩工具解开，jar 的命令是：

```
$jar -xf LibrarySystem.jar
```

解压后的文件包括编译后的class文件，以及生成的META-INF目录，如图14-2所示，其中有一个MANIFEST.MF的文件中包含了原有manifest.txt中的信息。

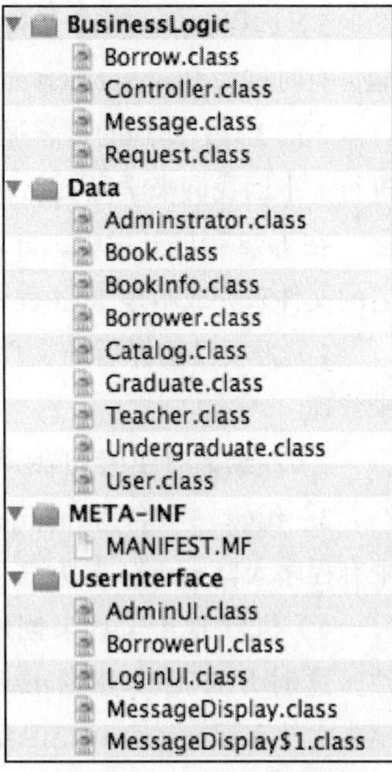

图14-2　JAR文件内容

大家可以看到，使用JDK提供的标准工具来进行JAR文件的制作是很繁复的，而且中间非常容易出错，一般程序员都会借助软件工具来完成以上工作，请参考11.1.3节中使用Ant来进行JAR打包工作，这是一种更加便捷的方式。

打包好的JAR文件可以通过网络或套装软件的方式发布给目标客户使用。软件发布与软件公司的商业模式密切相关，也会影响到软件开发过程。传统的商业软件发布时间间隔往往比较长，通常以年为单位计算。随着开源软件、互联网和移动互联网的发展，近年来，软件产品的发布周期有缩短的趋势。发布的周期缩短有助于软件开发团队及时得到客户的反馈，并修正软件。

14.2　用户培训

在以前的章节中，我们学习了如何开发一个系统，并进行测试。在软件开发完成之后，需要将产品交付给客户。很多开发人员认为只要开发了软件并部署后就完成了任务，其实软件的交付不仅仅只是把系统安装到用户指定的位置。完整的软件交付过程还包括对用户的培训和相应的文档，这将帮助用户正确地理解并能够轻松地使用软件产品，缺少此过程会降低客户的满意度。不同的软件产品需要的培训和文档各不相同；有些系统有多种用户，不同用户之间可能也会有所区分。

对于普通个人使用软件，通常个人用户是最终用户，他们使用软件的主要功能，比如输入数据、使用软件处理数据、获取数据、打印报表等；对于企业级软件，除了最终用户功能外，还有一类管理员用户，他们对系统进行维护和管理，比如用户权限管理、数据库备份、软件安装、系统恢复等。对于他们的培训和相应文档有不同要求。

1. 普通用户培训

对于复杂系统，普通用户很难做到凭经验和直觉使用，这时需要软件开发团队设计专门的课程来培训用户。用户培训主要是针对系统的主要功能以及用户的具体需要进行。例如，对于一个大型图书借阅系统来说，必须培训用户如何搜索图书，了解图书信息以及馆藏地址，了解自己借阅的图书是否过期，是否有其他人要求自己归还某图书等。

2. 管理员培训

管理员培训的重点是学习系统支持功能，包括如何安装系统、备份系统、恢复系统、设定用户权限、设定资源权限等。对于图书借阅系统，管理员需要学习如何在服务器和客户端根据网络配置部署该系统、如何增删改查用户与图书、如何备份系统文件等。

用户关注的是如何使用系统主要功能；而管理员关注的主要是如何支持一个系统。他们的培训应当分开，并且形式也会有所不同。

培训的方式有多种，都必须以用户的需要为目的。现场演示和上课比文档更加生动、灵活，可以更好地与客户交流，满足用户的需要，当然人力资源的成本也会大幅上升。但文档也是必需的，因为即使用户在最初的时候学会了所有操作，也有可能在后期遗忘，因此需要一份详细的文档能够回答用户的问题。同时，由于有可能会有新的用户加入，培训可能要考虑长期性，并不完全仅仅在系统移交的时候进行，后期也有可能进行培训活动。

14.3　文档

文档是培训的一个部分。在设计文档时必须考虑不同的用户需求，设计不同的文档。

对于普通用户，系统提供用户手册。用户手册是针对系统用户编写的参考指南或教程。编写用户手册时应该考虑到不同用户角色的真实背景（例如用户计算机操作水平等），当然手册应当区分系统中不同种类的用户，例如系统维护人员和普通用户；高级用户和访客用户等。用户手册中应当描述系统的功能，并详细描述每项功能的操作方法（按照步骤，通过相应命令、菜单、按钮等进行），但是并不需要描述该功能是如何实现的，那是软件开发人员所关注的内容。文档还应该方便用户查找信息，如果文档的内容很完整、全面，但用户在需要完成一个工作时难以找到所需的信息，这样的文档也是不合格的。通常在用户手册中提倡使用术语表、标签、编号、交叉引用、颜色编码、图和多重索引等便于获取信息的技术。

[IEEE1063-2001] 给出了软件用户文档的标准（IEEE Standard for Software User Documentation），如表 14-1 所示。

表 14-1　软件产品用户文档要素，源自 IEEE1063-2001

章　节	是否必需
标识信息	是
目录	（正文超过 8 页时）是
图表目录	可选
引言	是
文档使用信息	是
操作模式（concept of operation）	是
操作规程	是（指导模式）
软件命令信息	是（参考模式）
错误信息与问题解决	是
术语表	（文档中有陌生名词时）是
相关信息源	可选
导航特征	是
索引	（文档正文超过 40 页时）是
搜索能力	（电子文档中）是

以下给出一个软件用户文档的模板。

软件产品用户文档

1. 封面

文档标题、文档产生的版本和日期、相关的软件产品和版本。

2. 目录

3. 引言

引言是正文的第一部分，描述了文档的预期读者、描述范围和对文档目的、功能和操作环境的概要描述。

4. 文档使用信息

描述关于文档的使用信息，例如解释各种图示的含义、介绍如何使用帮助等。

5. 操作模式

操作模式是使用用户文档的模式，例如对操作流程的图示或者文字性描述，再例如解释操作的理论、原因、算法或者通用概念。

6. 操作规程

指导模式文档应包括下列很多软件功能都会涉及的常见活动规程：

- 需要由用户执行的软件安装与卸载。
- 图形用户界面特性的使用指导。
- 访问、登录或者关闭软件。
- 通过软件的导航访问和退出相关功能。
- 数据操作（输入、保存、读取、打印、更新和删除）。
- 取消、中断和重启操作的方法。

对于完成用户任务的操作规程，指导模式文档应该从基本信息、指导步骤和结束信息三个方面来描述：

1）基本信息应包括：

  - 简要概述操作规程的目的，定义或解释必要的概念。
  - 标明执行任务前需要完成的技术活动。
  - 列举用户完成任务所需要的资源情况，例如数据、文档、密码等。
  - 指出操作规程中的相关警告、提醒或注意事项。

2）指导步骤通常使用祈使语句描述用户的行为，并指出预期的结果。指导步骤要说明用户输入数据的域值范围、最大长度和格式，要说明相应的错误消息和恢复办法，要清楚地说明其他可选择的步骤和重复步骤。

3）结束信息要标明操作规程的最后步骤，让用户知道怎样判断整个操作规程的成功完成，告诉用户如何退出操作规程。

7. 软件命令信息

文档要解释用户输入命令的格式和操作规程，包括必需参数、可选参数、默认值等，要用示例说明命令的使用，说明怎样判断命令是成功完成还是异常中止。

8. 错误信息与问题解决

文档要详细描述软件使用中的已知问题，要让用户清楚如何自行解决问题或者怎样向技术支持人员报告准确的信息。

9. 导航特征

导航特征包括章节、主题、页码、链接、图标等。

对于管理员用户，提供管理员手册。

管理员手册和用户手册可以采用相同的形式，但是管理员和用户需要从文档中获取的信息不同：管理员希望从系统中了解系统部署和管理的细节，而用户希望学习使用系统功能。对于图书借阅系统，管理员手册应该包括：系统部署方法、管理用户和图书、备份和恢复系统等内容。

联机用户帮助。很多软件中都会包含引导用户使用的功能，比如使用“F1”键可以获取和当前操作相关的帮助，或将鼠标移到某个界面组件上时实时显示一个提示（tip）信息。这种帮助也是文档的一种，能够为用户提供更加及时的帮助和引导，但这种帮助往往限于篇幅无法像正式的用户文档一样提供详细的功能描述。

软件维护文档。通常开发团队应当向客户移交所有的开发文档（或按照与客户的约定），包括需求规格说明书、软件体系结构设计文档、测试文档等，这些文档有助于软件的后续维护工作。

当面对大规模的客户时，也可以采用录像的方式通过网络来对客户进行培训。用户通过观看录像的方式可以较为容易地学习软件的基本用法，通常比阅读软件说明书更加直观。当前，苹果公司和很多新型的互联网软件公司都大量采用了录像作为培训的手段，部分替代了用户文档的作用。

14.4　项目评审与回顾

项目评审是指项目结束后邀请项目有关人员对软件开发团队的项目进行评估审核的过程，一般以会议的形式进行。评审会议建议邀请尽可能多的项目有关人员参加，尤其是与项目验收有关的重要人员必须出席。在评审会议上，由项目开发人员演示软件功能，其他人员就自己关心的问题进行提问，双方进行详细讨论。

在演示软件功能时，演示者应当事先详细设计演示方案，确保完整地演示了对项目干系人具有重要商业价值的功能。演示时可以使用幻灯片、录像等辅助工具，但实际软件使用的展示一般都是必需的。项目成员需要注意，不要过多地说明项目技术实现细节，而应该将重点放在与用户使用有关的软件功能上。

项目回顾是项目总结经验教训、改进工作的最佳时机，几乎所有的软件工程方法都很重视团队的项目回顾。项目回顾的目的是从过去学习，指导将来。对于个人开发者，很多人还没有在每个项目结束后进行回顾的习惯，这会导致不断地重犯同样的错误。对于个人开发者，建议大家准备一张白纸，将白纸分成以下 3 列：

- 好的实践。如果我可以重做同一个项目，哪些做法可以保留（这可以包括具体技术、软件开发过程实践等多方面内容）？
- 可以做得更好。如果我可以重做同一个项目，哪些做法需要改变？

- 改进。有关将来如何改进的具体想法。

第一列和第二列是回顾过去，第三列是展望未来。一次总结不要提出过多的改进，只要关注几个改进就可以了，但应当保证下次项目尽可能不要再犯相同的错误。

例如一个程序员可能在总结中发现自己写程序时往往没有遵循面向对象设计的单一职责的原则，导致程序的耦合度很大，在面对变更时维护成本很高。这样，他应当加强面向对象设计知识和技能的学习，并在将来的程序开发中特别关注类职责的分配问题。

再例如一个程序员可能在总结中发现自己的估算有问题，乐观地估计了项目的进度。那么在下一个项目中他可以使用本项目中 PSP 方法记录的历史数据来改进他的估算，从而改进估算准确度，制定出准确的计划。

14.5　项目实践

1. 为学生成绩管理系统制作 JAR 文件，尝试使用 JDK 和 Ant 两种方法，并比较其方便程度。
2. 依据本章给出的模板，为学生成绩管理系统编写用户使用文档。
3. 尝试找一个屏幕录制软件，为学生成绩管理系统制作一个使用说明录像。
4. 使用 PSP 时间记录模板，记录本部分项目实践时间。如果有可能，建议使用电子表格（Excel）记录，方便将来统计。
5. 为学生成绩管理系统设计一个演示的流程供评审会议使用。
6. 对自己本学期的编程实践进行总结。
7. 将本学期所有 PSP 时间记录综合在一起，针对学生成绩管理系统统计以下数据：总投入时间、计划时间、设计时间、编码时间、测试时间。根据数据进行分析，自己的工作效率、工作时间分阶段统计，反思自己的工作习惯，确定下一步改进的方向。

14.6　习题

1. 结合自己的体会，说明为什么需要为软件制作安装或发布程序。
2. 常见的软件发布方式有哪几种？

附录 A　软件工程道德和职业实践规范（5.2 版）的八项规则

1. 公众

软件工程师应发挥其专业角色，行为上符合公众的安全、健康和财产利益，尤其应该：

1.01 承担自己所从事的专业应具备的全部职责。

1.02 不要让个人利益、雇主利益、某一客户的利益或使用者的利益凌驾于公众利益之上。

1.03 除非有坚实的证据表明一个软件是安全的、达标的，并且经过适当的测试证明不会降低生活质量或损害环境，才允许其上市。这项工作的最终效果应该是获得公众利益。

1.04 向特定人士或权威机构揭露任何对使用者、公众、第三方或环境可能造成的现实的或潜在的危险，有理由相信，他们应该与软件或相关文件有关联。

1.05 在软件，软件的安装、维护、支持及其相关文件引起的公众焦点事件上，通力协作进行处理。

1.06 所有的表述都要公正、可信，尤其是那些与软件或相关文件、方法和工具有关的公共表述。

1.07 尽可能开发体现差异性的软件。语言问题、能力差异、身体因素、精神因素、经济差异以及资源分配等都应该考虑到。

1.08 从好的原因方面鼓励志愿者学好专业技能，致力于有关伦理规范的公共教育事业。

2. 客户和雇主

在保护公众的健康、安全和财产利益的基础上，软件工程师应该表现出专业的行为，从而为他们的客户或雇主所依赖。尤其应该：

2.01 只在他们能力所及的领域提供服务。对于他们在经验和受教育程度上的限制，应该表现出诚实和直率。

2.02 禁止在知情的情况下使用非法获取或禁止的软件。

2.03 在正当授权的情况下使用其客户或雇主的财产，并得到他们的了解与同意。

2.04 确保他们所凭借的一切文件都得到授权批准。在有需要时，被授权的人应该给予批准。

2.05 对于任何通过他们的专业工作获得的机密资料予以保密，而这种保密行为与公众利益、法律允许的做法是一致的。

2.06 在他们参与的软件或相关文件中出现，或他们意识到任何问题或社会关注点，都要识别、记录并向雇主或客户汇报。

2.07 如果你认为一个项目可能会失败、支出过于庞大或是触犯知识产权（尤其是版权、专利和商标），要查明、记录、收集证据并如实告诉你的客户或雇主，以免出现问题。

2.08 在为主要雇主服务时，不要接受任何妨碍工作的私活。

2.09 没有雇主的具体认可，不要表现与其相反的利益，除非是为了达到一个更高的伦理要求；在这种情况下，应该向雇主或别的相关权威说明工程师的伦理问题。

3. 产品

软件工程师应尽可能确保他们开发的软件是有用的，且其质量能为公众、生产者、客户及使用者所接受；他们能及时完成，且费用合理；此外还要没有缺陷。软件工程师尤其要做到：

3.01 争取高质量，可接受的成本和合理的时间分配，确保那些重要的权衡是明确的并可由雇主和客户接受，对于用户和公众来说是可用的。

3.02 为他们从事或打算从事的项目确定正确、可行的目标。

3.03 对所从事的项目进行伦理、经济、社会、法律和环境方面的识别、定义和阐明。

3.04 确保教育和经验的双重完善，从而使其能够胜任所有正在或打算从事的项目。

3.05 为他们从事或打算从事的项目确定一个合适的策略。

3.06 以专业的标准来要求自己的工作，当伦理上和技术上都是合理的时候，对手头上的项目是最合适的。

3.07 尽可能完全理解他们开发的软件的认证。

3.08 确保他们开发的软件经过系统完善的认证，能够满足使用者的需求，并得到客户的认同。

3.09 确保对他们从事或打算从事的项目进行支出、进度、人员、结果方面的实际预测，并就这些预测提供一个风险评估。

3.10 确保对他们开发的软件和相关文件进行充分检验、调试和审查。

3.11 确保为他们从事的项目提供充足的参考文件，包括其中发现的问题和采取的措施。

3.12 在从事软件和相关文件工作时，要尊重软件受试者的隐私。

3.13 注意只使用来自合法渠道的精确数据，且只使用正当授权的手段。

3.14 保持数据的完整性，对数据的超时和溢出保持敏感。

3.15 以同样专业的方式来对待所有形式的软件维护。

4. 判断

软件工程师应尽可能既保持自身专业判断的独立性，同时还要保护他们做出这些判断的声誉。尤其应该做到：

4.01 在支持和维护人类价值的高度下，调整一切技术判定。

4.02 只有在自己监管之下进行并属于自己的专业领域的情况下，才在相关文件上签字。

4.03 在需要评估任何软件或相关文件时，保持专业客观性。

4.04 不得从事诸如贿赂、双重收费或其他不正当的欺骗性财务行为。

4.05 将那些难以避免的利益冲突告知所有涉事方，并寄望解决。

4.06 拒绝因涉及其雇主或客户的商业利益，而作为一个成员或顾问，参与政府或专业组织在软件或相关文件方面的任何决策。

5. 管理

处于管理或领导地位的软件工程师应该表现公正，并应该赋予和鼓励被领导者实现其自身及相关职责，包括受道德法则的约束。扮演领导角色的软件工程师尤其应该：

5.01 确保任何项目上都有良好的管理，包括提高质量和降低风险的有效程序。

5.02 在招募员工之前，确保将标准告知他们。

5.03 确保员工知晓雇主为保护口令、文件和其他机密信息而制定的政策和方法。

5.04 在考虑过员工的教育、经验以及继续提高的意愿之后，才进行工作分配。

5.05 确保对他们从事或打算从事的项目进行支出、进度、人员、结果方面的实际预测，并就这些预测提供一个风险评估。

5.06 通过对雇佣条件详细、精确的描述来吸引员工。

5.07 提供公平、公正的报酬。

5.08 不要不正当地阻止下属升迁至一个足能胜任的职位。

5.09 制定一个公正的协议，解决每个员工所参与的任何程序、研究、写作等知识产权问题。

5.10 建立适当的程序，听取关于违反雇主的政策或伦理规范的指控。

5.11 不要要求员工做出任何与道德法则冲突的事情。

5.12 不惩罚任何对项目表达道德上的顾虑的员工。

6. 专业

在一切专业事务中，软件工程师应该在符合公众的健康、安全和财产利益的同时，提高他们专业的诚信与荣誉。尤其应该尽可能做到：

6.01 帮助发展一个有利于道德发展的组织环境。

6.02 提高公众对软件工程学的认知。

6.03 扩充自己在软件工程方面的知识，适当参加一些专业的组织、会议和出版物的发布会。

6.04 支持那些同样遵守伦理规范的人。

6.05 勿以专业为代价谋求自身利益。

6.06 遵守所有的法律来规范自己的工作，除非有特殊情况，例如顺从这种法律不符合大众利益。

6.07 表述他们所参与的软件的特征时，用语要精确，避免错误断言，或在声明中包含虚假、误导或可疑信息。

6.08 就他们所参与的软件和相关文件，承担探查、改正和报告的责任。

6.09 确保客户、雇主和监督者了解软件工程师所遵守的伦理规范，以及应承担的责任。

6.10 只和有信誉的商业或机构合作，避免与那些与伦理规范有冲突的企业和组织进行交流。

6.11 认识到那些违反伦理规范的行为是不符合一个专业的软件工程师的。

6.12 当探测到违反伦理规范的行为发生时，你应该给那些牵涉到其中的人表达你的顾虑，除非你的表达是不可能做到的、反效果的或危险的。

6.13 当向那些涉及一些重大违反伦理规范的人员进行咨询是不可能的、反效果的或危险的时候，应当向合适的权威机构报道这些重大的违反行为。

7. 同行

软件工程师应该以公正的态度对待同行，并采取积极措施支持其专业行为。尤其应该做到：

7.01 鼓励同行去遵守伦理规范。

7.02 在专业发展上帮助同行。

7.03 充分信任他人的工作，但又不要过分地信任。

7.04 以客观、公正、正确的文件证明方式审查他人的工作。

7.05 公正听取同行的意见、关注点和批评。

7.06 帮助同行充分领会目前的标准工作实践，包括保护一般的口令、文件、安全测试及其他机密信息的政策和方法。

7.07 切勿阻碍他人的专业进展。

7.08 在自身专业领域之外，积极听取其他领域专业人士的意见。

8. 自身

软件工程师终其职业生涯，都应该极力提高自身能力，尽可能完善专业实践。尤其应该持续努力做到：

8.01 增进软件及其相关文件的研究、设计、发展、测试方面的知识，同时还要提高发展过程中的管理能力。

8.02 提高能力，尽力在费用合理、时间合理的前提下，开发安全、可靠、有用的高质量软件。

8.03 提高创建精确的、信息性与阅读性兼具的文件的能力，用以支持自己所参与的软件。

8.04 提高他们对其所从事的软件、相关文件及其使用环境的理解。

8.05 增进对自身从事的软件及其相关文件所涉及的法律法规的了解。

8.06 增进相关道德法则、解释及应用方面的知识。

8.07 不要因为一些无关的偏见来给他人不平等的对待。

8.08 切勿要求或影响他人做出违反伦理规范的举动。

8.09 认识到作为一个专业的软件工程师不应违反伦理规范。

附录 B　Java 程序设计补充阅读

B.1　枚举类型和枚举类

在程序设计中，有时候需要将变量的取值限定在几个整型数值中。例如，某个窗口中只允许使用黑、白、灰三种颜色。如果直接使用 1、2、3 来表示，则无法明确地表示变量的含义，使用时容易产生混淆；即便是将其声明为 BLACK、WHITE、GRAY 的命名常量，也难以保证将颜色局限在上述三种颜色范围内。

Java SE5 提供了一种更好的解决方案，即使用枚举类型。枚举类型可以表示一组取值范围确定的整型命名常量。例如，可以将颜色声明为：

```
enum Color {
    BLACK,
    WHITE,
    GRAY
}
```

当需要使用某个颜色时，可以声明颜色类型的变量：

```
Color color = Color.BLACK;
```

当使用定义范围以外的颜色对颜色类型的变量赋值时，将会出现错误：

```
Color color = Color.RED;                          /* 错误 */
```

在 Java 中，枚举类型实际上是一个类，允许取的值是该类的实例。所有枚举类型都是 Enum 类的子类，可以使用 Enum 类的成员方法。例如，toString 方法可以返回枚举对象的常量名，即表示枚举变量的标识符：

```
Color color = Color.BLACK;
System.out.println(color.toString());             /* 输出结果为 "BLACK" */
```

ordinal 方法可以用于获取声明中枚举对象所处的位置。与数组类似，位置从 0 开始编号。

```
Color color = Color.BLACK;
System.out.println(color.ordinal());              /* 输出结果为 0*/
```

由于枚举类型实质上是一个类，Java 中允许在枚举中声明成员变量和成员方法。下面是在图书借阅系统中采用枚举类声明用于在不同类之间传递信息的消息类：

```
public enum Message {
    ADD_BORROWER_SUCCESS,                         /* 新增借阅者成功 */
    ADD_BOOKINFO_SUCCESS,                         /* 新增图书信息成功 */
    ADD_BOOK_SUCCESS,                             /* 新增图书成功 */
    MODIFY_BORROWER_SUCCESS,                      /* 修改借阅者成功 */
```

```
        MODIFY_BOOKINFO_SUCCESS,                    /* 修改图书信息成功 */
        REMOVE_BORROWER_SUCCESS,                    /* 删除借阅者成功 */
        REMOVE_BOOKINFO_SUCCESS,                    /* 删除图书信息成功 */
    …

        /* 用于表示针对每个消息输出的字符串 */
        private String[] MessageInfo = {
            "新增借阅者成功。",                      /* ADD_BORROWER_SUCCESS*/
            "新增图书信息成功。",                    /* ADD_BOOKINFO_SUCCESS*/
            "新增图书成功。",                        /* ADD_BOOK_SUCCESS*/
            "修改借阅者成功。",                      /* MODIFY_BORROWER_SUCCESS*/
            "修改图书信息成功。",                    /* MODIFY_BOOKINFO_SUCCESS*/
            "删除借阅者成功。",                      /* REMOVE_BORROWER_SUCCESS*/
            "删除图书信息成功。",                    /* REMOVE_BOOKINFO_SUCCESS*/
            …
        };

        /* 将消息转换为输出的字符串 */
        public String toString() {
            return MessageInfo[this.ordinal()];
        }
    }
```

从上面的示例可以看出，枚举类声明时不需要采用关键字 class，而是采用了 enum。为了输出中文的提示信息，上面的示例中重写了枚举类的 toString 方法，并声明了一个字符串数组来存储与各个枚举对象对应的中文消息。

B.2 位运算和条件运算

1. 位运算

位运算是将操作数转换为二进制数据流后对每位进行操作。Java 中采用补码方式进行编码。在补码编码方式中，负数的二进制编码通过将其对应的正数的二进制编码取反后（即将 1 变成 0，0 变成 1）加 1 得到结果。例如，-42 的二进制编码就是将 42 的二进制编码（00101010）各位取反后（11010101）后加 1 得到结果（11010110）。

Java 中的位运算包括位逻辑运算、位逻辑赋值运算、移位运算和移位赋值运算。位运算符的操作数只能为整数类型或字符类型（因为字符型可以自动转换为整型），不能为浮点类型和布尔类型。表 B-1 展示了 Java 中的位运算符。

表 B-1 Java 中的位运算符

运 算 符	位 运 算
~	按位非
&	按位与
|	按位或
^	按位异或
&=	按位与赋值
|=	按位或赋值
^=	按位异或赋值
<<	左移，右边以 0 填充
>>	右移，左边以符号位（正数为 0，负数为 1）填充
<<=	左移赋值，右边以 0 填充
>>=	右移赋值，左边以符号位填充

1）位逻辑运算和位逻辑赋值运算

Java 中的位逻辑运算符包括按位非、按位与、按位或、按位异或四种。位逻辑运算对操作数的二进制编码的每位单独操作，其中按位非是对操作数的二进制编码的每位单独操作，按位与、按位或、按位异或是对两个操作数的二进制编码的每组对应位进行单独操作。

按位非操作是将操作数二进制编码的每位取反，即将 1 变成 0、将 0 变成 1。按位与、按位或和按位异或操作是将两个操作数的二进制编码的每组对应位按照表 B-2 所示的规则进行运算。

表 B-2 位逻辑运算表

A	B	~A	A & B	A | B	A ^ B
0	0	1	0	0	0
1	0	0	0	1	1
0	1	1	0	1	1
1	1	0	1	1	0

Java 中的位逻辑赋值运算符包括按位与赋值、按位或赋值、按位异或赋值三种。位逻辑赋值运算对表达式的右值进行位逻辑操作后，将其赋给表达式的左值。例如，42 的二进制编码是 00101010，-15 的二进制编码是 11110001：

```
x = 42; x = ~x;                /* x 的值为 43，二进制编码为 11010101*/
x = 42; x &= -15;              /* x 的值为 32，二进制编码为 0010000*/
x = 42; x |= -15;              /* x 的值为 -5，二进制编码为 11111011*/
x = 42; x ^= -15;              /* x 的值为 -37，二进制编码为 11011011*/
```

2）移位运算和移位赋值运算

Java 中的移位运算符包括左移和右移两种。左移运算符能将运算符左边的操作数的二进制表示向左移动运算符右边指定的位数，并在低位补 0。右移运算符能将运算符左边的操作数的二进制表示向右移动运算符右边指定的位数，并在高位补符号位。移位运算只能用来处理 int 类型。当处理 char、byte 或 short 类型的数值时，会先自动将这些数值转换为 int 类型再进行处理。

Java 中的移位赋值运算符包括左移赋值和右移赋值两种。移位赋值运算对表达式的右值进行移位运算后，将其赋给表达式的左值。例如：

```
x = 42; x <<= 1;               /* x 的值为 84，二进制编码为 01010100*/
x = 42; x >>= 2;               /* x 的值为 10，二进制编码为 00001010*/
```

2. 条件运算

条件运算符（?:）具有三个操作数，其中第 1 个操作数必须为布尔型，而第 2 个和第 3 个操作数的类型不做限制。条件运算符的使用形式为：

```
操作数 1 ? 操作数 2 : 操作数 3
```

条件运算符的含义是当操作数 1 的值为 true 时，计算结果为操作数 2；当操作数 1 的值为 false 时，计算结果为操作数 3。下面是一个条件运算符的使用示例，当 i 为 5 或 50 时，计算结果均为 500：

```
i < 10 ? i * 100 : i * 10
```

条件运算符的表达式可以用 if-else 语句来改写。使用条件运算符会使程序更加紧凑和高效，但过多地使用条件运算符会降低程序的可读性，需要谨慎使用。

B.3 递归

递归（recursion）在程序设计中是指在函数中直接或间接地使用函数本身。本质上，递归是将一个规模较大的复杂问题转化为由一系列与其相似但规模较小的问题逐层求解。在问题分解过程中，递归程序需要保证问题逐步简化，直至满足某个或某几个可以直接求解的初始条件。递归比采用迭代更加清晰和简单，可以通过少量的代码来描述求解过程中层层涉及的重复计算，大大地减少了代码量。

下面是递归求解阶乘的示例：

```
int Factorial(int n) {
    if (n == 1) {                    /* n=1 时为初始条件 */
        return 1;
    }
    return Factorial(n-1) * n;      /* 将求 n 的阶乘转化为求 n-1 的阶乘和 n 的乘积 */
}
```

在调用 Factorial 方法时，如果参数 n 的值为 1，则返回结果为 1；如果参数 n 的值不为 1，则以参数 n-1 第二次调用 Factorial 方法，逐层转化，直至参数为 1，然后将结果依次与 2、3、…、n 相乘，逐层返回到参数为 n 的方法调用。在这个过程中，每次调用 Factorial 方法都会在栈中为新的变量分配内存，当递归返回时，旧的变量就从栈中逐步清除。

递归一般用于解决迭代较难解决的问题，例如汉诺塔（Hanoi）问题等。汉诺塔问题的描述是：古代有一座塔，塔内有 A、B、C 三根柱子，A 柱子上有 64 个大小不等的圆盘，小圆盘在上，大圆盘在下。要求这 64 个圆盘从 A 柱移到 B 柱，每次只允许移动一个圆盘，并且在移动过程中，任何一根柱子上都必须保持大圆盘始终位于小圆盘下方。在移动过程中可以利用 C 柱，要求打印移动的步骤。

下面是用递归求解汉诺塔问题的示例：

```
import java.io.*;

public class Hanoi {
   public static void main(String args[]) throws IOException {
       Hanoi hanoi = new Hanoi();
       hanoi.start();
   }

   public void start() throws IOException {
       BufferedReader buf = new BufferedReader(new InputStreamReader(System.in));
       System.out.print("请输入圆盘个数：");
       int n = Integer.parseInt(buf.readLine());
       Hanoi hanoi = new Hanoi();
       hanoi.move(n, 'A', 'B', 'C');
   }

    public void move(int n, char a, char b, char c) {
       if (n == 1) {
           System.out.println("盘" + n + "由" + a + "柱移至" + c + "柱");
       }
       else {
           move(n - 1, a, c, b);
           System.out.println("盘" + n + "由" + a + "柱移至" + c + "柱");
           move(n - 1, b, a, c);
       }
   }
}
```

由于递归中增加了额外的方法调用，通常递归版本的程序会比迭代版本要慢一点。此外，递归中如果存在太多次调用，容易引起栈溢出。

附录 C　图书借阅系统设计与实现说明

C.1　迭代一设计与实现说明

迭代一的目标是完成管理图书功能的设计与实现，主要包括查询、添加、修改和删除图书信息以及添加、删除图书的功能。

管理图书功能涉及 Catalog 类、BookInfo 类和 Book 类。Catalog 类的成员变量包括 BookInfo 对象的列表；成员方法包括对 BookInfo 对象列表的操作，即新增、修改、查找和列举 BookInfo 对象。BookInfo 类的成员变量包括图书的基本信息及对应图书的列表；成员方法包括图书基本信息的获取和编辑，图书的添加、删除和查找。Book 类的成员变量包括图书的编号、对应的图书信息和状态；成员方法包括图书状态的获取和编辑。由此可见，Catalog 类中可以包含 0 到多个 BookInfo 对象，且 BookInfo 对象的生命期不依赖于 Catalog 对象，属于聚合关系；图 C-1 表示了 Catalog 类、BookInfo 类和 Book 类的关系。

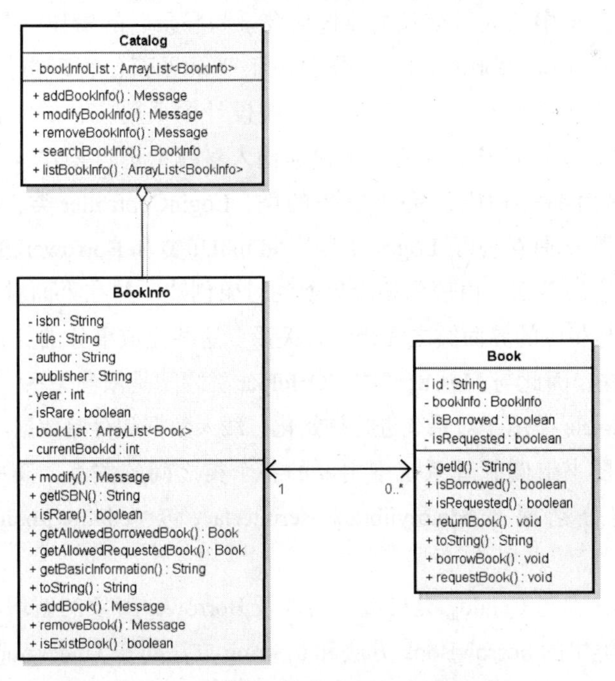

图 C-1　图书借阅系统迭代一的类图

在实现上，由于 BookInfo 对象的数量不确定，Catalog 类中的 BookInfo 对象列表推荐使用 ArrayList。Catalog 类的成员方法中新增 BookInfo 对象时应该根据输入的信息，通过 BookInfo 类的构造器创建新的 BookInfo 对象，并调用 ArrayList 的 add 方法将其加入列表中；查找 BookInfo 对象需要通过字符串匹配来找到符合条件的 BookInfo 对象；修改 BookInfo 对象需要在查找 BookInfo 对象的基础上，通过 BookInfo 类中所声明的相应方法实现；删除 BookInfo 对象需要在查找 BookInfo 对象的基础上，调用 ArrayList 的 remove 方法；列举 BookInfo 对象需要对列表中的 BookInfo 对象遍历，推荐使用迭代器。

C.2 迭代二设计与实现说明

迭代二的目标是完成单机版字符界面的图书借阅管理系统的设计和实现。

图书借阅管理系统中的模型主要包括用户数据和图书数据。图书数据主要包括 Catalog 类、BookInfo 类和 Book 类，在迭代一中已经基本完成。用户数据与图书数据类似，分别由 Administrator 类和 Borrower 类来表示管理员和借阅者，并将唯一的 Administrator 对象和 Borrower 对象列表作为 User 类的成员变量。因此，User 类和 Administrator 类、Borrower 类之间属于聚合关系。在现实世界中，借阅者分为 3 种类型：本科生、研究生、教师，分别对应 Undergraduate 类、Graduate 类和 Teacher 类。这三个类继承了 Borrower 类，与 Borrower 类之间属于泛化关系。除了用户数据和图书数据外，系统中还应当包含用户对图书的操作信息，例如借阅、请求（仅限教师），分别对应 Borrow 类和 Request 类。Borrow 类中应当包含 1 个 Borrower 对象和 1 个 Book 对象作为成员变量，Request 类中应当包含 1 个 Teacher 对象和 1 个 Book 对象作为成员变量，且相互之间的生存期不存在依赖关系，因此 Borrow 类和 Borrower 类、Book 类之间属于聚合关系，Request 类和 Teacher 类、Book 类之间属于聚合关系。此外，Message 类用于表示各种操作结果。

图书接管管理系统中的人机交互主要包括登录和登录后的操作，因此需要相应的界面。LoginUI 类、AdminUI 类和 BorrowerUI 类分别表示登录界面、管理员操作界面和借阅者操作界面。为了减小人机界面与模型的耦合，系统设计中采用了分层的思想，将人机界面和模型分开，并通过对应的完成事务的类来根据输入对模型进行操作，并将操作结果返回到人机界面。每个界面都有相应的完成事务的类，LoginController 类、AdminController 类和 BorrowerController 类分别对应了 LoginUI 类、AdminUI 类和 BorrowerUI 类。这些完成事务的类应当从属于相应的界面，由表示相应界面的对象创建，并在界面对象失效后失效，因此这些完成事务的类与相应的界面类之间是组合关系。这些完成事务的类会使用到 Message 类、IOHelper 类中的方法，因此与 Message 类、IOHelper 类之间是依赖关系。除了为界面服务的完成事务的类外，Console 类用于对系统进行初始化、载入数据和存储数据。

图 C-2 表示了图书借阅管理系统中主要的各个类之间的关系，其中人机界面层、事务层和数据层的类分别属于 edu.mylibrary.userinterface 包、edu.mylibrary.transaction 包、edu.mylibrary.model 包。

在实现上，User 类与 Catalog 类相似，会涉及 Borrower 对象的新增、修改、删除、查找和列举。Borrower 类中的 borrowBook 方法和 toString 方法对于 Undergraduate 类、Graduate 类和 Teacher 类有不同的实现，推荐在 Borrower 类中声明为抽象方法，并在 Undergraduate 类、

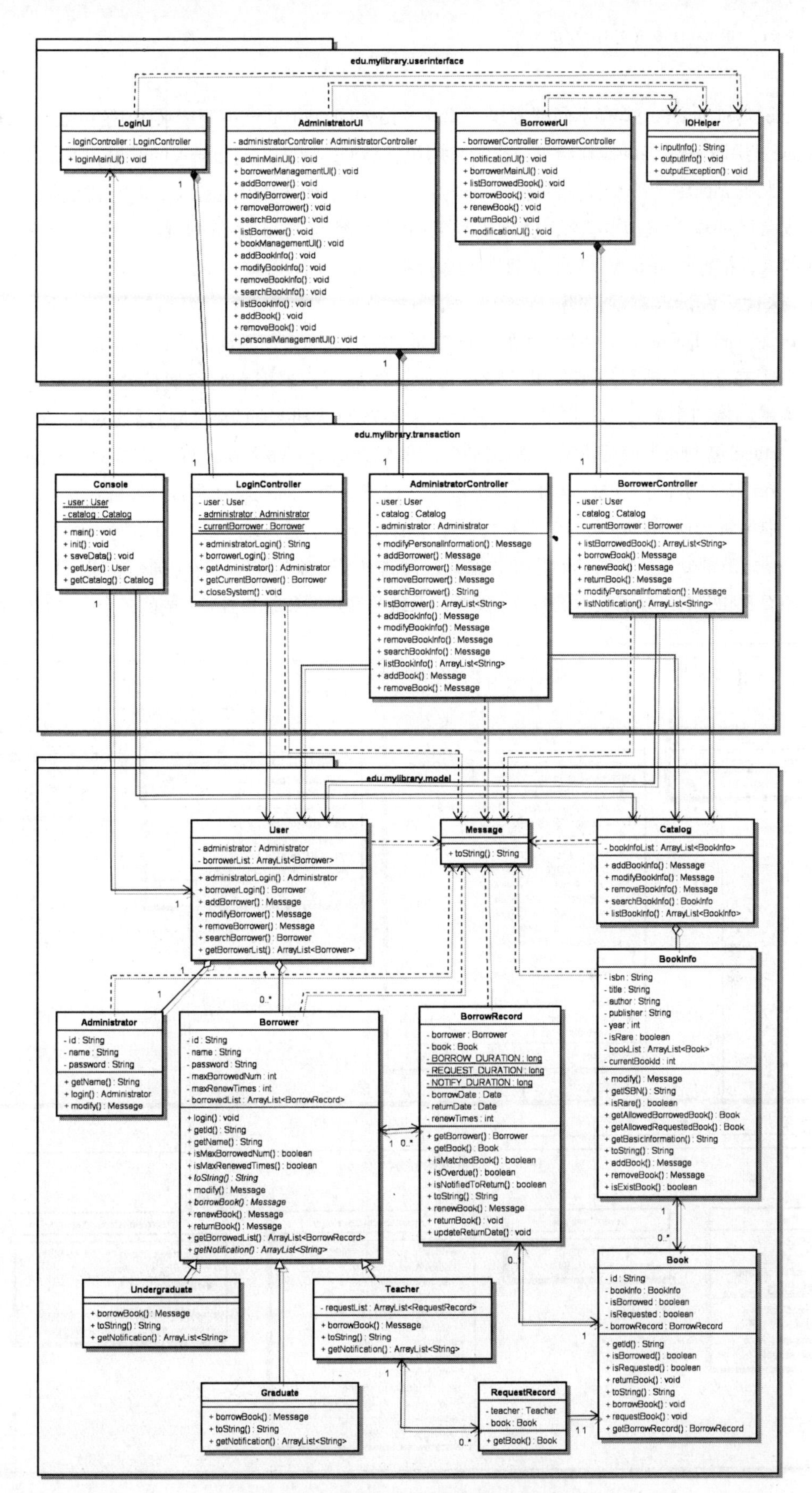

图 C-2　图书借阅系统迭代二的类图

Graduate 类和 Teacher 类有不同的实现。此外，Teacher 类中应该声明请求图书的 Request 方法。Message 类用于表示各种操作结果，推荐采用枚举类型，以防止返回错误的结果和提高代码的易读性。人机界面中会涉及较多的输入 / 输出操作，推荐声明 IOHelper 类，将标准的输入 / 输出封装成自己的输入 / 输出方法，使得代码更加简单易读。Console 类中需要对系统数据进行存储和载入，推荐采用实现上较为便捷的对象序列化方式。

C.3　迭代三设计与实现说明

迭代三的目标是完成网络版图形用户界面的图书借阅管理系统的设计和实现。

由于在迭代二中采用了分层的设计思想，图形用户界面和网络通信功能的扩充对整个系统体系结构的影响较小。图形用户界面只会影响到人机界面层，即只需要对 edu.mylibrary.userinterface 包中的类进行重写；网络通信功能只会影响到事务层，即只需要对 edu.mylibrary.transaction 包中的部分类进行重写；模型层可以保持不变。对程序修改后，人机界面相关的类和事务层中负责传递用户输入的信息和处理结果的部分属于客户端程序，模型层、事务层中负责对模型操作的部分及系统的初始化和数据载入存储属于服务器程序，网络通信在事务层中实现。

图 C-3 和图 C-4 分别表示了图书借阅管理系统中客户端和服务器端主要的各个类之间的关系。

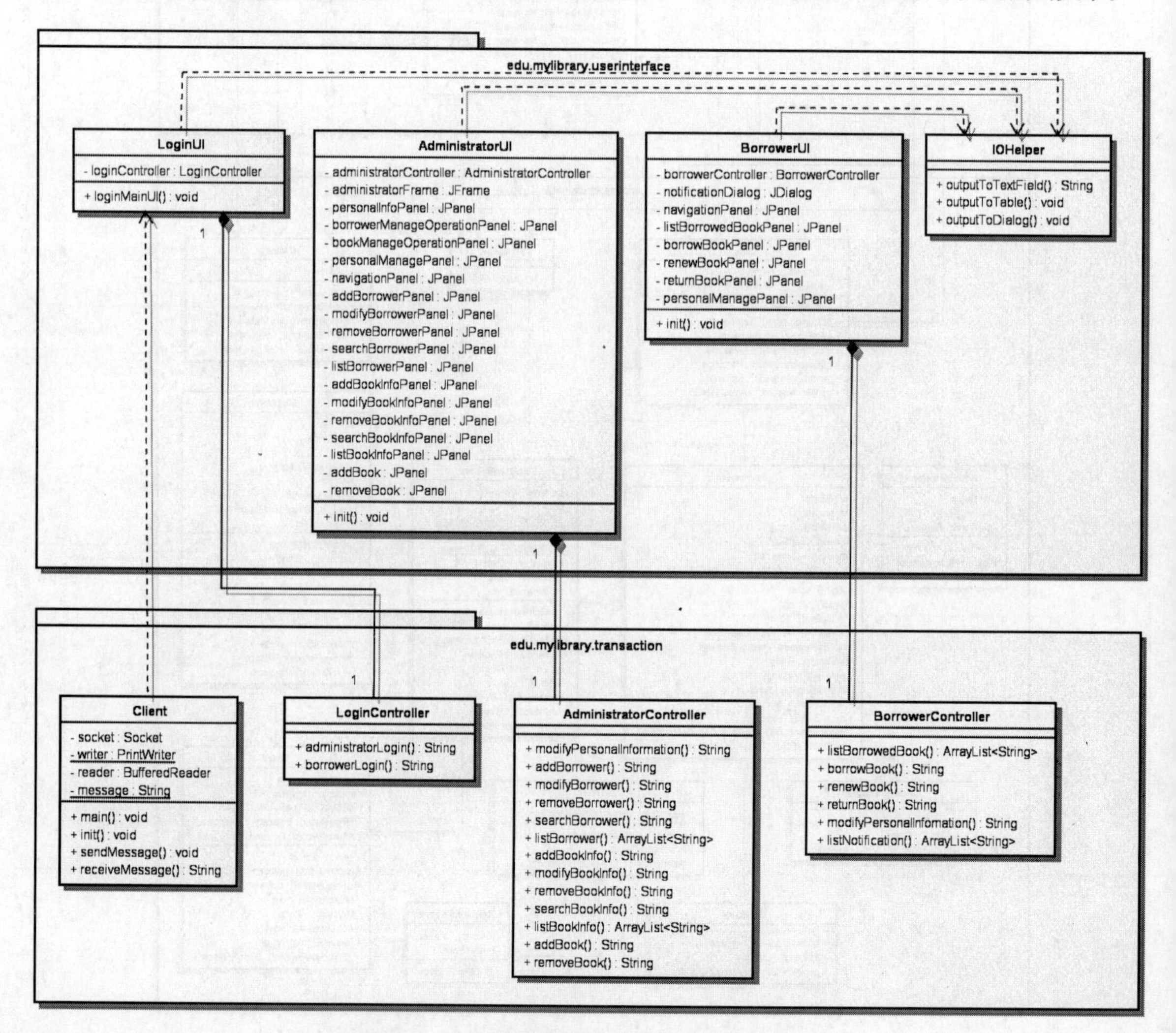

图 C-3　图书借阅系统迭代三客户端的类图

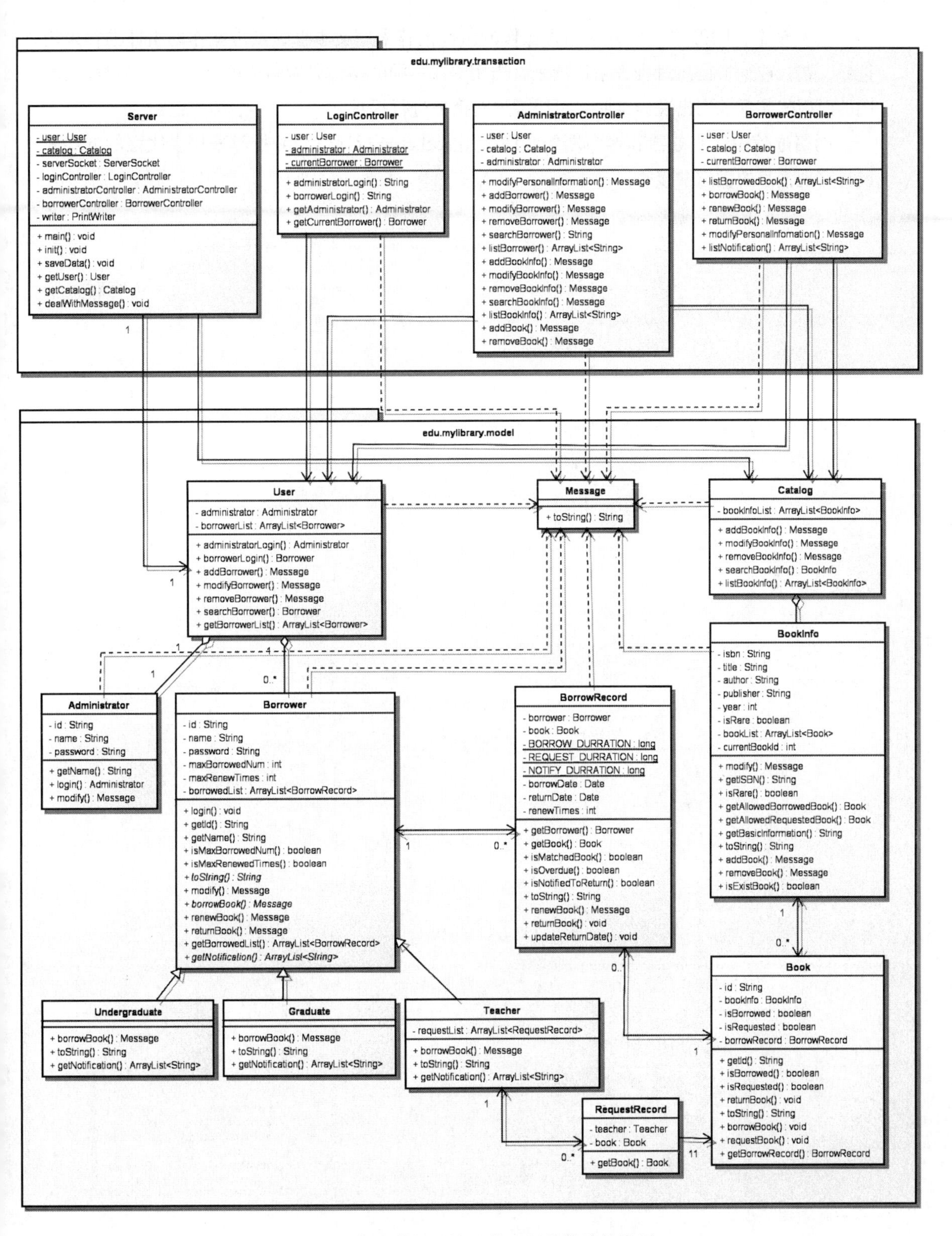

图 C-4　图书借阅系统迭代三服务器端的类图

在实现上，图形用户界面中输入操作的组件推荐采用文本框，点击操作的组件推荐采用按钮，查找或列举信息时推荐采用列表。当用户在不同的操作界面间切换时，可以通过载入不同的面板来实现。当出现异常时，可以弹出对话框进行提示。

网络通信中，服务器和客户端的程序采用 socket 进行通信，并推荐采用多线程的方式来同时实现消息的发送和接收。

参考文献

[1] James Gosling, Bill Joy, Guy Steele, Gilad Bracha, Alex Buckley. The Java Language Specification：Java SE[M].7th ed. Oracle, 2012.

[2] Ken Arnold, James Gosling, David Holmes. Java Programming Language[M].4th ed. Prentice Hall, 2005.

[3] Roger SPressman. 软件工程 ：实践者的研究方法 [M]. 郑人杰，马素霞，等译 .7 版 . 北京 ：机械工业出版社，2011.

[4] Ian Sommerville. 软件工程 [M]. 程成，等译 . 北京：机械工业出版社，2011.

[5] Watts S Humphrey. 个体软件过程 [M]. 吴超英，车向东，等译 .2 版 . 北京：人民邮电出版社，2010.

[6] Jez Humble，David Farley. 持续交付：发布可靠软件的系统方法 [M]. 乔梁，译 . 北京：人民邮电出版社，2011.

[7] Martin Fowler.UML 精粹 ：标准对象建模语言简明指南 [M]. 潘加宇，译 .3 版 . 北京 ：电子工业出版社，2012.

[8] Robert W Sebesta. 程序设计语言原理 [M]. 张勤，王方矩，译 .7 版 . 北京：机械工业出版社，2007.

[9] Robert W Sebesta. 程序设计语言概念 [M]. 徐明星，邬晓钧，等译 .9 版 . 北京 ：清华大学出版社，2011.

[10] Steve McConnell. 代码大全 [M]. 金戈，汤凌，陈硕，张菲，译 .2 版 . 北京 ：电子工业出版社，2006.

[11] K Beck. 实现模式 [M]. 李剑，熊节，郭晓刚，译 . 北京：人民邮电出版社，2009.

[12] Martin Fowler. 重构：改善既有代码的设计 [M]. 熊节，译 . 北京：人民邮电出版社，2010.

[13] C S Horstmann，G Cornell. Java 核心技术（卷Ⅰ）：基础知识 [M]. 叶乃文，邝劲筠，杜永萍，译 .8 版 . 北京：机械工业出版社，2008.

[14] K Sierra，B Bates.Head First Java(中文版)[M].O' Reilly Taiwan 公司，译 . 张然，等改编 . 北京：中国电力出版社，2007.

[15] B Eckel.Java 编程思想 [M]. 陈昊鹏，译 .4 版 . 北京：机械工业出版社，2007.

推荐阅读

推荐阅读

计算机科学丛书
原书第7版
软件工程
实践者的研究方法
(美) Roger S. Pressman 著
Software Engineering
A Practitioner's Approach

计算机科学丛书
设计模式
可复用面向对象软件的基础
Design Patterns

UML和模式应用
(原书第3版)
Applying UML and Patterns
An Introduction to Object-Oriented Analysis and Design and Iterative Development
THIRD EDITION
(美) Craig Larman 著

教师服务登记表

尊敬的老师：

您好！感谢您购买我们出版的______________________________________教材。

机械工业出版社华章公司为了进一步加强与高校教师的联系与沟通，更好地为高校教师服务，特制此表，请您填妥后发回给我们，我们将定期向您寄送华章公司最新的图书出版信息！感谢合作！

个人资料（请用正楷完整填写）

<table>
<tr><td>教师姓名</td><td></td><td>□先生
□女士</td><td>出生年月</td><td></td><td>职务</td><td></td><td colspan="2">职称：□教授 □副教授
□讲师 □助教 □其他</td></tr>
<tr><td>学校</td><td colspan="2"></td><td>学院</td><td colspan="3"></td><td>系别</td><td></td></tr>
<tr><td rowspan="2">联系电话</td><td colspan="3" rowspan="2">办公：
宅电：
移动：</td><td>联系地址及邮编</td><td colspan="4"></td></tr>
<tr><td>E-mail</td><td colspan="4"></td></tr>
<tr><td>学历</td><td></td><td>毕业院校</td><td></td><td>国外进修及讲学经历</td><td colspan="4"></td></tr>
<tr><td>研究领域</td><td colspan="8"></td></tr>
</table>

<table>
<tr><td>主讲课程</td><td>现用教材名</td><td>作者及出版社</td><td>共同授课教师</td><td>教材满意度</td></tr>
<tr><td>课程：
□专 □本 □研
人数： 学期：□春□秋</td><td></td><td></td><td></td><td>□满意 □一般
□不满意 □希望更换</td></tr>
<tr><td>课程：
□专 □本 □研
人数： 学期：□春□秋</td><td></td><td></td><td></td><td>□满意 □一般
□不满意 □希望更换</td></tr>
<tr><td colspan="5">样书申请</td></tr>
<tr><td>已出版著作</td><td></td><td>已出版译作</td><td colspan="2"></td></tr>
<tr><td colspan="2">是否愿意从事翻译/著作工作 □是 □否</td><td>方向</td><td colspan="2"></td></tr>
<tr><td>意见和建议</td><td colspan="4"></td></tr>
</table>

填妥后请选择以下任何一种方式将此表返回：（如方便请赐名片）

地 址：北京市西城区百万庄南街1号 华章公司营销中心 邮编：100037

电 话：(010) 68353079 88378995 传真：(010)68995260

E-mail:hzedu@hzbook.com marketing@hzbook.com 图书详情可登录http://www.hzbook.com网站查询